Peter Rudolph

von Einkristallen

Akademie-Verlag
Berlin

In zwangloser Folge werden in dieser Form Arbeiten publiziert, die aktuelle Fragen des wissenschaftlich-technischen Fortschritts vornehmlich aus dem komplexen Wissenschaftsgebiet Mikroelektronik im weitesten Sinne behandeln.

Dabei ist schwerpunktmäßig zunächst an folgende Gebiete gedacht:

- Naturwissenschaftlich-technische Grundlagen, Wirkprinzipien, Werkstoffe und Technologie elektronischer Bauelemente und mikroelektronische Schaltkreise, einschließlich Optoelektronik, Mikroakustik u. a.,
- Entwurf mikroelektronischer Schaltungen,
- Anwendung der Mikroelektronik in produzierenden und nichtproduzierenden Bereichen der gesellschaftlichen Praxis, Mikroprozessortechnik, Hard- und Software von Mikrorechnern und Mikrorechnersystemen, einschließlich ihrer Peripherie sowie unter Beachtung der Sensoren-, Aktoren- und Displayproblematik.

Die einzelnen Bände sind jeweils einem Thema gewidmet.

Herausgeber dieser Bände ist Prof. Dr. rer. nat. habil. Helmut Günther Schneider, Karl-Marx-Stadt.

Der Herausgeber nimmt gern Anregungen für die Weitergestaltung der Bände entgegen. Entsprechende Hinweise werden an den Akademie-Verlag oder direkt an den Herausgeber erbeten.

PETER RUDOLPH

Profilzüchtung von Einkristallen

Mit 62 Abbildungen und 9 Tabellen

Akademie-Verlag · Berlin
1982

Autor:

Dozent Dr. sc. nat. Peter Rudolph
Sektion Physik
Bereich Kristallographie
Humboldt-Universität zu Berlin

Erschienen im Akademie-Verlag, DDR-1086 Berlin, Leipziger Str. 3–4

Lizenznummer: 202 · 100/431/82
Umschlaggestaltung: Willi Bellert
Gesamtherstellung: VEB Druckhaus „Maxim Gorki", 7400 Altenburg
Bestellnummer: 762 979 7 (6631) · LSV 1185
Printed in GDR
DDR 24,– M

Einleitende Bemerkungen

Unser leider viel zu früh verstorbener, verehrter Kollege K.-Th. WILKE weist in seinem Vorwort zur 1973 erschienenen „Kristallzüchtung" (VEB Deutscher Verlag der Wissenschaften Berlin) gleich zu Anfang auf die große und ständig wachsende Bedeutung der Kristallzüchtung in Wissenschaft und Technik hin. Diese Feststellung gilt unvermindert. Tatsächlich sind gezielt gezüchtete und präparierte Einkristalle eine wesentliche Grundlage für die werkstoffwissenschaftliche und festkörperphysikalische Forschung und für eine Vielzahl wichtiger technischer Lösungen. Dabei steht der Siliziumkristall in der Halbleitertechnik für die hochintegrierte (LSI-, VLSI-, GLSI-) Mikroelektronik an erster Stelle.

Die rasch zunehmende Bedeutung des „Werkstoffes nach Maß", poly- wie einkristallin, ist unumstritten sowohl im Sinne verbesserter und neuer technischer Lösungen als auch im Sinne einer wissenschaftlich fundierten und praktizierten Material- und Energieökonomie.

Innerhalb der methodischen Vielfalt der Kristallzüchtung fällt die besondere Aufmerksamkeit auf, die der gerichteten Erstarrung und Umwandlung heterogener Legierungen*), z. T. auch im Formgußverfahren, und auch der Profilzüchtung von Einkristallen gewidmet wird. Dabei steht weltweit die Problematik der technologischen Perfektionierung im Vordergrund, die Forderung nach einem Einkristall mit besseren Eigenschaften und höherer Wirtschaftlichkeit als bisher, d. h. nach einem besonders hohen Ansprüchen genügenden Werkstoff nach Maß. Ein wesentlicher Bestandteil dieser Bemühungen ist es, dem Einkristall bereits im Züchtungsprozeß ein der Anwendungsform nahekommendes Profil zu verleihen, um die nachfolgende Bearbeitung in Grenzen zu halten und den entsprechenden Aufwand dafür zu minimieren (Profilkristallzüchtung, Shaped Crystal Growth).

Anliegen dieses Buches ist es, einen Beitrag zum Verständnis des Kristallwachstums unter extremer Zwangsführung zu leisten. Besondere Berücksichtigung finden dabei physikochemische und technologische Aspekte sowie die geometrieabhängigen Material- und Wärmetransportprozesse.

---

*) Siehe dazu H. G. SCHNEIDER, V. RUTH and T. KORMANY: (Eds.), Advances in Epitaxy and Endotaxy, Vol. III: Eutectics and Eutectoids. Akademiai Kiado Budapest and Elsevier Amsterdam, 1983.

Definition und Einordnung der Profilzüchtung, Profilierungsmechanismen, praktizierte Verfahrensvarianten, Transportprozesse beim Wachstum aus der Schmelze und ihr Einfluß auf die Realstruktur der Kristalle sowie Betrachtungen zu den Eigenschaften und Anwendungsfällen stehen im Mittelpunkt der Abhandlung. Dabei werden auch die zylindrischen (neben rohr- und stabförmigen, band-, platten-, folien- und nadelförmigen) Monokristalle sowie auch profilgezüchtete eutektische Heterokristalle und die Problematik der Durchmesserkontrolle bei der konventionellen Kristallzüchtung beschrieben.

Die behandelten Anwendungsgebiete sind die Mikroelektronik, die Lichttechnik und Optik, die Energieumwandlung, die metallverarbeitende Industrie sowie die Festkörperforschung einschließlich der Bereitstellung profilgezüchteter Proben für die Festkörperanalyse. Dic Abhandlung basiert auf umfangreichen Literaturstudien und eigenen Forschungsarbeiten des Autors.

Leider konnte das Heft Nr. 1, 50 (1980) von Journal of Crystal Growth, das sich ausschließlich mit Themen zum „Shaped Crystal Growth" befaßt, nicht mehr berücksichtigt werden, da es unmittelbar nach Abschluß der Arbeiten am Manuskript des vorliegenden Titels erschien. Es sei deshalb hier gesondert auf dieses wichtige Material verwiesen.

Peter Rudolph
Helmut Günther Schneider

Inhaltsverzeichnis

1. **Begriffsbestimmung und Einordnung der Profilzüchtung in die Entwicklungsaufgaben der Kristallzüchtung** . . . 7

1.1. Allgemeines . . . 7
1.2. Mechanische Kristallbearbeitung . . . 9
1.3. Grenzen zylindrischer Massivkristallprofile . . . 10
1.4. Zur Diskontinuität konventioneller Züchtungsmethoden . . . 13
1.5. Definition der Profilzüchtung . . . 15
1.6. Entwicklungsprobleme der Profilzüchtung . . . 16
1.7. Systematisierung der Profilzüchtungsvarianten . . . 18
1.8. Zum Literaturstand . . . 21

2. **Wesentlichste Profilierungsmechanismen** . . . 23

2.1. Phasenübergang „Schmelze—Kristall" . . . 23
2.1.1. Hydrostatische Profilierungsvorgänge . . . 23
2.1.2. Meniskusverformung in Kraftfeldern . . . 35
2.1.3. Thermische Profilbegrenzung . . . 39
2.1.4. Kristallmorphologische und wachstumskinetische Profilierungsfaktoren . . . 41
2.2. Phasenübergänge „dispers—fest" . . . 53
2.2.1. Habituszüchtung . . . 53
2.2.2. VLS-Mechanismus . . . 62

3. **Praktizierte Verfahrensvarianten** . . . 64

3.1. Zylinderförmige Kristallkörper mit definiertem Durchmesser . . . 64
3.2. Konzentrische großflächige Kristallscheiben . . . 73
3.3. Kristallstäbe mit quadratischem Querschnitt . . . 75
3.4. Rohre . . . 80
3.5. Bänder . . . 86
3.6. Dünne Einkristallplatten . . . 106
3.7. Freitragende Scheiben und Plättchen . . . 115
3.8. Folien auf Isolatorsubstraten . . . 120
3.9. Nadelkristalle . . . 122
3.10. Profilzüchtung periodischer eutektischer „Heterokristalle" . . . 124

4. **Besonderheiten der Transportprozesse und ihr Einfluß auf die Realstruktur bei der Profilzüchtung aus der Schmelze** . . . 128

4.1. Zur Phänomenologie des Wachstumsprozesses . . . 128
4.2. Massentransport . . . 129

4.3. Wärmetransport 141
4.3.1. Temperaturverläufe in rechteckigen und bandförmigen Profilkristallen . . . 142
4.3.2. Wärmebilanzierte Ziehgeschwindigkeit von EFG-Bänderkristallen 147
4.3.3. Wärmebilanzierte Kristallisationsgeschwindigkeit von Schmelzfilmen zwischen parallelen Platten 150
4.4. Thermische Spnannungen 154
4.4.1. Stäbe und Bänder, gezogen aus Formgebern 154
4.4.2. Folien, kristallisiert zwischen parallelen Platten 160

5. Eigenschaften und Anwendungsergebnisse einiger Profilkristalle, gezüchtet aus der Schmelze 161

5.1. Germaniumbänder 161
5.2. Siliziumbänder 163
5.3. Saphirbänder 166
5.4. Leukosaphirrohre 168
5.5. $Bi_{1-x}Sb_x$-Einkristalle aus Gießformen 170
5.6. CdSb- und Cd_3As_2-Folien, hergestellt durch gerichtete Erstarrung einer Schmelzschicht zwischen zwei Substraten 177
5.7. Eutektische Folien 180

Literaturverzeichnis 183

Substanzverzeichnis 195

Sachverzeichnis 197

1. Begriffsbestimmung und Einordnung der Profilzüchtung in die Entwicklungsaufgaben der Kristallzüchtung

1.1. Allgemeines

Der Kristallzüchtung kommt zweifelsohne ein Primat bei der Bewältigung der wissenschaftlich-technischen Entwicklung zu. Sie liefert das Basismaterial für wesentliche Fortschrittsträger der Technik, insbesondere die Mikro- und Optoelektronik, die Datenverarbeitung, die moderne Optik und den wissenschaftlichen Gerätebau. Auch werden die Chancen großflächiger Solarzellen, als Energiequellen der Zukunft, auf der Grundlage kristallinen Siliziums durchaus optimistisch beurteilt. Schließlich bilden Einkristalle die Zentralobjekte der festkörperphysikalischen Grundlagenforschung. Der Bedarf an Kristallmaterial wird also weiterhin stark zunehmen.

Es hängt im ganz entscheidenden Maße vom Entwicklungsstand der Kristallzüchtung ab, inwieweit diese Anforderungen in Zukunft zufriedenstellend erfüllt werden können. Dabei spielt für die einzelnen Züchtungsvarianten das zu findende Optimum zwischen Kristallqualität und Effektivität eine wesentliche Rolle. Immer häufiger treten ökonomische Faktoren in den Vordergrund. Es kommt nicht mehr allein auf eine stetige Verbesserung der Kristallqualität, sondern gleichzeitig auf eine beträchtliche Durchsatzerhöhung und geometrische Konstanz der Kristallkörper für die Nachfolgetechnologie an. Insofern sind die Entwicklungsschwerpunkte der Kristallzüchtung heute technologisch akzentuiert (Prozeßgestaltung). Es liegt in der Sache begründet, daß sich die technologische Ausreifung der Kristallzüchtung als besonders kompliziert erweist und zum entscheidensten Beschleunigungsfaktor der Züchtungsentwicklung erwuchs. Ihre Nichtbewältigung führt zwangsläufig zu einer Stagnation in der Kristallzüchtung und folglich der abhängigen Anwendungszweige.

Ein wesentlicher ökonomischer Effekt wird erzielt, wenn es gelingt, Teilschritte der kristallbezogenen Bauelementeproduktion in einem einzigen Herstellungsablauf zu vereinigen, ohne dabei die Kristallqualität in Mitleidenschaft zu ziehen. Vorrangige Bedeutung hat eine Fusion der Teilschritte Züchtung und Präparation. Konventionelle, großtechnisch ausgereifte Züchtungsverfahren aus der Schmelze, die hinsichtlich Quantität nach wie vor gegenüber anderen Phasenumwandlungsmethoden bevorteilt sind, bedingen eine verfahrensspezifische, zumeist zylinderförmige Geometrie der Kristallkörper. Das gilt sowohl für die Czochralski-, „floating-zone“- und Verneuil-Methode als auch die Containerverfahren nach

Tabelle 1. Einige Anwendungsprofile von Einkristallen

Profil	Anwendungsbeispiel	Substanz
Zylinder hoher Maßhaltigkeit	Festkörperlaser Halbfabrikat für die Optik und Mikroelektronik	Al_2O_3, YAG LiF, CaF_2 Si
Scheiben mit Superdurchmessern	IR-Spektroskopie Optik	Ge, BaF_2, CaF_2
Tetragonalprisma	Halbfabrikat für Polarisationsprismen Schwingquarze Mikroelektronik (Rechteckwafer)	KDP-Familie SiO_2 Si
Rohr, Hohlkörper	Koaxialdetektor für γ-Strahlanalyse Hochleistungsdiode Halbfabrikat für Corbino-Ringe Brennerkolben in Hochdruckdampflampen Laserstabhülle Mantelthermoelement Kristallzüchtungstiegel	Ge, CdTe Ge, Si InSb Al_2O_3 Al_2O_3 Al_2O_3 Al_2O_3
Band	Halbfabrikat für die Mikroelektronik (Rechteckwafer) Solarzellen Oberflächenwellenleiter Bildwandler (Röntgenxerokopie)	Si, Al_2O_3 Si $LiNbO_3$ $Bi_{12}GeO_{20}$
Plättchen	diskrete Halbleiterbauelemente Substrat Meßproben für die Grundlagenforschung	Halbleiter Si, GaAs, Al_2O_3 Metalle, Halbleiter, Isolatoren, Halbmetalle
Nadel	Druckmeßgeber Kompositenstoffe Kaltkatode Meßproben für Festigkeit und Quantendimensionseffekte	Si, $A^{III}B^{V}$ SiC SiC

Bridgman, Chalmers oder Kyropoulos. Damit entsprechen die Kristalle unmittelbar nach ihrer Züchtung noch nicht dem für die Anwendung benötigten einkristallinen Endprodukt. So werden z. B. für die Halbleiterelektronik, speziell die Mikroelektronik, einzelne Kristallplättchen bestimmter Geometrie, geringer Fläche, hoher Oberflächenqualität und definierter kristallographischer Orientierung als Basismaterial für Bauelementeeinheiten benötigt. Analog ist das

Vorgehen in der Optik. Prismen, Linsen oder Filter werden aus den entsprechenden Einkristallen mechanisch herauspräpariert. Das Spektrum der in den verschiedensten Anwendungszweigen eingesetzten Kristallkörpergeometrien ist bei einer genaueren Analyse überraschend groß, auch wenn die rechteckige Plättchenform dominiert. Tabelle 1 unterstreicht diesen Aspekt und soll eine Übersicht über die typischsten Kristallprofile in der Applikation vermitteln.

1.2. Mechanische Kristallbearbeitung

Um den geometrischen Bauelementeanforderungen gerecht zu werden, schließt sich an die konventionellen Kristallzüchtungsmethoden aus der Schmelze eine oftmals sehr aufwendige Kristall-Präparation an, die zahlreiche Nachteile aufweist. Jegliche mechanische Einwirkung auf einen Einkristall ruft Zerstörungen des einkristallinen Aufbaus, zumindest in der unmittelbaren Schnittumgebung, hervor. Somit ist die Vereinzelung nicht der einzige Bearbeitungsschritt. Sie ist durch zusätzliche Arbeitsgänge der Störschichtentfernung zu ergänzen. Danach lassen häufig chemische Restbeläge, Desorientierungen, induzierte Versetzungen und Restwelligkeiten der bearbeiteten Oberflächen nur einen geringeren Wirkungsfaktor des Bauelementes als den theoretisch vorausgesagten erwarten. Das gilt besonders für solche Bauelemente, deren Effizienz eine besonders hohe Oberflächengüte und metrische Konstanz der eingesetzten Kristallkörper voraussetzt (z. B. Substratplättchen für integrierte Schaltkreise, optische und akustoelektronische Kristallkörper, Festkörperlaserstäbe, Analysekristalle für die Mikrowellenspektroskopie etc.). Selbstverständlich steht heute eine hochentwickelte und gut ausgewogene Präparationstechnik zur Verfügung, insbesondere für großtechnisch hergestellte Einkristallkörper, wie z. B. aus Silizium, einigen Verbindungshalbleitern und optischen Substanzen, mit der nahezu perfekte Oberflächen erzielt werden. Darüber hinaus weisen Einkristalle in der Regel eine ausgeprägte Spaltbarkeit in bestimmten kristallographischen Richtungen auf, mit der besonders an optischen Substanzen hohe Oberflächenqualitäten und Orientierungsgenauigkeiten erreichbar sind. Ungeachtet des erreichten hohen Entwicklungsstandes und der Leistungsfähigkeit der Kristallbearbeitung ist jedoch ein beträchtlicher Aufwand an Zeit, Spezialgeräten, Chemikalien und ein erfahrenes Fachpersonal erforderlich. Dadurch steigen die Kosten der benötigten Kristallprodukte bisweilen um ein Vielfaches. Insofern ist eine Umgestaltung der rotations-symmetrischen Ziehverfahren aus der Schmelze zu geometrisch günstigeren mit einem Mindestmaß an Präparationsaufwand durchaus sinnvoll. Ein Optimum wird erreicht, wenn der wachsende Kristallkörper in mehr als einer Dimension der Bauelementgeometrie entspricht und in der verwendungsaktiven Richtung von natürlichen, atomar glatten Wachstumsflächen begrenzt wird.

Eine Kristallpräparation fordert aber nicht nur hohen Aufwand, sondern auch beträchtliche Materialverluste. Trotz hochentwickelter Bearbeitungstechnologie entstehen Schnitt- und Polierrückstände, die zwischen 40% und 90% betragen können. Synthetische Kristalle bilden stets ein sehr wertvolles Material, so daß durch eine präparationsarme Gestaltung des Züchtungsvorganges ein hoher ökonomischer Gewinn erzielt wird. Abschätzungen der unterschiedlichsten Anwendungszweige ergeben für die auf eine Einheitsmasse bezogene Kristallchipspräparation einen bis zu 10-fach höheren Kostenertrag, je nach Substanzhärte und Kristallkörpergeometrie, als für einen zylindrischen einkristallinen Ausgangsbarren gleicher Masse. Für Silizium in der Mikroelektronik konnte dieser Faktor auf die bisher geringsten Werte gesenkt werden. Bei hochentwickelter Präparationstechnologie liegen die Kosten für polierte 300 μm-dicke Einzelchips aber immer noch bis zu 2-mal höher als für die CZOCHRALSKI-Einkristallzüchtung [12]. Dagegen ist für sehr harte Kristallsubstanzen der Kostenaufwand durch eine sehr zeitaufwendige und verschleißbegleitete Präparation weit höher. Ein anschauliches Beispiel hierfür liefert die Herstellung von Saphirsubstraten für eine hochintegrierte Schaltungstechnik. Saphirkristalle besitzen eine MOHS-Härte 9. Werden Wafer wie bei der herkömmlichen Silizium-Technologie aus CZOCHRALSKI-Kristallen mit vergleichbaren Durchmessern herauspräpariert, so ergibt sich ein bis zu 50% höherer Kostenaufwand. Diese gegenwärtig noch zu hohen Kosten für ein SOS-(Silicon-on-Sapphire-)Chip können nur gesenkt werden, wenn ein bearbeitungsarmes Kristallzüchtungsverfahren zur Verfügung steht.

1.3. Grenzen zylindrischer Massivkristallprofile

Konzentrische Kristallquerschnitte haben unter dem Gesichtspunkt der Materialausnutzung für die Herstellung rechteckiger Bauelemente-Chips einen weiteren Nachteil. Nur Festkörperlaserstäbe und die wichtigsten Grundformen optischer Bauelemente, wie z. B. kreisrunde Lichtwellentransmitter oder Linsen, dürften bisher dem zylindrischen Profil der schmelzgezogenen Kristalle am weitesten entgegenkommen. Für die meisten anderen Bauelemente, insbesondere der Halbleiterindustrie, besitzen jedoch die runden Waferflächen ein üneffektives Präparationsprofil, da auf Grund der vielzählig anfallenden Randsegmente eine zusätzliche Verlustquote bis zu 25% entsteht. Die Züchtung rechteckbezogener Kristallprofile würde die Materialeinsparung und somit den Bauelementeausstoß nicht unbeträchtlich steigern. In jüngster Zeit häufen sich die Testversuche zur gezielten Meniskusdeformation, mit dem Ziel, quadratische und andere rechteckige CZOCHRALSKI-Einkristalle nach dem Podestziehverfahren zu erhalten. Bei Querzerlegung wäre dann eine Waferausnutzung bis zu 100% möglich. Jedoch sind diese Überlegungen wiederum nicht realstrukturbezogen, da insbesondere in den Kantenzonen rechteckig wachsender Kristallziehstäbe die thermoplastische Deformation zunimmt. Damit wäre auf dem heutigen Entwicklungsniveau noch keine kostspielige Umrüstung der vorhandenen Rundwaferhalterungen auf rechteckbezogene gerechtfertigt. Auch ist zu bedenken, ob die geringere mechanische Stabilität von Rechteckwafern einer solchen Verarbeitungstechnologie prinzipielle Grenzen setzt.

Züchtungsverfahren des Phasenüberganges „Lösung—Kristall“ dürften vom geometrischen Faktor her den Schmelzzüchtungsverfahren von vornherein überlegen sein, da sich bei vielen anwendungsrelevanten Substanzen, wie z. B. ADP oder KDP, ein anisotropiebestimmter Habitus mit zueinander winkligen Wachstumsflächen einstellt und unter bestimmten Bedingungen auch gut steuern läßt. In diesen Fällen hat sich der Profilierungsgedanke, wenn auch mehr selbstzwingend, seit langem durchgesetzt.

Ein wesentlicher Vorteil der konventionellen Ziehmethoden zylinderförmiger Kristalle aus der Schmelze ist die mögliche Erzielung großer Durchmesser. Dieser Weg der Durchsatzsteigerung führt zu einer nichtübersehbaren Kostensenkung der Bauelementeproduktion, zumal pro Kristall eine erhöhte Parameterreproduzierbarkeit der Einzeleinheiten garantiert ist. Das dürfte der Hauptgrund dafür sein, daß auch in nächster Zukunft für die Herstellung elektronischer Schaltkreise auf Siliziumbasis diesen Methoden der Vorrang eingeräumt wird. Eine quasi unbegrenzte Durchmessererhöhung ist aber nicht möglich. Es liegen zwar bereits internationale Ergebnisse zur Züchtung von Siliziumkristallen mit „Superdurchmessern“ (6-Zoll, etwa 150 mm) vor, jedoch läßt sich aus der Beobachtung der Entwicklungstrends ein Optimum bei 4—5-Zoll (etwa 100—125 mm) extrapolieren, da sich bei größeren Durchmessern ein unökonomisches Energieaufwand-Ausbeute-Verhältnis einstellt. Außerdem erweisen sich Kristallbarren solcher Dimensionen als verarbeitungsunrentabel. So besitzt ein 6-Zoll-Siliziumkristall von 1 m Länge bereits eine Masse von etwa 40 kg, obwohl die Dichte mit 2,3 g cm^{-3} im Vergleich zu anderen Substanzen noch relativ gering ist. Der Aufwand an speziellen Keimhaltern, entsprechenden Züchtungsräumen und Transportvorrichtungen kann dadurch beträchtlich werden. Insofern wird sich der technisch-apparative Entwicklungsschwerpunkt auf die Erzielung und Automatisierung einer hohen Konstanz optimierter Durchmessergrößen richten. Hier haben wir es aber bereits mit einer Profilierungsmaßnahme, wenn auch der zylindrischen Kristallformen, zu tun.

Eine Durchmesservergrößerung bringt jedoch auch physikochemische Probleme mit sich. Bei der Züchtung konzentrischer Kristalle großer Durchmesser aus der Schmelze verkompliziert sich die gezielte Beherrschung der inneren Temperaturverläufe. Der von außen eingekoppelte Wärmestrom und die aufgeprägten Temperaturgradienten vermindern ihren Durchgriff mit wachsenden Tiegel- und Kristallradien. Es stellen sich zwangsläufig gekrümmte Schmelzpunktisothermen und dementsprechend unebene Phasengrenzflächen ein. Die Folge sind unerwünschte Realstrukturkonsequenzen, wie z. B. inhomogene Radialverteilungen oder Kleinwinkelkorngrenzenbildung. Gleichzeitig wächst das Querschnitt-Mantel-Verhältnis eines Kristallstabes exponentiell mit dem Durchmesser, so daß die wärmebilanzierte maximale Kristallisationsgeschwindigkeit eine fallende Potentialfunktion des wachsenden Kristallradius ist. Der durch Strahlung vom

Kristallmantel abgeführte Wärmeflußanteil verringert sich beträchtlich. So sinkt z. B. die Wachstumsrate beim Übergang von 1-Zoll auf 6-Zoll-Silizium-CZOCHRALSKI-Kristallen um den Faktor 2,5. Da sich jedoch gleichzeitig das Querschnitt-Mantel-Verhältnis um den angenäherten Faktor 10 vergrößert, wird natürlich letztendlich ein ökonomischer Effekt für die Silizium-Bauelemente-Produktion erzielt. Ändert man das Querschnitt-Mantel-Verhältnis jedoch durch eine andere Geometrie der Kristalle, so läßt sich ein ökonomischer Effekt auch über eine merkliche Steigerung der Ziehgeschwindigkeit erreichen. Bei einer Bänderform wird die Abstrahlung der Wärme über die Bänderflächen an das Medium zum bestimmenden Wärmetransport. Bei einer Bandbreite von 6-Zoll und einer Dicke von nur 200 μm würde die maximal mögliche Wachstumsrate gegenüber 6-Zoll-Zylinderkristallen um den Faktor 20 zunehmen. Außerdem würden solche geringen Bänderdicken einen nahezu 100%igen Durchgriff der aufgeprägten Temperaturgradienten garantieren und eine weit leichtere Temperaturfeldmanipulation über den größten Teil der Bandfläche ermöglichen. Natürlich müssen wir berücksichtigen, daß die soeben angeführten Vergleichswerte noch rein theoretischer Natur sind, da sie wachstumskinetische und thermoelastische Spezifika ignorieren und somit von identischen Realstrukturen ausgehen. Hierin besteht aber gerade das entscheidenste Entwicklungsproblem für geometrisch determinierte Kristallziehverfahren aus der Schmelze.

Die Hydrodynamik spielt in der Kristallzüchtung eine weit wichtigere Rolle, als anfangs angenommen, da der Charakter des Massentransportes in der fluiden Ausgangsphase ganz entscheidend die Homogenität der kristallisierenden Phase beeinflußt. Hydrodynamische Zustände eines flüssigen oder gasförmigen Volumens sind außerordentlich stereometrie- und grenzflächenbezogen. So sind z. B. konzentrische Schmelzvolumina mit großen Durchmessern, wie das bei den konventionellen Züchtungsmethoden nach CZOCHRALSKI, PFANN oder BRIDGMAN etc. der Fall ist, hydrodynamisch instationär und bisweilen instabil. Die Zusammensetzung der Schmelze unmittelbar vor der Phasengrenze kann dementsprechend örtlich und zeitlich inhomogen sein. Die Folge sind Konzentrationsschwankungen („striations") im wachsenden Kristall. Die Stabilität und Stationarität der Massenströme erhöht sich exponentiell mit der Querschnittsverringerung und dem wachsenden Breite-Dicke-Verhältnis einer Schmelzsäule. Wiederum werden also solche Züchtungsverfahren einige Vorteile aufweisen, die stäbchen-, tafel- oder bandförmige Kristallkörperprofile aus solchen Schmelzvolumina erzielen. Die Homogenität wird sodann von der Nachströmung und Diffusion in der Schmelze bestimmt, die bei konstantem Querschnitt stationäre Prozesse sein können.

Massive Kristallzüchtungsmethoden in großtechnischer Version eignen sich kaum für den Einsatz in der Festkörpergrundlagenforschung. Hier kommt es auf relativ geringe Probenzahlen, große Substanzbreite, Umgehung der zumeist themenunspezifischen Kristallpräparation, Disponibilität und Bereitstellung möglichst perfekter, metrisch definierter Analyse- und Eichproben an. Des weiteren setzen bestimmte physikalische Wirkprinzipien diffizile Bauelementegeometrien und Substanzkombinationen voraus, ohne dabei immer Massenbedarfscharakter zu besitzen. Piezoelektrische, thermoelektrische und galvanomagnetische Effekte hoher Empfindlichkeit lassen sich besonders gut an membran- oder nadelförmigen Kristallen nachweisen und anwenden. Letztere Kristallprofile besitzen zudem für Festigkeits-, Anisotropie-, Feldemissions- und Wachstumsuntersuchungen auf Grund ihres überdimensionalen Länge-Durchmesser-Verhältnisses eine besonders günstige Geometrie. Galvanomagnetische Kühlelemente besitzen als Keil mit zwei konkaven Seitenflächen ihre optimale äußere Geometrie. Wärmeleitfähigkeitsmessungen und flüssiggekühlte Hochleistungsdetektoren lassen sich vorzugsweise an koaxialen Hohlkristallen verwirklichen. Die Palette spezifischer geometriedeterminierter Bauelemente ließe sich hier noch erweitern, wird aber hinreichend aus Tabelle 1 ersichtlich. Für all diese Bauelemente und kristallinen Analysekörper dürfte wohl die allgemeingültige Gegenläufigkeit zwischen Kompliziertheit der äußeren Form bzw. Substanzvielfalt und Massenbedarf zutreffen, ohne die Notwendigkeit ihres Einsatzes herabzusetzen. Ihre Präparation aus massiven zylindrischen Kristallbarren stellt einen außerordentlich schwierigen und verlustreichen, wenn nicht sogar unmöglichen Arbeitsgang dar, wie das bei nadelförmigen Kristallen offenkundig ist. In solchen Fällen, insbesondere aber in der festkörperphysikalischen Grundlagenforschung, ist deshalb die Entwicklung der Kristallzüchtung auf Verfahren zu lenken, die möglichst meßfertige maßhaltige Einzelproben bzw. Probenserien ausstoßen. Hier besitzen Überlegungen zur profilmäßigen Kristallzüchtung Alternativcharakter. Es sollten deshalb vor der Übernahme einer speziellen Bauelementeproduktion geringen und mittleren Bedarfs oder einer Grundlagenforschungsthematik die möglichen methodischen Realisierungsvarianten aller Phasenübergänge detailliert gegeneinander und bezüglich ihrer Effektivität abgewogen werden. Die auf Probeneinzelfertigung ausgerichteten und zunächst den Massivkristallzüchtungsverfahren ökonomisch unterlegen erscheinenden Kristallisationsvarianten können sich in diesen speziellen Fällen als überlegen erweisen. Voraussetzung ist auch hier wieder eine entsprechend hohe Kristallperfektion. Wir werden weiter unten sehen, daß vorrangig Züchtungsvarianten der Phasenübergänge „Lösung-fest“ und „gasförmig-fest“ zu dieser Forderung nicht im Widerspruch stehen.

1.4. Zur Diskontinuität konventioneller Züchtungsmethoden

Schließlich sei beim derzeitigen Entwicklungsstand der Kristallzüchtung auf die unzureichende Kontinuität der einzelnen Züchtungsmethoden verwiesen. Sie wird in vielen Fällen auch kaum steigerungsfähig sein. Das gilt besonders für den Phasenübergang „Lösung-fest“, aber auch für alle anderen auf Probeneinzelfertigung ausgelegten Phasenumwandlungsmethoden. Niedrige Wachstumsgeschwindigkeiten, Rezipienten, Reaktionsgefäße, endliche Mutterphasenreservoire und unrentable Kristallmassen begrenzen den Züchtungsvorgang und den Kristall auf ein „Individuum“. Dadurch wird, oftmals notgedrungen, keine maximale Produktivität erreicht. Für die Ziehverfahren aus der Schmelze ergeben sich jedoch naheliegende Möglichkeiten einer Kontinuitätserhöhung, vorausgesetzt, es wird vom konzentrischen Querschnitt mit großen Durchmessern abgegangen. Das Kristallprofil ist derart umzugestalten, daß eine geringe Masse pro Zeiteinheit kristallisiert und eine stetige Transportation aus dem Rezipienten sowie eine mögliche Flexibilität garantiert werden. Unter dem Aspekt einer flächenbezogenen Bauelementeproduktion (Wafer) wird ein Bänderprofil diesen Forderungen am besten gerecht. Für einige andere Zwecke sind weitere rationelle „quasiunendliche“ Profile denkbar (Fäden, Rohre), wobei die Rezipientenabdichtung nicht immer eine triviale Frage ist. Eine sich unmittelbar an den Kristallisationsvorgang anschließende kontinuierliche Oberflächenbelegung, Deponie auf Trommelkassetten oder äquidistante Querzerlegung in Bauelementechips würde besonders bei Kristallbändern eine hohe Prozeßautomatisierung garantieren. Derartige Erprobungen zur kontinuierlichen Prozeßgestaltung werden bei der Züchtung von Silizium-Bändern für eine billige Solarzellenproduktion bereits praktiziert. Für Bauelemente der Mikroelektronik ist der heutige Stand der Realstrukturqualität bänderförmiger Siliziumkristalle noch nicht hinreichend. Für eine Reihe anderer Substanzen mit niedrigeren Qualitätsanforderungen oder erhöhten Härtegraden, wie z. B. Al_2O_3, läßt sich bereits heute mit Sicherheit voraussagen, daß eine profilrationelle Züchtung bisherige ausgereifte großtechnische Massivzüchtungsverfahren aus der Schmelze nur über eine kontinuierliche Prozeßgestaltung ökonomisch sinnvoll ablösen kann und nur dadurch zum sichtbaren Durchbruch führt. Das würde gleichermaßen auf Silizium für die Mikroelektronik übertragbar sein, wenn es gelänge, die Kristallqualität von Bänderkristallen enorm zu verbessern. Wir werden weiter unten sehen, daß die Lösung dieses Problems durch physiko-chemische und thermische Besonderheiten extreme Schwierigkeiten bereitet und die Konzentration der Forschungsarbeiten erfordert. Deshalb erübrigt sich auf der jetzigen Etappe die Diskussion einer möglichen Bänderzüchtung des weit komplizierteren GaAs als dritte relevante Substanz der zukünftigen Mikroelektronik. Wir registrieren lediglich, daß auch hierzu erste Testversuche unternommen wurden.

An dieser Stelle sei darauf hingewiesen, daß eine Grundvoraussetzung für kontinuierlich gestaltete Züchtungsverfahren die zeitliche geometrische Konstanz der Kristalle ist. Wir werden weiter unten sehen, daß die Anwendung von Profilierungselementen an Schmelztiegeloberflächen eine hohe Konstanz der Meniskusführung ermöglicht, was bekanntlich das wesentlichste Stabilitätsproblem der konventionellen Ziehverfahren ohne Profilgeber darstellt. Es ist möglich, auch zylindrische Kristalle mit hochkonstanten Durchmessern ohne aufwendige Regel- und Automatisierungstechnik allein über hydrostatische Profilierungsprozesse zu züchten.

1.5. Definition der Profilzüchtung

Aus den bisherigen Fakten und Überlegungen zum Stand und zu einigen Entwicklungsaufgaben der modernen Kristallzüchtung lassen sich an dieser Stelle noch einmal die zwingendsten Gründe einer auf das Kristallprofil ausgerichteten Züchtungsentwicklung zusammenfassen: Ausschluß der Präparation, Senkung der Abfallsrate, Erhöhung der Bearbeitungsrentabilität, Erhöhung der Temperaturgradientendurchgriffe und der Wachstumsgeschwindigkeit, effektivere Ausnutzung des vorhandenen Kristallvolumens, Beherrschung hydrodynamischer Transportphänomene, Erzielung spezieller komplizierter und bearbeitungsfreier Bauelementeformen, Erhöhung der Kontinuität des Züchtungsprozesses. Diese in erster Linie technologischen Reifungsfaktoren verdeutlichen, daß sich innerhalb des Wissenschaftsgebietes Kristallzüchtung eine relativ eigenständige Forschungsrichtung definieren läßt — die Profilzüchtung. Unter Profilzüchtung soll die Herstellung von Einkristallen bestimmter äußerer Form und Abmessung, die möglichst ohne Präparationsschritte dem Verwendungszweck weitgehend entsprechen, verstanden werden.

Diese Definition der Profilzüchtung erfordert einige differenzierende Bemerkungen. Der Begriff Einkristall soll hierbei auf die üblicherweise dreidimensionale Form beschränkt und nicht als dünne Schicht mit nahezu zweidimensionaler Ausdehnung (Dicken unter 1/1000 mm) aufgefaßt werden. Dadurch ist eine Zuordnung der Dünnschichtverfahren zur Profilzüchtung nicht notwendig, wenn auch sehr naheliegend. Bei diesen Verfahren werden bekanntlich die gewünschten planimetrischen Figuren der Schichten durch die Substratbegrenzung oder eine Maske zwangsgeführt und insofern auch profiliert. Die Dünnschichttechnologie ist aber bereits für sich so ausgereift und breit im Einsatz, daß im Rahmen des vorliegenden Anliegens auf ihre Analyse verzichtet werden kann. Die Kristallisation dünner begrenzter Folien aus der Schmelze soll jedoch mitbehandelt werden, da sie als Methode nicht nur relativ unbekannt ist, sondern auch weitere Möglichkeiten als die Epitaxie eröffnet. Unter Ausnutzung der Nichtbenetzung und einer speziellen Keimselektion ist man unter Zuhilfenahme der gerichteten Kristallisation in der Lage, einkristalline Folien auf amorphen Isolatorsubstraten herzustellen. Eine solche Anforderung steht teilweise in der Mikroelektronik.

Unter Profilzüchtung kann auch die Herstellung definierter „innerer Profile“ bzw. Strukturen verstanden werden. Gemeint sind periodische Anordnungen einer oder mehrerer einkristalliner Phasen in einer Matrixkomponente im Sinne eines Heterokristalls. Das Interesse für solche Strukturprofile ist auf Grund neuer applikativer Möglichkeiten steigend. Da die einzelnen Phasen eigene Eigenschaften besitzen, können sie einzeln oder im Ensemble Träger von Funktionseinheiten sein. Aus dem additiven Verhalten der Komponenten ergeben sich Summen-Eigenschaften, wei z. B. bei Verbundmaterialien, wobei eine anisotrope Strukturierung wesentliche Effekte ergibt. Die Periodizität des Verbandes, sinngemäß des

„Übergitters“ führt zu alternierenden Eigenschaften mit interessanten Anwendungsmöglichkeiten in der Elektronik, nichtlinearen Optik u. a.

Es existieren unterschiedliche Möglichkeiten, definierte „innere Profile“ einzustellen. Eine davon ist die gerichtete Erstarrung eutektischer Schmelzen. Sie führt bei bestimmten Substanzkombinationen zu periodischen Heterokristallen mit lamellarer oder bacularer Überstruktur. Gezielte Untersuchungen zur gerichteten Erstarrung eutektischer Schmelzen und ihrer Anwendung laufen etwa seit Beginn der 60er Jahre. Dabei erweisen sich Periodizität und Perfektion der Überstruktur als außerordentlich wachstumslabil. Für eine hohe Stabilität der heterokristallinen Strukturen sind ganz bestimmte Züchtungsbedingungen einzuhalten, die den konventionellen rotationssymmetrischen Massivzüchtungsverfahren abträglich sind. Es ist auf solche Züchtungsverfahren zurückzugreifen, die eine definierte zweidimensionale Richtungsvorgabe ermöglichen. Zweifelsohne entsprechen dieser Anforderung nur bänder- oder folienförmige Kristallgeometrien. Wir werden in Abschn. 3.10. sehen, daß tatsächlich für die Erzeugung streng periodischer Eutektika erst dann ein Optimum erreicht wird, wenn „innere“ und „äußere“ Profilzüchtung als zwei sich gegenseitig bedingende Seiten eines einheitlichen Prozesses verstanden werden. Insofern existiert ein enges Pendant zwischen innerem und äußerem Profil mit Alternativcharakter für die Zukunft. Die Profilzüchtung wird somit zusätzlich aufgewertet.

Völlig andere Möglichkeiten, jedoch mit gleicher Zweckbestimmtheit, eröffnet die Interkalation konzentrations- oder substanzfremder Subbereiche in eine Kristallmatrix durch wandernde Lösungsmittelzonen bestimmten Profils in inversen Temperaturgradienten (trevelling-solvent-method), abgekürzt TSM.

1.6. Entwicklungsprobleme der Profilzüchtung

Obwohl die Profilzüchtung zahlreiche bisher aufgezählte Vorteile besitzt und bereits beachtliche Teilerfolge zu verzeichnen hat, steht sie noch am Beginn ihrer Entwicklung und erst recht eines noch international heftig umstrittenen großtechnischen Einsatzes. Darüber täuschen auch nicht die hoffnungsvollen Mitteilungen der letzten Jahre über einen zu erwartenden industriemäßigen Einsatz der Silizium-Bänderzüchtung für die Solarzellenproduktion hinweg. Sie hat auch auf diesem Anwendungsgebiet noch ernste Konkurrenten, wie die CZOCHRALSKI-Züchtung oder eine großflächige Aufdampftechnik, zu befürchten. Im folgenden lassen sich die wesentlichsten Gründe der noch unzureichenden Entwicklungsbreite und eines internationalen relativen Rückstandes der Profilzüchtung analysieren. Sie lassen sich in objektive und subjektive Ursachen unterteilen. Zu den objektiven Ursachen zählt der relativ hohe und komplizierte technisch-apparative Aufwand, bedingt durch diffizile Sonderkonstruktionsmaßnahmen, wie z. B. die Gestaltung spezieller Profilgebungskörper, sowie die schwierige Beherrschbarkeit der physiko-chemischen Parameter des Wachstumsprozesses. Trotz erhöhter

Wachstumsgeschwindigkeit bleibt bei der Profilzüchtung aus der Schmelze der Durchsatz pro Kristall beträchtlich unter dem eines rotationssymmetrischen Massivkristalls großen Durchmessers. Dadurch ergibt sich auch möglicherweise eine öftere Abweichung von den geforderten Kristallparametern. Außerdem bringen komplizierte Profile, die z. B. scharfe Kanten oder Querschnittsveränderungen aufweisen, eine strukturelle Qualitätsverminderung mit sich, hervorgerufen durch stark inhomogene Temperaturfelder. Schließlich werden bei einer Kristallisation maßhaltiger Einzelproben die Verteilungsverläufe von Beimischungen auf das geringe Probenvolumen eingezwängt und bedingen Verteilungsinhomogenitäten im Bauelement. Diesen objektiven Nachteilen des gegenwärtigen Standes der Profilzüchtung ist vorranging durch intensive Arbeit auf technisch-technologischem Sektor und einem tiefgründigen Verständnis der Wachstumsspezifika entgegenzuwirken. Es können aber auch ökonomische Faktoren den Ausschlag für eine Profilzüchtungsvariante geben, insbesondere bei verminderten Perfektionsansprüchen und beträchtlichen Bearbeitungsschwierigkeiten der kristallinen Substanzen. Weitere Reserven ergeben sich, wenn kristallographisch bedingte Wachstumsmorphologien nicht als Störfaktor behandelt, sondern bewußt für eine perfekte Profilzüchtung ausgenutzt werden. In einigen speziellen Fällen, die wir bereits oben diskutierten, behält die Profilzüchtung ungeachtet der objektiven Entwicklungsrückstände ihren Alternativcharakter bei.

Subjektive Nachteile einer wissenschaftlichen Entwicklungslinie, in unserem Fall der Profilzüchtung, dürften zwar von der Sache her weniger konsistent als objektive sein, lenken aber gewöhnlich von der Erfassung des Kernproblems ab und bestimmen deshalb leider viel zu oft das jeweilige Entwicklungsniveau. Die folgenden subjektiven Ursachen des relativen internationalen Rückstandes der Profilzüchtung sollen das belegen. Durch die zu erwartenden objektiven Probleme wird eine skeptische Einstellung mit Vorbehalten bezogen und der methodischen Entwicklung nicht die notwendige Aufmerksamkeit bzw. das erforderliche Forschungspotential gewidmet. Die Verfahrensentwicklungen werden teilweise nicht mit der notwendigen Seriösität betrieben. Prinzipielle Nova verleiten schnell zu konstruktiven Übertreibungen, die eine ungenügende Kristallqualität erwarten lassen. Die Möglichkeiten der Profilzüchtung werden oftmals überbewertet und sogar verabsolutiert. Durch eine unzureichende Differenzierung und Einordnung in das Gebiet der Kristallzüchtung werden sie mitunter als Konkurrenzverfahren gegenüber allen konventionellen Züchtungsverfahren betrachtet und nicht als sinnvolle zweckbestimmte Ergänzung gesehen. Unzureichende Kristallperfektion einer Testsubstanz führt sodann sehr schnell zum Abbruch der Forschungs- und Entwicklungsarbeiten. Die theoretischen Grundlagen der Wachstumsspezifika sind noch nicht so breit entwickelt wie bei bereits großtechnisch durchgesetzten Züchtungsverfahren, so daß ein gewisser Empirismus dominiert. Schließlich setzen viele bisher in der Literatur beschriebene Verfahren spezielle Kenntnisse des Züchters, manuelle Fähigkeiten und Erfahrungen, voraus, sind somit technologisch unausgereift und bleiben deshalb „im Ansatz stecken“.

Insbesondere in der UdSSR, in Japan und in den USA sind rechtzeitig die Möglichkeiten der Profilzüchtung erkannt und abgewogen worden. Den vielversprechendsten Varianten wurden auch deshalb die notwendige Aufmerksamkeit und ein umfangreiches Entwicklungspotential gewidmet. In der letzten Zeit sind einschlägige Arbeiten in einer Reihe weiterer Länder begonnen worden. Die vorliegende Schrift soll zur weiteren Differenzierung der Profilzüchtung beitragen und durch eine optimistische Position helfen, subjektive Bedenken abzubauen.

1.7. Systematisierung der Profilzüchtungsvarianten

Eine Systematisierung und Einordnung der bisher in der Literatur beschriebenen und eigenen Beiträge zur Profilzüchtung bereiten gewisse Schwierigkeiten. Ob physiko-chemische, applikative oder technisch-technologische Aspekte als Kriterien gelten sollen, ist schwer entscheidbar — alle drei Gesichtspunkte sind von gleicher Wichtung.

Bei einer Systematisierung nach physiko-chemischen Aspekten der einzelnen Phasenübergänge (der in der Kristallzüchtung übliche Weg) müssen die ausnutzbaren Profilierungsspezifika, wie z. B. mechanische, hydromechanische oder wachstumsmorphologische und weitere, herausgearbeitet werden, was unter Kapitel 2 angestrebt wird. Dabei ergibt sich in Abhängigkeit von Struktur, thermodynamischem Zustand und Kristallisationskinetik der Ausgangsphase eine Relativierung der möglichen Profilierungsmechanismen bezüglich der einzelnen Phasenübergänge. Während sich ein kristallisierendes Gebilde aus der Schmelze vorrangig durch hydrostatische Begrenzungen zwangsführen läßt, spielen für die Lösungs- und Gasphasenkristallisation thermische und wachstumsmorphologische Gesichtspunkte die dominierende Rolle. Diese Aussagen soll Tabelle 2 verdeutlichen. In ihr sind typische Profilzüchtungsverfahren in Abhängigkeit vom profilbildenden Begrenzungsmechanismus und Phasenübergang eingeordnet. Auf den Phasenübergang „fest-fest" soll im Rahmen der vorliegenden Arbeit nicht weiterhin eingegangen werden. Seine Einordnung in Tabelle 2 zeigt hinreichend die Profilierungsmöglichkeiten, die besonders für die Züchtung von Seltenerdmetallen und hochschmelzenden Metallen von steigendem Interesse sind. Für die Perfektion ist allerdings im günstigsten Falle nur eine Großwinkelkorngrenzenstruktur zu erwarten.

Für den Anwender von definierten Einkristallkörpern dürfte dagegen eine Einordnung der Profilzüchtungsvarianten nach stereometrischen Gesichtspunkten von vorrangigem Interesse sein. Ausgehend von dem jeweils benötigten Anwendungsprofil der Kristalle wird ihm deduktiv eine Entscheidung zwischen den einzelnen, zu ähnlichem Profil führenden Züchtungsvarianten ermöglicht. Die unter Kapitel 3 zusammengestellte Verfahrensübersicht wird nach diesem bisher nicht praktizierten Prinzip systematisiert. Dabei beziehen wir uns auf die mar-

Tabelle 2. Systematisierung der Profilzüchtungsverfahren nach Profilierungsmechanismus und Phasenübergang

Profilierungs-mechanismus	Phasenübergang			
	Schmelze — Kristall	Lösung — Kristall	Gas — Kristall	fest — fest
hydrostatisch	Ziehen aus kapillarde-pressiven Formgebern Ziehen aus kapillaraktiven Formgebern Ziehen aus hängendem Tropfen Mikrozonen-schmelzen	Whisker-züchtung nach dem VLS-Übergang		
elektromagnetisch	Suszeptor-schablone			
mechanisch	Formgießen Kristallisation von Schmelz-schichten zwischen Isolatorplatten	Abscheidung auf Sub-straten Kammertech-nik	Aufdampfen von Schichten in Masken	Deformations-tempern Kaltverformung
thermisch	horizontales Abziehen von Schmelz-oberflächen modifizierte KYROPOULOS-Technik	wandernde Lösungs-mittelzone	thermische Lokalisierung des Konden-sationsortes	Rekristalli-sation
wachstumskinetisch	Dendriten-züchtung	Habitus-züchtung	Habitus-züchtung	

kantesten und zahlreichsten Kristallprofile in der industriellen Anwendung und Festkörpergrundlagenforschung: Zylinder, Hohlzylinder und -körper, Bänder- und Tafelkristalle, Folien, Plättchen und andere Einzelproben, nadelförmige Kristalle. Weitere davon abweichende Kristallprofile dürften von seltenem applikativen Interesse sein (vgl. hierzu Tabelle 1). Bei Bedarf lassen sich diese in der

Regel über Kapillardruck- oder Formgießverfahren wie Zylinder-, Hohlkörper- oder Bänderkristalle züchten.

Überraschenderweise steht die von uns praktizierte Einteilung nach der gewünschten Kristallgeometrie nicht bzw. nur selten im Widerspruch zu einer physiko-chemischen Verfahrensklassifizierung. Der fehlende übergreifende Charakter einer Profilzüchtungsvariante deutet auf die bisherige zweckausgerichtete Verfahrensentwicklung hin. Das ist nicht als Nachteil, sonder als typisches Merkmal der Profilzüchtung anzusehen.

Nicht zuletzt übt die physiko-chemische Wechselwirkung von Ausgangsphase, Phasengrenze und Kristall mit dem jeweiligen Formgebungselement bzw. -mechanismus einen entscheidenden Einfluß auf die Realstruktur aus. Substanz, Konstruktion und Kontaktfläche des Formgebers bestimmen die Intensität und Art der Einwirkung auf den Kristallisationsvorgang und damit maßgeblich seine Stabilität sowie Reinheit, Perfektion und Homogenität der profilierten Kristalle. Eine Systematisierung nach Wechselwirkung zwischen Probe und Formgebungselement vermittelt vorrangig technisch-technologische Aspekte. So lassen sich unter eine erste Gruppe all diejenigen Verfahren einordnen, bei denen die Kristallisation ohne unmittelbaren Kontakt zwischen Phasengrenze bzw. Kristall und Formbildungselementen erfolgt. Die Vorteile ergeben sich aus der fehlenden Berührung des wachsenden Kristalls mit artfremden Festkörperoberflächen. Damit entfallen thermo-mechanische Verspannungsprobleme während der Kristallabkühlung. Ist gleichzeitig eine Berührung der Schmelze mit dem Formbildungselement notwendig, so ist mit einer Diffusion von Formgebungssubstanzen in die Schmelze und ihrer Verunreinigung durch unerwünschte Dotanten oder Präzipitate zu rechnen. In dieser Hinsicht werden technologische Lösungen mit arteigenen Formgebern oder berührungslosen Formbildungsmechanismen (z. B. Suszeptanz) bevorteilt sein. Nachteilig wirkt sich der Stabilitätsverlust in Bezug auf Maßhaltigkeit der Profile aus.

Eine zweite Gruppe vereint in sich Verfahren mit Kontakt der kristallisierenden Phase nur zu einer Fläche eines Formbildungselementes. Hier ergeben sich die bekannten physiko-chemischen und thermischen Anpassungsprobleme zwischen Probe und Auflage. Wird als Auflage ein Epitaxie-Substrat verwendet oder die Temperaturführung so gestaltet, daß sich die Phasengrenzfläche parallel von der Auflage wegbewegt, so ist ein sauberes freies Wachstum möglich, das einen anfangs vorhandenen Misfit ausgleicht. Hierzu zählen jegliche epitaktische Verfahren. Vom Standpunkt der Profilzüchtung sind diese Verfahren insbesondere zur Erzielung definierter vertikaler Schichtabfolgen vorteilhaft.

Die dritte Gruppe umfaßt die Kristallisationsverfahren bei Kontakt mit gleichzeitig mehreren Flächen eines Formgebungselementes. Solche Formkörper müssen nicht immer, wenn auch in der überwiegenden Mehrheit, harte Container sein. Der entscheidende Vorteil ergibt sich bei diesen Verfahren hinsichtlich Maßhaltigkeit der Proben und Stabilität der Substanzkombination. Hauptprobleme sind die mechanische Versetzungsbildung und chemische Wechselwirkung im Kontaktbereich zwischen Kristall und Formgeberwandung. Außerdem ist eine Prozeßkontinuität nur schwer realisierbar. Zu einer denkbaren Züchtung einkristalliner „quasiunendlicher" Folien oder Profile zwischen zwei gekühlten Walzen fehlen in der Literatur bisher noch Belege, auch wenn polykristalline Bänder vorrangig in der metallverarbeitenden Industrie bereits nach diesem Prinzip großtechnisch erhalten werden.

In Tabelle 3 sind die wesentlichsten Profilzüchtungsvarianten in Abhängigkeit vom Phasenübergang und von der Kontaktintensität mit Formgebungselementen zusammengefaßt.

Tabelle 3. Einteilung der Profilzüchtungsverfahren aus der Schmelze nach Kontaktgrad zwischen Kristall und meschanischen Formgebungselementen

Freie Kristallisation ohne unmittelbaren Kontakt mit Formgebungselementen	Ziehen von Kristallprofilen aus vorformierten Menisken Ziehen dendritischer Bänder und Zwischenhäute Horizontales Abziehen von Schmelzoberflächen
Kristallisation bei Kontakt mit *einer* Fläche eines Formbildungselementes	gerichtete Erstarrung gespreiteter Schmelzfilme auf benetzenden Unterlagen Mikrozonenschmelzen polykristalliner Schichten auf Unterlagen
Kristallisation bei Kontakt mit mindestens *zwei* Flächen eines Formbildungselementes	Kalibrierte Züchtung in Profilcontainern Formgießen mit anschließender gerichteter Erstarrung Kristallisation von Schmelzfilmen zwischen planparallelen Isolatorplatten

1.8. Zum Literaturstand

Obwohl bereits zu Beginn der 50er Jahre gezielte Veröffentlichungen zur Profilzüchtung erschienen und die ersten Anfänge bis auf das Jahr 1928 zurückgehen, fehlt es bis zur Mitte der 70er Jahre an vollständigen Übersichtsarbeiten. Die Ursache ist einerseits in der sporadischen Entwicklung und andererseits in der Unterschätzung dieses Gebietes als relativ eigenständige Linie innerhalb der Kristallzüchtung zu sehen. Zwar wurde in früheren Arbeiten die Wichtigkeit einer Züchtung verarbeitungsarmer Kristallprofile erkannt; die Diskussion beschränkte sich jedoch stets auf einige zweckentsprechende Varianten und zwar „am Rande" der breit diskutierten konventionellen Züchtungsverfahren. Alternativentscheidungen wurden nicht getroffen. Darüber hinaus wurde Profilzüchtung bis zu dieser Zeit „ad hoc" mit dem Phasenübergang „Schmelze-Kristall" in Verbindung gebracht. Die wachstumsmorphologischen Möglichkeiten der Lösungs- oder Gasphasenkristallisation wurden davon losgelöst betrachtet und nur selten unter dem vereinenden Gesichtspunkt der Profilzüchtung gesehen [2].

Eine erste Übersichtsmonographie erschien von MASLOW im Jahre 1977 [1] und blieb bis dato die einzige. Dieser Stand fällt gegenüber vielzähligen Buchveröffentlichungen zu massiven Kristallzüchtungsverfahren und deren physikochemischen Besonderheiten bescheiden aus. MASLOW beschränkt seine Schrift auf Halbleitersubstanzen und konzentriert sich auf technologische Teilfragen.

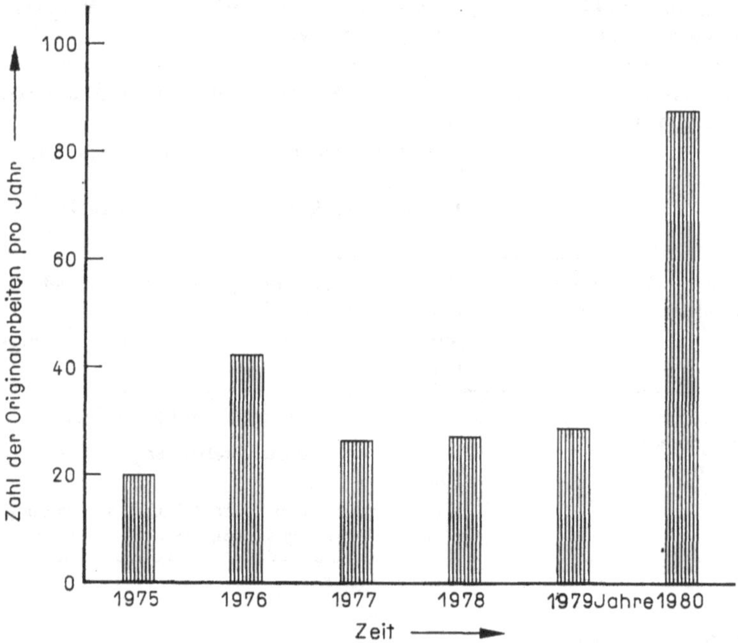

Abb. 1.
Anzahl der Originalarbeiten zur Profilzüchtung von Einkristallen im Zeitraum 1975 – 1980

Sie bildet auf Grund ihres umfangreichen Literatur- und Patentnachweises sowie einer ausführlichen Diskussion der Kristallqualitäten und Anwendungsmöglichkeiten eine hervorragende Grundlage für den Uneingeweihten. Deshalb kann in der vorliegenden Arbeit auf eine vollständige Literaturanalyse verzichtet, auf die entwicklungsfähigsten Profilzüchtungsverfahren und einige eigene Entwicklungsbeiträge eingegangen und bei gleichzeitiger Aufwertung der theoretischen Grundlagen die Monographie von MASLOW sinnvoll ergänzt werden. Schließlich soll in der vorliegenden Arbeit ein breiteres Substanzspektrum über die Halbleitermaterialien hinaus erfaßt werden.

Weitere Übersichtarbeiten befassen sich mit Teilgebieten der Profilzüchtung. Genannt seien [3] und [4] zur Profilzüchtung aus Lösungen und der Gasphase sowie [5] und [7] aus der Schmelze. Außerdem sei auf die seit 1969 in wiederkehrenden Abständen erscheinenden Sonderhefte der physikalischen Mitteilungen der Akademie der Wissenschaften der UdSSR verwiesen [6], die sehr gut die Entwicklung des STEPANOW-Verfahrens und angrenzender Modifikationen widerspiegeln. Einige Arbeiten [7 bis 10] analysieren ausführlich den ökonomischen Aspekt der Bänderzüchtung von Silizium, vorrangig für den Einsatz in Energiewandlern, und wichten dabei die einzelnen Verfahren gegeneinander. In [11, 12] wird die Bänderzüchtung von Saphir als Schlüssel einer billigen Produktion von hochintegrierten „Silizium-on-Sapphire"-Schaltkreisen für die Mikroelektronik gesehen. [13] schätzt Stand und Trends des STEPANOW-Verfahrens ein. In [14] werden ausführlich die Möglichkeiten einer „inneren" Profilierung durch wandernde Lösungsmittelzonen beschrieben.

Detailfragen einzelner Profilzüchtungsvarianten werden in einer seit 1960 wachsenden Zahl von Veröffentlichungen (s. dazu auch [1], Abb. 1) behandelt. Die insgesamt erschienene Publikationsmenge betrug zwischen 1950 und 1980 über 500. (Davon allein rund 300 zur Züchtung aus der Schmelze). Aus Abb. 1 ist die Literaturentwicklung für den Zeitraum 1975 bis 1980 zu entnehmen.

2. Wesentlichste Profilierungsmechanismen

2.1. Phasenübergang „Schmelze — Kristall"

2.1.1. Hydrostatische Profilierungsvorgänge

Das äußere Profil eines Kristalls wird bei einer Kristallisation in der Nähe des thermodynamischen Gleichgewichts vom Querschnitt des Schmelzvolumens an der Phasengrenze bestimmt. Dieser stellt sich unter Einwirkung äußerer Parameter bzw. definierter Grenzflächenbedingungen nach hydrostatischen Gesetzmäßigkeiten ein. Da die Kristallisation kinetischen und morphologischen Gesetzmäßigkeiten folgt, ist eine vollständige Reproduzierbarkeit des Profils der Schmelze durch den Einkristall natürlich von vorn herein nicht zu erwarten (s. hierzu auch Abschn. 2.1.4.), jedoch bei einer Quasigleichgewichtskristallisation näherungsweise erfüllt.

Die hydrostatische Profileinstellung eines Schmelzvolumens basiert auf seiner

Fluidität und Kapillarität. Dementsprechend ist entweder eine gerichtete Kristallisation in einem bestimmten Containerprofil oder das freie Ziehen eines benetzenden Keimes aus einem angehobenen Meniskus möglich.

Ohne weitere Ausführungen lassen sich die wesentlichsten Merkmale einer Containerkristallisation herleiten. Der entscheidendste Vorteil ergibt sich aus der hohen geometrischen Konstanz und Oberflächenqualität der Kristalle, vorausgesetzt, es kommen gering adhärierende und optisch ebene Festkörperbegrenzungsflächen zum Einsatz. Dabei ist die äußere Form der Kristalle nicht nur auf zylindrische oder rechteckige Massivprofile durch eine entsprechende Ampullengeometrie beschränkt, sondern läßt sich beim Einbringen von dünnen Schmelzfilmen zwischen planparallele Festkörperflächen bis hin zur Folien- oder Plättchengeometrie variieren. Schließlich ist das Formgießen komplizierter Schmelzvolumina mit anschließender gerichteter Erstarrung möglich. In allen Varianten der Containerkristallisation wird die Maßhaltigkeit der Kristallkörper ganz entscheidend von der Wechselwirkung der Grenzflächenenergien zwischen Schmelze und Container sowie dem hydrostatischen Druck bestimmt, der insbesondere bei geringen Schmelzvolumina zu niedrig ist, um im Fall einer Nichtbenetzung (Voraussetzung für fehlende parasitäre Heterokeimbildung) profilabweichende Oberflächenkrümmungen in Kantenzonen oder Verengungen des Containers zu verhindern. Das erfordert zusätzliche barische Maßnahmen, die das Schmelzvolumen in das gewünschte Festkörperprofil einzwängen. Die Möglichkeiten einer Profilzüchtung in harten Containern einer bestimmten Form sind bei weitem noch nicht erschöpft und eröffnen insbesondere den Laboratorien der Festkörpergrundlagenforschung, in denen der schnelle Zugriff maßhaltiger Einzelproben mit definierten Parametern gewährleistet sein muß, zahlreiche Virtualitäten.

Der gravierendste Nachteil aller Containerzüchtungsverfahren besteht in der chemischen und thermomechanischen Wechselwirkung zwischen kristallisierender Substanz und Containermaterial. Dieser entfällt bei einer Züchtung aus einem „freien“ Schmelzmeniskus. Die bekanntesten Realisierungsvarianten sind die CZOCHRALSKI- und „floating-zone“-Methoden. In konventioneller Ausführung dieser Methoden ist der Meniskusquerschnitt an der Phasengrenze jedoch auf den rotationssymmetrischen Fall beschränkt, da die Gleichgewichtseinstellung der Meniskusform ohne anisotrope äußere Einwirkungen keine andere Planimetrie des Querschnitts zuläßt. Die Form des Meniskus wird sodann durch zwei Krümmungsradien beschrieben, $R_1 > 0$ im Meniskusquerschnitt und $R_2 < 0$ im Meniskuslängsschnitt. Ist die Differenz zwischen hydrostatischem Innendruck des Meniskus und dem durch die Oberflächenspannung σ verursachten äußeren Normaldruck p auf die Meniskusoberfläche negativ, so stellt sich eine konkave Krümmung ein, was durch einen negativen Radius R_2 in der LAPLACE-Gleichung ausgedrückt wird:

$$\Delta p = \sigma \left(\frac{1}{R_1} \pm \frac{1}{R_2} \right) = \varrho \cdot g \cdot h \qquad (1)$$

mit ϱ als Dichte der Schmelze, g als Erdbeschleunigung und h als Meniskushöhe. Damit ist die Profilmanipulation bei der CZOCHRALSKI- und sinngemäß „floating-zone“-Methode ohne zusätzliche hydrostatische oder suszeptante Begrenzungsmaßnahmen der Meniskusform auf eine Durchmesservariation eingeschränkt. In der Züchtungspraxis wird der Durchmesser bei allen Ziehverfahren gewöhnlich über die indirekte Proportionalität zwischen Kristallradius und Ziehgeschwin-

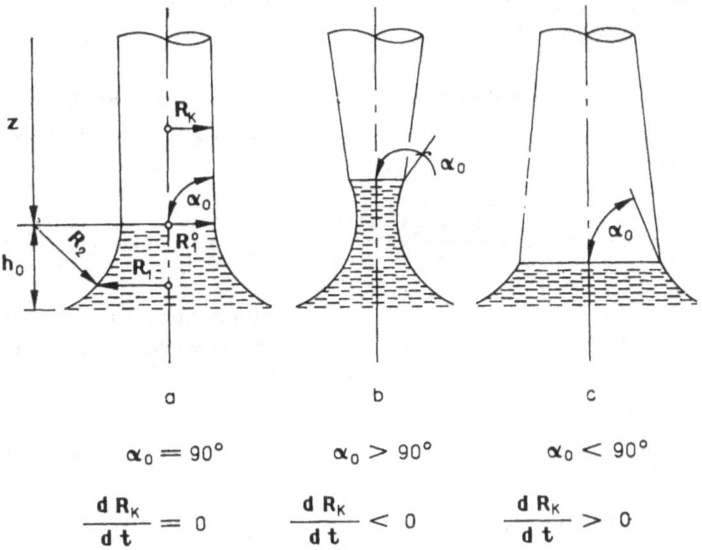

Abb. 2.
Zeitabhängigkeit des Kristallradius R_K vom Anstieg der Meniskuskrümmung tan α_0 an der Kristallisationsfront rotationssymmetrischer Ziehkristalle aus der Schmelze

digkeit oder Temperatur der Schmelze eingestellt. Die technischen Maßnahmen hierfür sind allgemein bekannt und werden in der Fachliteratur breit ausgeführt.

Unter dem Aspekt der Profilzüchtung ist die zeitliche Durchmesserkonstanz von Bedeutung, da sie den Präparations-, Automatisierungs- und Kontinuitätsgrad merklich beeinflußt. Die Stationarität des Kristalldurchmessers hängt neben der Wärmebilanzierung von der Kapillarstabilität an der Dreiphasengrenze „Schmelze-Kristall-Gasatmosphäre“ ab. Näherungsweise läßt sich die Kapillarbedingung für eine zeitliche Durchmesserkonstanz über den Winkel zwischen Horizontale und Tangente der Meniskuskrümmung an der Phasengrenze α_0 angeben (Abb. 2). Ist $\alpha_0 < 90°$, so vergrößert sich der Kristallradius R_K im Verlaufe des Ziehvorganges; bei $\alpha_0 > 90°$ verringert er sich. Der stationäre Fall liegt vor, wenn $\alpha_0 \approx 90°$ ist. Wir werden weiter unten sehen, daß bei einer präzisen

Analyse der Randwinkelbeziehungen an der Dreiphasengrenze einiger Substanzgruppen im stationären Fall $\alpha_0 \gtrsim 90°$ sein muß.

Aus Abb. 2 geht hervor, daß ein funktionaler Zusammenhang zwischen der Meniskushöhe und dem Winkel α_0 besteht. Nur eine ganz bestimmte Höhe h_0 entspricht der Stationarität des Kristalldurchmessers. Sie stellt deshalb einen äußerst instabilen Wert dar. Geringste Abweichungen der Lage der Phasengrenze von h_0 bringen eine Durchmesserschwankung mit sich. Die wirkungsvollste Maßnahme zur Verhinderung einer Instabilität ist die Fixierung der Schmelzpunktisotherme auf diesen Wert, was jedoch einen beträchtlichen regeltechnischen Aufwand erfordert.

Die Größe h_0 wird aus der Berechnung der Meniskusform über Integration und numerische Näherungslösung der LAPLACE-Gleichung (1) gefunden und beträgt für den CZOCHRALSKI-Fall [15]:

$$h_0 = \sqrt{\frac{2\sigma}{\varrho \cdot g}(1 - \cos\alpha_0) + \left(\frac{\sin\alpha_0}{2R_K}\right)^2 \frac{\sigma^2}{\varrho^2 \cdot g^2}} - \frac{1}{2R_K} \cdot \frac{\sigma}{\varrho \cdot g} \sin\alpha_0. \qquad (2)$$

Unter der groben Annahme, daß den stationären Bedingungen ein Winkel $\alpha_0 \approx 90°$ genügt, läßt sich aus Gl. (2) folgende, für die Praxis wichtige Korrelation zwischen h_0 und dem Kristallradius R_K diskutieren [16]:

$$h_0 \cong 2R_K, \quad \text{wenn } R_K \ll \frac{a}{4}, \qquad (3)$$

was für „kleine" Kristalldurchmesser gilt, und

$$h_0 \cong a\left(1 - \frac{a}{4R_K}\right) \approx a, \quad \text{wenn } R_K \gg \frac{a}{4}, \qquad (4)$$

was für „große" Kristalldurchmesser gilt, wobei $a = \sqrt{2\sigma/\varrho \cdot g}$ die Kapillarkonstante bedeutet. Aus (3) und (4) folgt, daß für Kristalle mit geringen Durchmessern ein Zusammenhang zwischen h_0 und R_K existiert. Dieser verlöscht mit wachsendem Durchmesser, da h_0 sodann der Kapillarkonstante angenähert werden kann.

Stabilitätsbetrachtungen zur Maximalhöhe einer Schmelzzone beim „floating-zone"-Verfahren führen zu einer ähnlichen Radiusabhängigkeit [17]. Für den Fall, daß die Oberflächenspannung die einzige Kraft ist, welche die flüssige Zone zusammenhält, und daß der obere Stabdurchmesser dem unteren gleicht, erhält man für kleine Stabdurchmesser eine lineare Beziehung zwischen Schmelzhöhe h_0 und Stabradius R_K:

$$h_0 = \sqrt{12}\, R_K. \qquad (5)$$

Dagegen verlöscht dieser Zusammenhang bei großen Stabdurchmessern,

$$h_0 = 2a. \qquad (6)$$

In den Gleichungen (4) bis (6) deutet sich die enge Korrelation zwischen Kristallprofil und Meniskushöhe an. Nur bei rotationssymmetrischen Kristallkörpern ist h_0 über den gesamten Umfang gleich. Bei abweichenden Profilen stellen sich unterschiedliche Krümmungsradien über den Meniskusumfang ein, welche unterschiedliche Höhen der Schmelzsäule bedingen können. Der extremste Fall würde bei einem Bänderprofil vorliegen. Während sich an der Breitseite eine Meniskushöhe von $h_0 = a$ $(R_{11} \to \infty)$ einstellt, beträgt sie an der Schmalseite $2R_{12}$, wobei R_{11} und R_{12} die beiden unterschiedlichen Krümmungsradien im Meniskusquerschnitt darstellen. Das Ergebnis ist eine hydrostatisch bedingte Krümmung der Phasengrenze in der Nähe der Bänderschmalseiten. Mit dieser abträglichen Konsequenz ist beim Übergang von rotationssymmetrischen Ziehverfahren zu rechteckbezogenen von vornherein zu rechnen (s. hierzu Abschn. 3.5.).

Eine hydrostatische Maßnahme zur Realisierung des freien Ziehens von eckigen Kristallprofilen besteht in einer entsprechenden Zwangsführung des Meniskus an seiner Peripherie mit dem Schmelzreservoir. Beispielsweise ist das Ziehen durch eine Schablone sowohl entgegengesetzt zur Erdbeschleunigung als auch in ihrer Richtung möglich. Beide Varianten unterscheiden sich durch das Vorzeichen der Meniskuskrümmungsradien $\pm R_2$.

Von STEPANOW [18, 19] wurde erstmals vorgeschlagen, die Kapillarerscheinungen in eingetauchten Hohlkörpern für eine Meniskusformgebung und definierte Führung nutzbar zu machen. Ist mindestens eine Innendistanz des Hohlkörpers (Formgebers) vergleichbar mit dem Krümmungsradius des Benetzungsmeniskus, so kommt es in ihm je nach Größe des Benetzungswinkels zu einer kapillarattraktiven oder -depressiven Erscheinung. Der Benetzungswinkel θ zwischen Schmelze und Formgeberinnenwandung stellt sich nach der YONGschen Wechselbeziehung zwischen den Oberflächenspannungen σ der drei angrenzenden Phasen „liquid" (l), „solid" (s) und „vapour" (v) ein und unterscheidet den Benetzungsfall von der Nichtbenetzung durch das Vorzeichen:

$$\cos \theta = \frac{\sigma_{VS} - \sigma_{SL}}{\sigma_{VL}} \gtrless 0 . \tag{7}$$

Bei Benetzung ($\theta > 90°$) entsteht eine konkave Meniskuskrümmung, und der dadurch hervorgerufene nach außen gerichtete Innendruck hebt die Schmelzsäule in der Kapillare um die Höhe h über den Spiegel des Schmelzreservoirs jenseits des Formgebers. Nichtbenetzung ($\theta < 90°$) führt zur äquidistanten Absenkung der Schmelze in der Kapillare:

$$\pm h = \frac{2\sigma_{VS} \cos \theta}{\varrho \cdot g \cdot d}, \tag{8}$$

wobei ϱ die Dichte der Schmelze, g die Erdbeschleunigung und d der Kapillarradius oder die halbe Distanz eines koplanaren Kapillarspaltes bedeuten. In

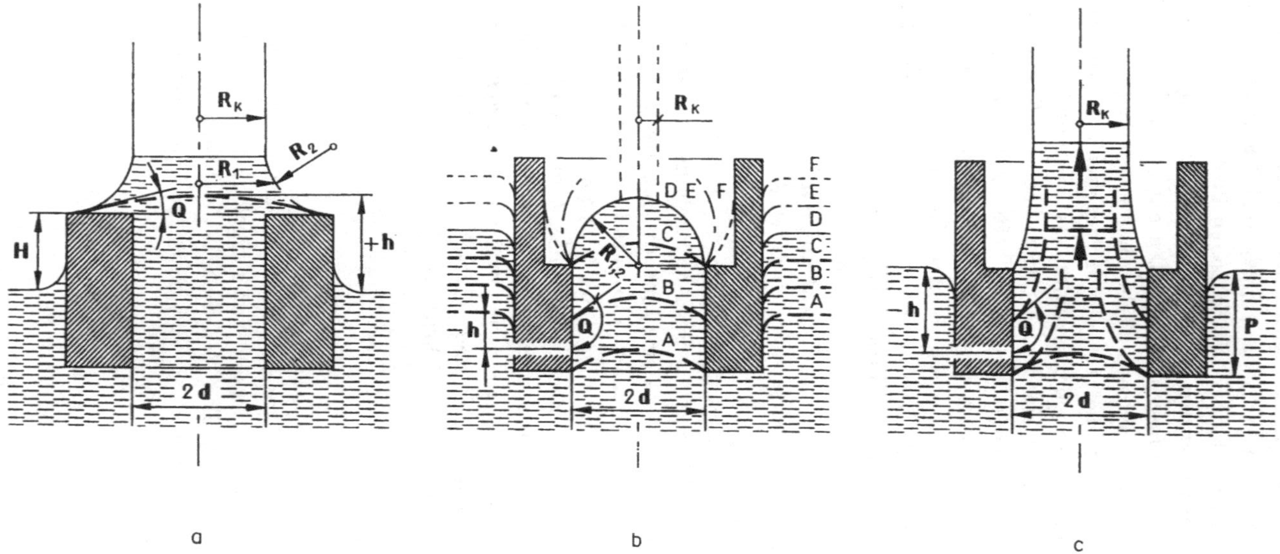

Abb. 3.

Verschiedene Meniskusformen über benetzenden und nichtbenetzenden Formgebern.

a — benetzender Formgeber, b — nichtbenetzender Formgeber (die Meniskushöhe wird durch unterschiedliche Druckeinstellung auf den Formgeber variiert), c — nichtbenetzender Formgeber (die Meniskushöhe wird durch unterschiedliche Zugkräfte eines Keimes variiert), R_K — Kristallradius, R_2 — Radius des Meniskusquerschnitts, R_1 — Radius des Meniskuslängsschnitts, $2d$ — Kapillarspaltbreite oder -durchmesser, H — Höhe des oberen Formgeberrandes über dem Schmelzreservoir im Tiegel, h — kapillarattraktive (+) und -depressive (−) Höhe (Gl. (8)), Q — Benetzungswinkel, P — Druck, mit dem die Schmelze in die Kapillare gepreßt wird.

der Praxis hängt der Benetzungswinkel θ von der Oberflächenbeschaffenheit der jeweiligen Formgebersubstanz ab und läßt keine exakte Vorhersage von h zu. Mit wachsender Oberflächenrauhigkeit verringert sich der „effektive" Benetzungswinkel bei $\theta < 90°$ und vergrößert sich dagegen bei $\theta > 90°$ [20]. Deshalb sind die Angaben einiger Benetzungswinkel in Tabelle 4 nur näherungsweise zu verstehen.

Um das freie Ziehen aus einer in einem schmalen Kapillarspalt vorformierten Schmelze zu ermöglichen, ist es günstig, sie über den oberen Formgeberrand anzuheben. Das wird durch die Druckeinstellung auf den Formgeber bzw. durch das Anlupfen mit einem Keim erreicht (Abb. 3). Eine Formstabilität des Meniskus und damit seine geometrische Zwangsführung wird dann eingehalten, wenn seine

Tabelle 4. Benetzungswinkel θ zwischen einigen Schmelzen und Festkörperflächen (gegenüber Vakuum)

Schmelze	Festkörperfläche							
	C	SiO_2	Al_2O_3	SiC	Si_3N_4	BN	W	Mo
Si	30°	87°	85°–87°	20–25°	15°–20°	> 90°		
Ge	> 90°						36°	
Al_2O_3								30°

untere Peripherie durch Kanten des oberen Kapillarrandes begrenzt und somit definiert wird. Abgewinkelte Kanten fixieren die Lage der YONGschen Randwinkelnaht, da sie diese sprungfunktional distanzieren. Solche Regionen existieren auf der oberen Fläche des Formgebers, und zwar an der Kapillarspaltinnenkante und Formgeberaußenkante. Eine detaillierte Analyse der Relativlagen der Kanten- und Benetzungswinkel zueinander [23, 24] sowie die Berücksichtigung einer Benetzungshysteresis und der mikroskopischen Adsorptionsprozesse (Kapillareffekt 2. Ordnung) zeigen, daß eine Meniskuszwangsführung aus Stabilitätsgründen im nichtbenetzenden Fall an der Kapillarspaltinnenkante (Abb. 3b und c) und im benetzenden Fall an der Formgeberaußenkante (Abb. 3a) bevorteilt ist. Das folgt auch aus der einfachen Überlegung, daß im Gegensatz zum nichtbenetzenden Fall eine benetzende obere Formgeberfläche ohne Widerstand den aus der Kapillare austretenden Schmelzfilm aufnimmt.

Die Form des Meniskusquerschnitts und damit des Kristalls wird in beiden Fällen durch den Verlauf und die Distanz der entsprechenden Führungskanten eingestellt und läßt sich, je nach technischer Ausführung des Formkörpers, zwischen rotationssymmetrischen und rechteckigen bis hin zu dünnwandigen Hohlprofilen variieren. Insofern ist eine Bezeichnung dieser Methode als „kantendefiniertes Ziehverfahren" durchaus sinnvoll, wenn es sich auch in seiner ursprünglich patentierten Bezeichnung „Edge-defined Film-fed Growth" (EFG) allein auf die Bänderzüchtung aus benetzenden Formgebern bezieht [25] und damit nur eine Realisierungsvariante der von STEPANOW begründeten „meniskusformenden Profilkristallzüchtung" [19] darstellt. In der Zwangsführung der „unteren" Meniskusperipherie unterscheidet sich das kantendefinierte Ziehverfahren von der CZOCHRALSKI-Methode.

Für eine exakte Analyse des Kriteriums der zeitlichen Formstabilität, wie z. B. Durchmesserkonstanz zylindrischer Kristallkörper, ist es günstig, nicht vom Winkel α_0 (Abb. 2) auszugehen, sondern eine Winkelbetrachtung an der Dreiphasengrenze „Kristall-Schmelze-Gasatmosphäre" durchzuführen (Abb. 4). Wenn mit φ_0 der Winkel zwischen Kristallmantel und Meniskustangente am Dreipha-

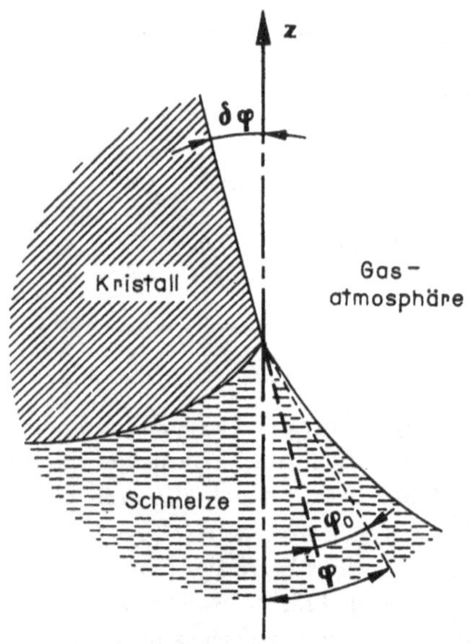

Abb. 4.
Grenzwinkel am Dreiphasengleichgewicht „Kristall-Schmelze-Gasatmosphäre"
z – Ziehachse, φ_0 – Winkel zwischen Kristallmantel und Meniskustangente, φ – Winkel zwischen Ziehachse und Meniskustangente.

senpunkt bezeichnet wird, so müßte er im Fall einer zeitlichen Durchmesserkonstanz gemäß der oben durchgeführten groben Annäherung mit $\alpha_0 \approx 90°$ den Wert Null annehmen. Diese Aussage wurde jedoch durch zahlreiche Experimente, insbesondere an Ge und Si, widerlegt. Der stationäre Fall ist dadurch gekennzeichnet, daß sich ein Winkel φ_0 mit einem geringen Betrag über Null einstellt, und folglich ist $\alpha_0 = 90° - \varphi_0$. Der Grund hierfür ist die Einstellung des thermodynamischen Gleichgewichtes der Grenzflächenenergien am Dreiphasenpunkt unter der Bedingung, daß die arteigene Schmelze die angrenzende Kristallfläche nicht vollständig benetzt. BARDSLEY u. a. [21, 22] leiten den Wert φ_0 unter Bezugnahme auf die lokale Gleichgewichtsthermodynamik der Oberflächenenergien theoretisch her und ermittelten für Ge einen konstanten Wert von 15°. Über direkte fotografische Präzisionsmessungen wurden die φ_0-Werte für Ge mit 13° und Si mit 11° bestimmt [23 bis 27]. Dabei ist zu beachten, daß auf Grund der Anisotropie der Grenzflächenenergie zum angrenzenden Kristall φ_0 zusätzlich kristallographisch determiniert ist und sich geringfügig über den Umfang nahezu konzentrischer Kristallisationsflächen ändert. Deshalb gelten die experimentellen Größen für Ge und Si nur für die {111}-Flächen. Somit ist der Winkel zwischen Kristallmantel und angrenzender Meniskustangente eine Materialkonstante. Sie weicht für alle Substanzen mit unvollständiger Benetzung der arteigenen Schmelze von Null ab, was für die Halbleiter mit Diamant- und Zinkblendestruktur gilt. Eine vollständige Benetzung und damit ein Winkel $\varphi_0 = 0$ ($\alpha_0 = 90°$) liegt bei den meisten Metallen und wahrscheinlich auch bei den Oxiden vor. Bei unvollständig benetzenden Kristallsubstanzen ändert also eine durch äußere Störungen angeregte Höheschwankung der Kristallisationsfront h um den Gleichgewichtswert h_0 nicht den φ_0-Wert, sondern lediglich seine Relativlage zur Ziehachse, die sich durch den zusätzlichen Winkel φ ausdrücken läßt (Abb. 4):

$$\varphi = \varphi_0 + \arctan\left(\frac{\mathrm{d}R}{\mathrm{d}h}\right). \tag{9}$$

Ein positiver Wert von arc tan (dR/dh) deutet auf einen anwachsenden Kristallradius R, ein negativer Wert auf einen abnehmenden hin. Die zeitliche Änderung der äußeren Kristallabmessung ist über folgende Beziehung definiert:

$$\frac{\mathrm{d}R}{\mathrm{d}t} = v \tan(\varphi - \varphi_0), \tag{10}$$

worin v die Wachstumsgeschwindigkeit in Richtung der Ziehachse bedeutet. Kapillarstabile Züchtungssysteme liegen vor, wenn die durch eine Störungsgröße hervorgerufene Absolutvergrößerung von φ durch ein schnelles Angleichen an φ_0 wieder in die stationäre Lage gezwungen wird ($\varphi = \varphi_0$). Bedingungen dafür sind durchmesserunabhängige konstante Meniskushöhen, die sich bei großen Durchmessern oder an planaren Sektionen eines Profilkristalls einstellen (4), und die örtliche Fixierung der unteren Meniskusperipherie, die eine sich anbahnende Änderung des Meniskusquerschnitts bei $\varphi \neq \varphi_0$ abfängt. Solche Stabilisierungsfaktoren sind durch den Benetzungswinkel an Meniskusformgebern oder Profilierungsschablonen und besonders an Kanten dieser gegeben. Dagegen ist die Czochralski-Züchtung stets ein kapillarinstabiles System, da der Meniskus konkav in einen größeren Schmelztiegel einmündet und Höheschwankungen der Phasengrenze ungehindert durch eine Durchmesservergrößerung aufnimmt. Somit ist bei der Czochralski-Methode eine besonders strenge Wärmebilanzierung an der Phasengrenze notwendig, um die Kapillarinstabilität des Meniskus durch eine thermische Stationarität zu überdecken.

Über eine lineare Störungsanalyse kann gezeigt werden [24, 28], daß unter der

Voraussetzung einer thermischen Konstanz die Kapillarstabilität der einzelnen Ziehtechniken durch das Vorzeichen des Differentialquotienten

$$\frac{\partial\varphi}{\partial x} \gtrless 0 \tag{11}$$

charakterisiert werden kann, wobei x die Kristallabmessung im Querschnitt darstellt. Der stationäre Fall wird durch die Gleichheit $\varphi = \varphi_0$ gegeben.

Kapillarstabile Züchtungssysteme liegen vor, wenn $\partial\varphi/\partial x < 0$. Diesem Fall entsprechen die Züchtungsverfahren mit Meniskuszwangsführung, so auch Zonenzüchtungsverfahren [29]. Dabei ist darauf zu achten, daß bei der Züchtung sehr dünner Kristallprofile die Zwangsführung der unteren Meniskusperipherie noch wirksam verbleibt. So sollten z. B. bei einer Bänderzüchtung die Radien der Formgeberschmalseite die doppelten Bänderradien in dieser Region nicht überschreiten (vgl. Abschn. 3.5.).

Das CZOCHRALSKI-Verfahren ist dagegen durch ein instabiles Verhältnis $\partial\varphi/\partial x > 0$ charakterisiert. Damit besteht der wesentliche Vorteil der kantendefinierten Ziehverfahren gegenüber der CZOCHRALSKI-Methode in der Selbststabilisierung der Meniskushöhe und folglich in einer höheren zeitlichen Konstanz der Geometrie des wachsenden Einkristalls.

Die Kapillarstabilität kann zusätzlich gestützt werden, wenn der Meniskus nicht konkav, sondern nahezu zylindrisch oder konvex verläuft. Eine konvexe Führung des Meniskus ist durch die Anwendung von Podestziehverfahren oder aber nichtbenetzender Meniskusformgeber möglich. Im letzten Fall regelt der Druck auf den Formgeber den Krümmungsverlauf des Meniskus bei seiner Fixierung an der Formgeberinnenkante (Abb. 3b und c). Bei Einstellung von nahezu vertikal verlaufenden Meniskusmänteln ist eine Züchtung kalibrierter Kristallprofile möglich. Dazu ist jedoch ein gut fixierter Optimaldruck auf den Formgeber notwendig [30].

Bei einer Anwendung von Meniskusformgebern muß unbedingt die chemische und thermische Wechselwirkung zwischen diesem und der in der Regel sehr nahe liegenden Phasengrenze berücksichtigt werden. Nichtbenetzende Formgeber sind in der Regel chemisch resistenter als benetzende und führen in geringem Maße zu einer Lösungsbildung mit der Schmelze. Dagegen ist die „Verwachsungsgefahr" zwischen kristallisierender Substanz und Formgeber größer als im benetzenden Fall, da eine Keimanlupfung im Prinzip bereits innerhalb der Kapillare möglich, jedoch aus Adhäsionsgründen nicht wünschenswert ist (Abb. 3c). Deshalb wird generell eine möglichst große Meniskushöhe über dem oberen Formgeberrand angestrebt, die jedoch noch nicht zur merklichen Formdeformation des Meniskus und zum Abriß zwischen Keim und Schmelze führen darf. Diese maximal mögliche Höhe h_{max} unterscheidet sich für dünne und massive Keimprofile und differenziert gleichzeitig die technischen Möglichkeiten der Anwendung benetzender oder nichtbenetzender Formgeber [31].

Nichtbenetzender Formgeber (Abb. 3b und 3c):

Für eine kapillarstabilere konvexe Krümmung des Meniskus wird folgende modifizierte LAPLACE-Gleichung erhalten [vgl. (1)]:

$$h \cdot \varrho \cdot g = \sigma \left(\frac{1}{R_1} + \frac{1}{R_2} \right) + P, \tag{12}$$

worin P den Druck beschreibt, unter welchem die Schmelze in die Kapillare gepreßt wird.

Bei der Züchtung dünner konzentrischer bzw. dünnwandiger Profile besitzt der Meniskus eine sehr geringe Höhe (3) und starke Krümmung, so daß die Größe $h\varrho g$ in (12) vernachlässigt werden kann. Unter der Annahme, daß bei zylindrischen Kristallen (Fäden) der Meniskus ein Kugelsegment mit dem Kapillarradius R_F darstellt, berechnet sich h_{max} zu:

$$h_{max} \approx R_F = -\frac{2\sigma}{P} = \left| \frac{2\sigma}{P} \right|. \tag{13}$$

Für planare Sektionen an geometrisch anderen Kristallprofilen, wie z. B. die Breitseite von Bändern, ist

$$h_{max} \approx d = -\frac{2\sigma}{P} = \left| \frac{2\sigma}{P} \right|, \tag{14}$$

wobei d die Hälfte der Kapillarspaltdistanz bezeichnet.

Die Züchtung dünnwandiger und faserförmiger Profilkristalle mit nichtbenetzenden Formgebern läßt nur geringe Meniskushöhen zu und erfordert zudem einen großen Außendruck P, was schnell zu einem Überfluten über die Definierungskanten führen kann. Außerdem sind nur Keime mit identischem Profil des wachsenden Kristalls einsetzbar. Diese Gründe schränken die Anwendung nichtbenetzender Formgeber für dünnwandige Profilzüchtungen technisch beträchtlich ein.

Für Kristalle mit massiven Querschnitten wird die Meniskushöhe relativ groß und der hydrostatische Druck in der ausgetretenen Schmelzsäule vergleichbar mit dem Kapillardruck in ihr. Auf Grund der geringen meridionalen Krümmung kann $1/R_2$ in (12) vernachlässigt werden. Unter der Annahme, daß für $R_1 \approx R_F$ gesetzt werden kann, erhält man:

$$h_{max} \approx -\frac{\sigma}{\varrho \cdot g \cdot R_F} + \frac{P}{\varrho \cdot g}. \tag{15}$$

Dieser Fall entspricht einer technisch stabileren und definierteren Züchtungsbedingung als für dünnwandige Profile.

Benetzender Formgeber (Abb. 3a):

Die Formierung des Meniskus auf dem oberen Formgeberrand hängt von den Kapillarkräften, der Erdanziehung und dem Strömungswiderstand der Schmelze im Kapillar- und Spreitgebiet ab. Eine exakte Beschreibung des Gleichgewichtszustandes erfordert deshalb die Berücksichtigung der Drücke P_1 und P_2 zur Überwindung der Reibungskräfte in der Schmelze:

$$\varrho \cdot g \cdot h_{eff} = \sigma \left(\frac{1}{R_1} - \frac{1}{R_2}\right) - P_1 - P_2, \tag{16}$$

wobei h_{eff} die Summe von Meniskushöhe h und Abstand zwischen oberem Formgeberrand und Schmelzspiegel jenseits des Formgebers H bedeutet. Die Werte für P_1 und P_2 lassen sich über die Radiusverhältnisse zwischen Kristall und Kapillare, Ziehgeschwindigkeit, fest-flüssig-Dichtebeziehung, Kapillarlänge und kinematische Viskosität genau bestimmen [32]. Jedoch führt eine hydrostatische Abschätzung zu dem Ergebnis, daß der Reibungswiderstand in der Schmelze bei Kristallisationsgeschwindigkeiten unter 10 cm/s sehr gering ist und somit P_1 und P_2 in (16) vernachlässigt werden können [33]. Ebenso wollen wir für $h_{eff} \approx H$ annehmen, da $H \gg h$.

Im stationären Fall entspricht die maximale Meniskushöhe h_{max} einem Winkel $\alpha_0 \gtrsim 90°$, so daß die meridionale Krümmung des Meniskus den Kreisbogen eines Sektors mit dem Radius $R_2 = h_{max}/\cos\theta$ beschreibt.

Für dünne zylindrische Kristallprofile können wir außerdem $R_1 \approx R_K$ setzen und erhalten für die maximale Meniskushöhe nach Gl. (16)

$$h_{max} = \frac{-a^2 R_K \cos\theta}{2HR_K + a^2} = \left|\frac{a^2 R_K \cos\theta}{2HR_K + a^2}\right|, \tag{17}$$

worin a die Kapillarkonstane bedeutet (3).

Für massive Kristallzylinder ist das Verhältnis σ/R_1 in (16) vernachlässigbar, und die maximale Meniskushöhe beträgt:

$$h_{max} = \frac{a^2 \cos\theta}{2H} = \left|\frac{a^2 \cos\theta}{2H}\right|. \tag{18}$$

Aus (17) und (18) folgt, daß in Analogie zu nichtbenetzenden Formgebern massive Kristalle aus einer relativ größeren Meniskushöhe als dünne Profile erhalten werden können. Jedoch ist hier der Unterschied zwischen den h_{max}-Werten bei weitem nicht so different. Deshalb ist es günstiger, dünnwandige Profile aus benetzenden Formgebern zu ziehen. Die maximale Meniskushöhe wird bei der Verwendung benetzender Formgeber im wesentlichen von der Größe $a^2 \cos\theta$ bestimmt, woraus eine wachsende Stabilität des Züchtungsprozesses mit Verringerung von θ folgt. Darüber hinaus lassen sich Keime beliebiger Form verwenden, da die erhöhte Formstabilität des Meniskus und die geringe Gefahr eines Überflutens merkliche Profilabweichungen des Impflings gegenüber der Kantenkontur des Formgebers relativ rasch ausgleichen.

Eine detaillierte Analyse der maximalen Meniskushöhe erfordert auch die Berücksichtigung der Temperaturabhängigkeit der Oberflächenspannung. Die Oberflächenspannung des Schmelzmeniskus verringert sich mit wachsender Absoluttemperatur T:

$$\frac{\partial \sigma}{\partial T} < 0. \tag{19}$$

In der Regel existieren zwischen Kristallisationsfront und oberem Formgeberrand beträchtliche positive Temperaturgradienten. Sind sie linear, so ist der funktionale Zusammenhang zwischen Oberflächenspannung und Meniskushöhe h:

$$\sigma = \sigma_0 + \frac{\mathrm{d}\sigma}{\mathrm{d}h} h = \sigma_0 + \frac{\partial \sigma}{\partial T} \frac{\partial T}{\partial h} h, \tag{20}$$

wobei σ_0 die Oberflächenspannung an der unteren Meniskusperipherie bzw. an der Berührungsisotherme mit dem Formgeberrand ist.

Die numerische Berechnung der Meniskusprofilgleichung unter Einbeziehung der Funktion (20) führt zu folgender wesentlicher Schlußfolgerung [34]:

h_{max} verringert sich mit wachsendem Temperaturgradienten in Richtung Schmelze, wobei dieser Zusammenhang mit zunehmendem Winkel zwischen Meniskustangente und Formgeberkante anschwillt. Das ist besonders bei der Anwendung nichtbenetzender Formgeber zu berücksichtigen.

Weitere Einzelheiten zur Analyse der Kapillar- und Formstabilität, insbesondere kantendefinierter Schmelzmenisken, sind zahlreichen Originalarbeiten zu entnehmen. Neben den hier bereits angeführten [21 bis 32] sei weiterhin auf vorrangig theoretisch ausgerichtete verwiesen [35 bis 41].

2.1.2. Meniskusverformung in Kraftfeldern

Neben hydrostatischen Verformungsmaßnahmen eines Meniskus, die vorrangig in einer Zwangsführung der dem Keim gegenüberliegenden Meniskusperipherie bestehen, existieren zahlreiche Möglichkeiten einer berührungsfreien Profilgebung von Schmelzsäulen durch anisotrope Druckeinwirkungen auf ihre seitlichen Oberflächen. Dazu muß der Meniskus Kraftfeldern ausgesetzt werden, die an bestimmten Oberflächensegmenten einen den LAPLACE-Druck (1) übersteigenden äußeren Normaldruck erzeugen. Die für eine praktische Anwendung wichtigsten Kräfte sind akustische und elektromagnetische sowie Gasströmungen. Dagegen reichen elektrostatische und magnetostatische Kräfte nicht aus, um eine merkliche Deformation eines durch Oberflächenspannung gehaltenen Schmelzvolumens herbeizuführen. Sicher besitzt diese oder jene Verformungsvariante noch stark hypothetischen Charakter, da ihre praktische Umsetzung in einem Kristallisationsprozeß nicht trivial ist. Jedoch werden auch einige bereits erfolgreich praktiziert. Das gilt vorrangig für die elektromagnetische Profilgebung in Induktionsspulen.

Einer vom rotationssymmetrischen Fall abweichenden Profilgebung der Schmelzsäule wirkt die Oberflächenspannung entgegen, da sie im thermodynamischen Gleichgewicht die Oberfläche minimiert. Deshalb ist es durchaus plausibel, als Kriterium für die Anwendbarkeit eines Deformierungsphänomens den Grenzwert der erreichbaren Krümmungsradien anzusetzen. Dabei kann vom LAPLACEschen Krümmungsdruck (1) ausgegangen werden, der für den kleinsten Restkrümmungsradius eines deformierten Meniskus überwunden werden muß, um die gewünschte Profilpräzision zu erhalten. Das ist besonders für die Einstellung rechteckiger und anderer winkliger Profile von Wichtigkeit. Läßt man z. B. in Kantenregionen noch einen Restradius von 1 mm zu, so liegt die Größenordnung der aufzuwendenden Drücke für Metall- und Halbleiterschmelzen je nach Oberflächenspannung bei 10^2 bis 10^4 Pa (10^{-5} bis 10^{-4} kp/mm^2). Das folgt aus einer Abschätzung des LAPLACE-Druckes Δp nach Gl. (1) für einen quasizylindrischen Ausgangsmeniskus. Der Druck Δp steigt mit gleicher Größenordnung, wie der Krümmungsradius abnimmt.

Von WALTER [42] werden unter dem Aspekt der Formgebung von Schmelztropfen im schwerefreien Raum mögliche Formgebungskräfte zusammengefaßt und theoretisch bewertet, die sich sinngemäß auf Kristallziehverfahren aus einem Meniskus unter terrestrischen Bedingungen übertragen lassen:

Staudruck von Gasströmungen

Beim Auftreffen einer Gasströmung auf eine Flüssigkeitsoberfläche läßt sich ein Staudruck p definieren, der vom Umgebungsdruck p_0, der Dichte ϱ_v, der Strömungsgeschwindigkeit v_v und dem Adiabatenexponenten k des Gases abhängt:

$$p = p_0 \left[1 - \left(1 - \frac{k-1}{2k} \cdot \frac{\varrho_v}{p_0} v_v^2\right) \frac{k}{k-1}\right]. \tag{21}$$

Beim Einsetzen praktikabler Werte einer Luftströmung ($p_0 = 10^5$ Pa (etwa 1 bar), $k = 1{,}4$, $\varrho_v = 1{,}3$ g/l, $v_v = 30$ m/s [40]) wird für $p = 6 \cdot 10^2$ Pa ($6 \cdot 10^{-5}$ kp/mm^2) erhalten. Voraussetzung für kantige Profile sind homogene, örtlich begrenzte Laminarströmungen aus verschiedenen Richtungen auf die Meniskusoberfläche, was technisch nicht einfach zu realisieren ist. Die Schwierigkeiten dürften aus einer Wirbelbildung und folglichen Forminstabilität, insbesondere an Stoßstellen zweier Gasströme erwachsen, die die Anwendbarkeit von Staudrücken zur Erzielung rechteckiger und flachbandiger Menisken stark reduziert. Deshalb existieren bisher nur Vorstellungen zur Einebenung unterschiedlicher Meniskushöhen bei der Bänderzüchtung ([1], S. 46) oder zum eindimensional gerichteten Blasen rotationssymmetrischer Hohlkörper [42], was beispielsweise für Gläser und Kunststoffe großtechnisch Anwendung findet. Von CISZEK und SCHWUTTKE [43] wird vorgeschlagen, kühle Inertgasströme zur Manipulation des .Verlaufes der Schmelzpunktisotherme bei der kantendefinierten Bänderzüchtung einzusetzen.

Schalldruck

Der Druck einer total reflektierten akustischen Welle an einer Schmelzoberfläche kann über die Beziehung

$$p = 2\,\frac{I}{c} \tag{22}$$

angegeben werden, wobei I die Intensität und c die Schallgeschwindigkeit bezeichnen. Um einen Druck von 10^2 bis 10^3 Pa zu erzeugen, sind an Luft ($c = 340$ m/s) Schallintensitäten zwischen 17 und 170 W/cm^2 notwendig. Die Gefahr von Kavitationserscheinungen ist jedoch dabei sehr groß, so daß sich dieses Verfahren kaum für die Kristallzüchtung mit hohen Strukturqualitäten eignen dürfte.

Elektromagnetischer Druck

Aus den Gesetzen der Elektrodynamik folgt, daß auf einen Leiter in einem elektromagnetischen Feld LORENTZ-Kräfte wirken. Dabei stoßen zwei Leiter mit antiparallelem Stromfluß einander ab. Antiparallele Ströme werden in einem Leiter durch das magnetische Feld einer umgebenden stromdurchflossenen Spule induziert. Die LORENTZ-Kraft wirkt sodann in Richtung der abnehmenden Feldstärke normal zur Oberfläche des Innenleiters. Ein solcher Fall liegt bei einer induktiven Hochfrequenzheizung leitender Schmelzen in einer Spule vor.

Der elektromagnetische Druck normal zur Oberfläche einer dia- und paramagnetischen Schmelze beträgt [16]:

$$p \simeq \frac{\mu_0}{2}\,10^7 H^2, \tag{23}$$

wobei μ_0 die Induktionskonstante ($4\pi \cdot 10^{-7}$ Vs/Am) und H die magnetische Feldstärke bedeuten.

Zur Erzeugung von Drücken um 10^3 Pa sind magnetische Feldstärken von 10^2 A/cm notwendig. Für die Bänderzüchtung aus entsprechend schmalen Menisken ist es günstig, den Druck als Funktion der gewünschten Bandbreite b anzugeben [16]:

$$p \simeq \frac{\mu_0}{2}\,10^7 \left(\frac{2I}{b}\right)^2. \tag{24}$$

Die Beziehung $H \simeq 2 \cdot I/b = H_i$ (I — Strom in der zu beiden Seiten des Meniskus verlaufenden Induktionsspule) beschreibt die induzierte Feldstärke H_i pro Meniskushöhe und ergibt sich aus der Gleichheit von Meniskushöhe h und sehr geringer Bänderbreite b [s. Gl. (3)]. Bei $b = 100$ µm ist für Germanium ein LAPLACE-Druck von $\Delta p = -2\sigma/b \simeq 4 \cdot 10^3$ Pa zu überwinden, was eine Stromstärke in der Induktionsspule von $I = 12$ A erfordert [16].

Der Meniskus wird vom elektromagnetischen Druck gezwungen, die vom Induktor vorgegebene Form einzunehmen. Da eine optimale Kraftübertragung bei hohen Strömen relativ niedriger Ferquenz (10···30 Hz) erreicht wird, eignet sich die elektromagnetische Profilgebung vorrangig als Zusatzeinrichtung an bereits durch höhere Frequenzen oder andere Heizarten vorgeschmolzenen Menisken. Oxidische Schmelzen können allerdings nicht auf diese Weise zu Körpern mit kleineren Krümmungsradien verformt werden.

Der Profilgebungseffekt kann beträchtlich erhöht werden, wenn zwischen Induktionsspule und Meniskus ein scheibenförmiger Induktionskonzentrator (z. B. aus Graphit) eingebracht wird. Die Meniskusform wird sodann durch die Geometrie seiner Aussparung im Zentrum festgelegt. Dadurch sind die herkömmlichen vorteilhaften konzentrischen Induktionsspulen einsetzbar. Eine zusätzliche thermische Profilstabilität wird durch eine geschickte Gestaltung der Konzentrationsschablone erreicht. Die freiwerdende Wärmeenergie des Konzentrators ist dem Quadrat der Stromdichte proportional. Da bei hohen Frequenzen die Strombahnen auf die Konzentratoroberfläche beschränkt bleiben, ist ihre Führung und damit die Dichteverteilung in der Nähe der „Arbeitsaussparung" durch zusätzliche Aussparungen im Konzentrator variier- bzw. homogenisierbar. Ohne diese Maßnahmen würden sich z. B. an den Kantenzonen quadratischer oder schlitzförmiger Arbeitsaussparungen erhöhte Stromdichten einstellen, da hier der Abstand zur Außenperipherie einer runden Konzentrationsscheibe am geringsten ist. Folglich käme es zur inhomogenen Erwärmung und starken Deformation der Schmelzpunktisotherme und zu einem möglichen Verwachsen des Kristalls mit dem Konzentrator. Deshalb ist es vorteilhaft, die Stromdichte an solchen Stellen durch eine zusätzliche Perforation zu erhöhen (Abb. 19).

Auf Grund der sehr geringen Abstände zwischen Konzentrator und Meniskusoberfläche, ganz besonders bei Bänderprofilen, ist die Formstabilität des Meniskus eine wesentliche Bedingung für hohe Profilpräzisionen des wachsenden Kristalls. Deshalb ist eine elektromagnetische Zwangsführung für kapillarinstabile Züchtungssysteme nicht sonderlich vorteilhaft, sondern eignet sich vorrangig als zusätzliche Formstabilisierung kantengeführter Meniskusprofile (Pedestaltechnik, kantendefinierte Ziehverfahren). Beim floating-zone-Prozeß mit HF-Heizung wird sie ja ohnehin als Begleiterscheinung mehr oder weniger stark wirksam bzw. beim Stützfeldverfahren gezielt angewendet. Die folgenden Literaturquellen belegen, daß die elektromagnetische Profilgebung von allen Kraftfeldverfahren bisher am erfolgreichsten zur Profilzüchtung angewendet wurde: [16, 42, 44 bis 48].

2.1.3. Thermische Profilbegrenzung

Wird ein wärmeableitender Keim in ein weit größeres Schmelzvolumen bis knapp unter dessen Oberfläche eingetaucht und anschließend die Temperatur der Schmelze mit einer wärmebilanzierten Geschwindigkeit langsam abgekühlt, so bestimmt die Form der wandernden Schmelzpunktisotherme das Profil des Keimzuwachses. (Auch hier wollen wir die morphologischen Aspekte des Kristallwachstums zunächst außer Acht lassen). In einer gleichmäßig überhitzten Schmelze breitet sich die Schmelzpunktisofläche mit nahezu halbsphärischer Stereometrie so lange aus, bis sich das thermische Gleichgewicht einstellt. Wird nun die kristallisierte Phase rasch vom restlichen Schmelzvolumen getrennt, so verbleibt ein annähernd halbsphärischer Kristallkörper. Eine solche Kristallform ist nur von sehr geringer praktischer Bedeutung, weshalb versucht wurde, applikativ sinnvollere Profile, wie z. B. Kalotten oder Hohlzylinder, auf entnehmbaren Kernen zu züchten. Zu gezielter Deformation der Schmelzpunktisofläche durch Einbringen zusätzlicher Wärmequellen und -senken in das Schmelzvolumen und damit einer durchaus denkbaren variableren thermischen Profilzwangsführung ist bisher aus der Literatur nichts bekannt.

Wir beachten, daß der hier genannte, ausschließlich thermisch geführte Wachstumsprozeß im KYROPOULOS-Verfahren eine großtechnische Anwendung gefunden hat. Jedoch wird das Kristallprofil dabei letztendlich durch die Tiegelwände begrenzt, da das gesamte Schmelzvolumen gerichtet erstarrt.

Bänderförmige Profile lassen sich durch das horizontale Abziehen plättchenförmiger Keime von Schmelzoberflächen erzielen. Dazu ist es notwendig, den für die Kristallisation erforderlichen Oberflächenabschnitt durch einen entsprechenden Flächenkühler knapp unter der Schmelztemperatur zu halten. Auch hierbei handelt es sich um eine modifizierte thermische Profilbegrenzung.

Das Kristallisationsprofil an frei wachsenden Keimen aus einem angehobenen Meniskus wird ebenfalls über die thermischen Verhältnisse mitbestimmt. Das gilt weniger für die äußere Form der Kristalle, die einer hydrostatischen Zwangsführung durch den Meniskusquerschnitt unterliegen (Abschn. 2.1.1.), sondern in erster Linie für deren zeitliche Konstanz.

Der Querschnitt eines frei gezogenen Kristalls stellt sich nach der Masse- und Wärmebilanz an der Phasengrenze ein. Die Einstellung eines bstimmten Durchmessers ist deshalb über die Ziehgeschwindigkeit möglich. Unter den Randbedingungen, daß die Schmelze isotherm gehalten wird, die Wärme nur durch Abstrahlung vom Kristallmantel an ein kaltes Medium abgeführt wird, das Emissionsvermögen der Kristalloberfläche temperaturunabhängig ist und die Wärmeleitfähigkeit der kristallinen Phase eine indirekt proportionale Temperaturfunktion darstellt, erhält BILLIG eine Lösung der Wärmebilanzgleichung, die den Radius von CZOCHRALSKI-Kristallen R_K mit der Ziehgeschwindigkeit v_z koppelt [49]:

$$R_K \simeq \frac{2}{3}\left(\frac{1}{L\varrho_S}\right)^2 \sigma_0 \varepsilon \lambda_s T_s^5 (v_z)^{-2}, \tag{25}$$

wobei L die latente Kristallisationswärme, ϱ_s die Kristalldichte in der Nähe des Schmelzpunktes, σ_0 die STEPHAN-BOLTZMANN-Konstante, ε das Emissionsvermögen der Kristalloberfläche, λ_s die Wärmeleitfähigkeit des Kristalls in der Nähe des Schmelzpunktes und T_s die Schmelztemperatur bedeuten. Die erste Voraussetzung für einen konstanten Kristalldurchmesser ist die Einstellung einer definierten Ziehgeschwindigkeit. Eine genauso wichtige Bedingung dafür ist aber auch die Konstanz der einkoppelnden Heizleistung. Sie legt die Relativlage der Schmelzpunktisotherme zur Gleichgewichtshöhe h_0 des Meniskus für einen stationären Durchmesser fest (vgl. Abschn. 2.1.1.).

Folgt die Kristallisationsfront nahezu trägheitslos der Schmelzpunktisotherme, was für das Wachstum atomar rauher Phasengrenzflächen angenommen werden kann, so führt eine Abweichung von der Lage h_0 zur Ungleichheit zwischen den Winkeln φ_0 und φ (10) und folglich zur Durchmesserinstationarität. Wir haben in Abschn. 2.1.1. gesehen, daß bei einer fehlenden Kapillarstabilität des Meniskus, wie z. B. bei der CZOCHRALSKI-Methode, eine solche Abweichung $h_0 \pm \delta h$ ungedämpft vom System aufgenommen wird und deshalb eine besonders hohe Anforderung an die thermische Konstanz zu stellen ist.

Das Wachstum an atomar glatten Phasengrenzflächen benötigt dagegen einen bestimmten Unterkühlungswert. Das zeitliche Durchmesserverhalten wird sodann wesentlich von der Kinetik bestimmt (2.1.4.).

Für eine hohe Durchmesserkonstanz der Kristalle ist die thermische Stabilität von gleicher Wichtigkeit wie die in Abschn. 2.1.1. betrachtete Kapillarstabilität. Thermische Stabilität liegt vor, wenn die Schmelzpunktisotherme nach einer infinitesimalen äußeren Störung der Gleichgewichtslage (Schwankung der Ziehgeschwindigkeit oder Heizleistung) in Form einer gedämpften Schwingung wieder auf diese zurückkehrt. Die Relaxationsszeit τ der Kristallisationsfront vom Wert $h_0 \pm \delta h$ auf den Gleichgewichtswert h_0 kann aus der Stabilitätsanalyse unter Anwendung der Methode der kleinen Störungen abgeschätzt werden [38]:

$$\frac{1}{\tau} \approx \left[\frac{\lambda_s}{L \cdot \varrho} \frac{\partial}{\partial h} \left(\frac{\partial T_s}{\partial z}\right)_{z=h}\right]_{h=0} - \left[\frac{\lambda_L}{L \cdot \varrho} \frac{\partial}{\partial h} \left(\frac{\partial T_L}{\partial z}\right)_{z=h}\right]_{h=0} < 0, \tag{26}$$

wobei z die Koordinate in Richtung der Ziehachse beschreibt. TATARCENKO und BRENER [38] berechnen diesen Ausdruck für verschiedene thermische Grenzbedingungen über die Lösung der quasistationären Wärmeleitungsgleichung und zeigen, daß bei einer überhitzten Schmelze das negative Vorzeichen für den Ausdruck (26) erfüllt ist, was eine Bedingung für den stationären Fall darstellt. Existiert jedoch im Meniskus ein negativer Temperaturgradient, so ist das System thermisch instabil. Eine gringe Abweichung der Schmelzpunktisotherme unter die Höhe h_0 wird verstärkt und zieht eine Durchmesservergrößerung des Kristalls nach sich. Analoges läßt sich aus der Störungsanalyse von MULLINS und SEKERKA [50] herleiten, die eine Konzentrationsunterkühlung im Schmelzmeniskus berücksichtigt.

Der konkrete Wert des Ausdrucks (26) ist materialspezifisch und hängt von der Wahl der Temperaturgradienten ab. In [38] wird er für den Standardfall des freien Ziehens metallischer Substanzen mit $1 \cdots 10 \text{ s}^{-1}$ angegeben. Dieser Wert stellt gleichzeitig eine Grenzfrequenz gegenüber äußeren Störungsfrequenzen dar und ermöglicht eine grobe Abschätzung des Einflusses äußerer Schwankungen auf den Kristalldurchmesser.

Sind die Frequenzen der äußeren Störungen weit höher als $1/\tau$, so werden sie sich nur in sehr geringem Maße auswirken. Die Durchmesserschwankung ist dann umgekehrt proportional dem Quadrat der äußeren Frequenz [24]. Liegen sie dagegen unterhalb $1/\tau$, so ziehen sie eine proportionale Frequenzabhängigkeit des Kristalldurchmessers nach sich. Die Gleichgewichtslage der Kristallisationsfront bei h_0 wirkt also wie ein „Tiefpaßfilter", dessen Grenzfrequenz durch die systemspezifische Relaxationszeit der Phasengrenze bestimmt wird.

Obwohl das Profilziehen aus kantendefinierten Menisken zusätzlich durch Kapillarstabilität gestützt ist, ist dennoch eine richtige Temperaturgradientenführung und Konstanz der Züchtungsparameter auch hier wichtig für eine zeitliche Formstabilität des Kristalls.

2.1.4. Kristallmorphologische und wachstumskinetische Profilierungsfaktoren

Die Behandlung der Profilzüchtung von Einkristallen erfordert unbedingt eine Berücksichtigung der Wechselwirkung zwischen formgebender äußerer Zwangsführung und den kristallographischen Gesetzmäßigkeiten, denen eine wachsende Kristallsubstanz von „innen" her unterliegt. Bei der Züchtung aus der Schmelze, die durch einen hohen Grad an äußerer Zwangsführung gekennzeichnet ist, führt nur eine weitgehende Übereinstimmung zwischen Wachstumsbedingungen und kristallographischen Phänomenen zu einer gewünschten Profileinhaltung und -maßhaltigkeit.

Einkristalle sind anisotrope, homogene Körper. Sie weisen also verschiedenes Verhalten in verschiedenen Richtungen und gleiches Verhalten in parallelen Richtungen auf. Das daraus für einen Kristallisationsprozeß ableitbare wesentlichste Merkmal der Anisotropie ist ihre Tendenz zur Bildung ebenflächiger begrenzter Polyeder. Da auch die Oberflächenenergie der einzelnen kristallographischen Flächen dem Gesetz der Anisotropie unterliegt, läßt sich zunächst rein theoretisch für ein makroskopisches begrenztes Kristallvolumen eine bestimmte Polyederform ableiten, die nach dem WULFFschen Minimierungsprinzip von den Flächen mit den geringsten Oberflächenenergien begrenzt wird. Der reale Wachstumsprozeß läßt jedoch nur in den seltensten Fällen, am wenigsten bei der Züchtung aus Schmelzen, eine ausschließlich thermodynamisch bedingte Gleichgewichtsform der Polyeder zu, da in Abhängigkeit von den äußeren Bedingungen (Milieu) die molekular-kinetischen Prozesse an der Phasengrenze mehr oder weniger flächendifferenziert verlaufen. Je höher die Dichte realstruktureller Erscheinungen oder der Verunreinigungen, desto stärker weicht die wachsende Kristallform vom thermodynamischen Gleichgewichtspolyeder ab bzw. können die wachstumsanisotropen Unterschiede nivelliert werden. Desgleichen wird die Entfaltungsmöglichkeit eines Polyeders durch die Symmetrie des angrenzenden Kritallisationsmittels (Form des Schmelzvolumens, Wärmefluß, Keimprofil) gravierend eingeschränkt. Trotzdem konstatieren wir immer wieder das ausgeprägte Durchsetzungsvermögen kristallographisch intensiver Flächen mit der höchsten Packungsdichte einer Substanz, sei es in Form ebener Polyederflächen oder Facetten auf einem zwangsgeführten Kristallmantel. Diese Aspekte sollen genügen, um zu verdeutlichen, daß wir es bei der Züchtung eines Einkristalls stets mit einem Wechselspiel zwischen äußerem und innerem morphologischen Zwang zu tun haben. Von vorn herein läßt sich sagen, daß der innere kristallographische Zwang mit steigender Kristallperfektion immer deutlicher in der wachsenden Kristallmorphologie zum Ausdruck kommt.

Damit haben wir eine außerordentlich wichtige Fragestellung der Profilzüchtung von Einkristallen formuliert, deren Wesen in der Beziehung zwischen erwünschtem und kristallographisch bedingtem Profil wachsender Kristalle besteht. Sie entscheidet mit über den zusätzlich aufzuwendenden Bearbeitungsgrad und damit die Ökonomie des entsprechenden Verfahrens. Sie unterscheidet aber auch gleichzeitig die Einkristallprofilzüchtung von einer formgebenden Verfestigung amorpher Körper, wie z. B. Glas. Letztere sind isotrop und damit morphologisch völlig zwangsführbar.

Das Maß der Übereinstimmung eines gezüchteten Kristallprofils mit der gewünschten Form hängt entweder vom Anpassungsgrad der kristallographischen und wachstumskinetischen Phänomene an eine äußere Zwangsführung oder aber von den Möglichkeiten einer bewußten Ausnutzung kristallographischer Erscheinungen des wachsenden Kristalls ab. Dementsprechend können wir von einer „erzwungenen" oder „freien" Kristallisation sprechen. „Freie" Wachstumsbedingungen sind dadurch gekennzeichnet, daß der Keim von einem quasiunendlich ausgedehnten Volumen der Ausgangsphase mit isotropem Wärmefeld umgeben wird. Bei geringer Unterschreitung des thermodynamischen Gleichgewichts kann in diesem Fall der Kristall seiner Tendenz zur Polyederbildung am besten folgen. Sie wird aber in einer Schmelze nie sonderlich ausgeprägt sein, da die hohe Dichte der Kristallisationsbausteine und der sphärische Verlauf der Schmelzpunktisotherme die kinetischen Wachstumsprozesse über den Kristall mittelt. Deshalb ist diese Kristallisationsvariante für eine Profilzüchtung aus der Schmelze nur von sehr geringer praktischer Bedeutung. Für die Phasenübergänge „Lösung-Kristall" und „Dampf-Kristall" besitzt dagegen die „freie" Kristallisation eine wichtige Stellung innerhalb der Profilzüchtung, da u. a. die hohe Verdünnung der Ausgangsphase die molekular-kinetischen Prozesse an den einzelnen kristallographischen Flächen viel stärker differenziert und gut ausgeprägte, unter bestimmten Bedingungen sogar anisotrope Polyederformen mit Anwendungsrelevanz entwickeln läßt (s. Abschn. 3.3. und 3.6.).

Die anwendungsorientierte Kristallzüchtung aus der Schmelze ist durch „erzwungene“ Wachstumsbedingungen charakterisiert. Eine Polyederbildung wird durch ein vorgeformtes begrenztes Schmelzvolumen, einen richtungsdefinierten Wärmefluß und durch das Keimprofil verhindert. Bei einem positiven Temperaturgradienten in der Schmelze sprechen wir sodann von einer gerichteten Kristallisation. Das Kristallwachstum erfolgt dabei nur in einer kristallographischen Richtung, vorgegeben durch eine Ziehrichtung oder Isothermebewegung über ein Containerprofil und natürlich einer bestimmten Keimorientierung. Daraus folgt bereits eine starke Eingrenzung der Symmetrieelemente des wachsenden Kristalls. Das äußere Profil des Kristalls kann „bestenfalls“ nur die Symmetrieelemente beibehalten, die mit der Wachstumsrichtung zusammenfallen. Das sind Drehachsen und Spiegelebenen längs durch die Kristallachse. Alle anderen gehen bei einer gerichteten Kristallisation verloren. Die Tendenz zur Polyederbildung kann demnach nur noch der Ordnung der verbleibenden Symmetrieelemente folgen. So bringt z. B. eine vierzählige Drehachse durch das Auftreten von vier äquidistanten Facetten auf dem Mantel eines Kristallzylinders der kubischen Punktgruppe das „innere Streben“ nach der Gleichgewichtsform morphologisch zum Ausdruck. Solche Erscheinungen sind besonders dann zu beobachten, wenn kristallographisch intensive Flächen (singuläre) parallel oder unter einem sehr geringen Winkel zur Wachstumsrichtung liegen. Sie rufen mitunter eine Abweichung des tatsächlichen Wachstumsprofils vom erwünschten hervor, wie im o. g. Beispiel vom zylindrischen.

Die Ordnung der verbleibenden Symmetrieelemente eines Kristallbarrens wird von der Symmetrie des Kristallisationsmittels bestimmt. Unter Kristallisationsmittel verstehen wir das angrenzende Schmelzvolumen, den Wärmefluß und den Keim. Nach dem Symmetrieprinzip von CURIE [51] behält ein Kristall in seiner äußeren Morphologie nur diejenigen Symmetrieelemente der eigenen kristallographischen Symmetrie bei, die auch für das Kristallisationsmittel gültig sind. Seine Morphologie läßt keine Symmetrie zu, die nicht bereits in der des Kristallisationsmittels (physikalischen Einwirkung) beinhaltet ist. Unterscheiden sich noch die Symmetrien der einzelnen Komponenten des Kristallisationsmittels voneinander, so kann der Kristallmantel nur jenes Symmetrieelement zum Ausdruck bringen, das sich denen von Schmelzsäule, Wärmefluß und Keim unterordnen läßt. Es muß eine Superposition ($\cap$) der einzelnen Symmetriegruppen S gewährleistet sein [52]:

$$S_{\mathrm{Kr}} = S_{\mathrm{L}} \cap S_{\mathrm{T}} \cap S_{\mathrm{K}}, \tag{27}$$

wobei die Indizes Kr-Kristall, L-Schmelzsäule, T-Wärmefluß und K-Keim bedeuten.

Die Achsensymmetrie einer Schmelzsäule kann je nach Verfahren beliebig hoher Ordnung sein. So besitzt z. B. eine Schmelzsäule konzentrischen Querschnitts eine Drehachse unendlicher Ordnung und bei fehlender Rotation unendlich viele sich in der Drehachse schneidende Spiegelebenen. Die Symmetriegruppe der Schmelzsäule wäre in diesem Falle $\infty\, m$. Schmelzsäulen mit einer solchen

Symmetriegruppe finden wir beim CZOCHRALSKI-, floating-zone- und BRIDGMAN-Verfahren in konzentrischen Ampullen. Die Profilzüchtung erfolgt in der Mehrzahl aus Schmelzsäulen, die von der konzentrischen Symmetrie abweichen und damit niedrigerer Ordnung sind. Ein quadratischer Schmelzmeniskusquerschnitt besitzt die Symmetriegruppe *4mm*, ein bandförmiger *2mm*.

Die Symmetrie des Wärmeflusses stimmt zumeist mit der entsprechenden Schmelzsäule überein. Sie kann aber auch durch eine anisotrope Gestaltung des Wärmeaustausches auf dem Niveau der Phasengrenze modifiziert werden.

Die Symmetriegruppe eines Keimes richtet sich nach seiner kristallographischen Orientierung. So besitzt ein ⟨111⟩-orientierter Keim der Kristallklasse *m3m* die Symmetriegruppe *3m*. Diese würde sich gemäß (27) auf die Morphologie des Kristallmantels übertragen, falls die Symmetriegruppe von Schmelzsäule und Wärmefluß ∞m ist. Sie würde jedoch nur in Form einer Spiegelebene *m* in Erscheinung treten, falls Schmelzsäule und Wärmefluß die Symmetriegruppe *4mm* (quadratischer Querschnitt) besäßen, da es nach (27) lediglich zur Superposition einer Spiegelebene, aber nicht der Drehachsen, kommen kann.

Auf Abb. 5 sind typische in der Praxis beobachtete [53, 54] Morphologien von Ge-Kristallquerschnitten gezeigt, die mit unterschiedlich orientierten Keimen aus einem konzentrischen Meniskus gezogen wurden.

Es ist zu beachten, daß bei einer Rotation von Meniskus oder (und) Keim nur noch eine Drehachse unendlicher Ordnung verbleibt, da die Spiegelebenen durch die Drehachse annuliert werden. Deshalb ist beim CZOCHRALSKI-Verfahren die Keimorientierung hinsichtlich Morphologie des Kristallmantels von untergeordneter Bedeutung. Es wird sich gemäß (27) unterhalb des Keimes schnell ein zylindrischer Kristall bilden, ohne auffällige morphologische Anzeichen von Spiegelebenen. Die hohe Profilkonstanz wird also hier in erster Linie durch die Rotation eingestellt. Wir beachten, daß die dennoch oft beobachteten kristallographischen Phänomene auf dem Mantel eines Kristallzylinders meistens auf die wachstumskinetischen Prozesse an einer gekrümmten Phasengrenze zurückzuführen sind. In Abschn. 2.1.1. haben wir gesehen, daß sich an ihrer Peripherie auf Grund der Randwinkelbeziehung am Dreiphasengleichgewicht stets eine orientierungsabhängige Krümmung einstellen muß, die das differenzierte Wachstum kristallographischer Flächen parallel zur Krümmungstangente erscheinen läßt (s. weiter unten).

Die Profilzüchtung von Kristallen mit eckigen Querschnitten läßt keine Rotation zu. Hier muß das Überschneidungsprinzip der Symmetriegruppen von Meniskus, Wärmefluß und Keimorientierung streng beachtet werden. Im Sinne einer hohen Reproduzierbarkeit des vorgegebenen Meniskusprofils muß die Keimorientierung genau abgestimmt werden. So wäre beispielsweise eine ⟨111⟩-Orientierung eines Keimes der Kristallklasse *m3m* (Symmetriegruppe *3m*) zur Züchtung von Profilkristallen aus quadratischem Meniskus (Symmetriegruppe *4mm*) ungünstig, da sich die am wachsenden Kristall verbleibende Symmetriegruppe *m* durch den Austritt von {111}-Facetten an den Kanten, die mit den Spitzen des

Berichtigungen

S. 21	10. Z. v. u.	lies:	1921 (GOMPERZ, E. VON: Z. Phys. 8 (1921) 184)
		statt:	1928
S. 47	6. Z. v. u.	lies:	Wachstumsgesetz
		statt:	Wachstums gesetzt
S. 92	Abb. 24	lies:	2a — Polykristall
			4 — Einkristallband
S. 100	3. Z. v. u.	lies:	Vergrößerung
		statt:	Verringerung
S. 120	14. Z. v. u.	lies:	korngrenzenfreies
		statt:	kornwinkelfreies
S. 139	2. Z. v. o.	lies:	10^{-4}
		statt:	10^{4}

Rudolph, Profilzüchtung

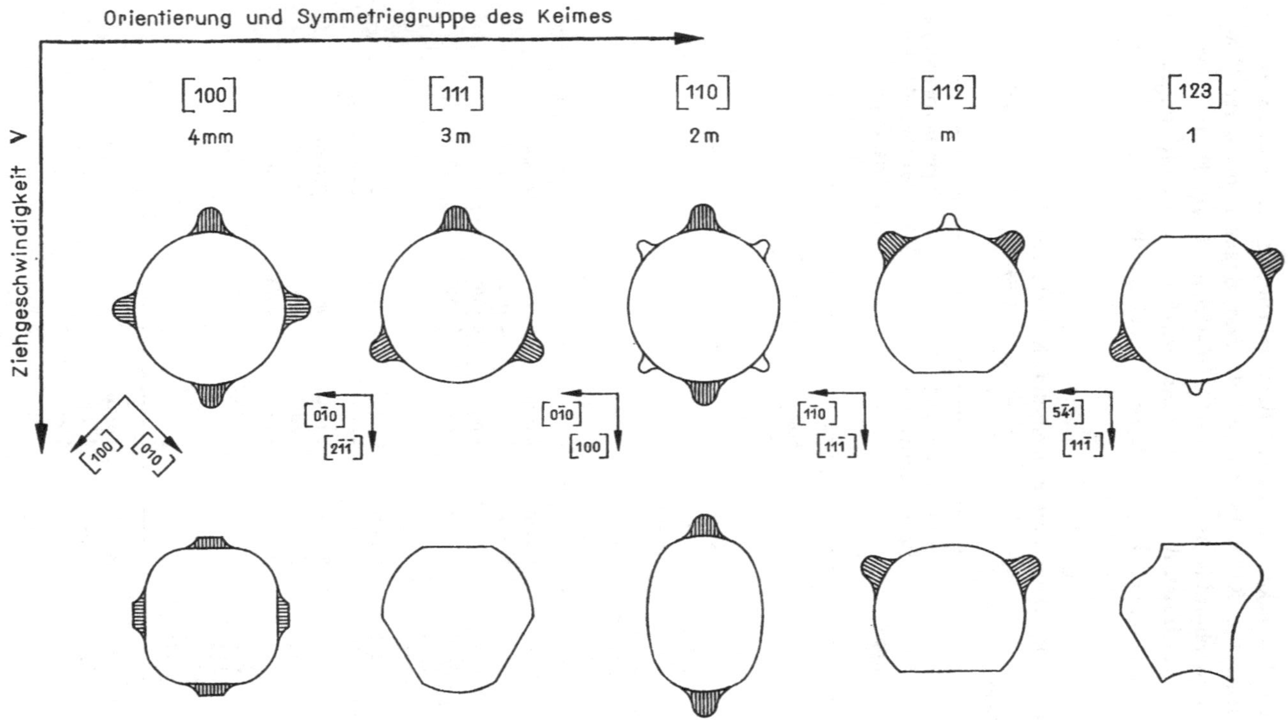

Abb. 5.

Morphologie von Germanium-Kristallquerschnitten, gezogen mit unterschiedlichen Keimorientierungen aus konzentrischen Menisken.
(Schraffierte Gebiete bezeichnen facettierte Nähte, die zur Bildfläche geneigte Facetten aufweisen)

kristallographischen Dreiecks zusammenfallen, morphologisch äußern würde [55]. Streng quadratische Kristallprofile erhält man dagegen bei einer ⟨100⟩-Keimorientierung und rhombische bei einer ⟨110⟩-Orientierung. Beste Begrenzungsflächen eines Profilkristalls werden dann erhalten, wenn die singulären Flächen einer entsprechenden Kristallklasse parallel zu ihnen gelegt werden

Tabelle 5. Superposition der Symmetriegruppen des Kristallisationsmittels (Meniskus, Wärmefluß, Keim) und des wachsenden Kristalls (hexakisoktaedrische Klasse) beim Ziehen aus Formgebern [52]

vorgesehener Kristallquerschnitt	Keimorientierung	Symmetriegruppen des Kristallisationsmittels			Symmetriegruppe des tatsächlichen Kristallquerschnitts
		Meniskus	Keim	Wärmefluß	
Kreis oder Ring	⟨100⟩	∞ m	4 mm	∞ m	4 mm
	⟨110⟩	∞ m	2 mm	∞ m	2 mm
	⟨111⟩	∞ m	3 m	∞ m	3 m
	⟨210⟩	∞ m	m	∞ m	m
	⟨211⟩				
	⟨221⟩				
	⟨321⟩	∞ m	1	∞ m	1
Quadrat	⟨100⟩	4 mm	4 mm	4 mm	4 mm
	⟨110⟩	4 mm	2 mm	4 mm	2 mm
	⟨111⟩	4 mm	3 m	4 mm	m
	⟨210⟩	4 mm	m	4 mm	m
	⟨211⟩				
	⟨221⟩				
	⟨321⟩	4 mm	1	4 mm	1
Rechteck oder Band (Hantel)	⟨100⟩	2 mm	4 mm	2 mm	2 mm
	⟨110⟩	2 mm	2 mm	2 mm	2 mm
	⟨111⟩	2 mm	3 m	2 mm	m
	⟨210⟩	2 mm	m	2 mm	m
	⟨211⟩				
	⟨221⟩				
	⟨321⟩	2 mm	1	2 mm	1
Gleichseitiges Dreieck	⟨100⟩	3 m	4 mm	3 m	m
	⟨110⟩	3 m	2 mm	3 m	m
	⟨111⟩	3 m	3 m	3 m	3 m
	⟨210⟩	3 m	m	3 m	m
	⟨211⟩				
	⟨211⟩				
	⟨321⟩	3 m	1	3 m	1

können. Dem entspricht bei der Bänderzüchtung von Kristallen der hexakisoktaedrischen Klasse (Ge, Si, NaCl, $MgAl_2O_4$, Cu u. a.) eine ⟨110⟩- oder ⟨211⟩-Keimorientierung. Die Symmetriegruppe des wachsenden Kristalls (*2mm* bei ⟨110⟩-Keim und *m* bei ⟨211⟩-Keim) unterstützt die Ausprägung ebener {111}-Begrenzungsflächen der Bänder. Im Falle einer Saphirbänderzucht (Kristallklasse *3m*) läßt sich die dichtest gepackte Basisfläche (0001) z. B. bei einer Keimorientierung $[10\bar{1}0]$ parallel zur Ziehrichtung legen. Eine Profilzüchtung ist also nur dann als optimiert anzusehen, wenn sie kristallographische Gesetzmäßigkeiten zur Profileinstellung bewußt anwendet. In Tabelle 5 sind einige Symmetriekombinationen des Kristallisationsmittels und die zu erwartende morphologische Symmetrie hexakisoktaedrischer Kristalle beim kantendefinierten Ziehen aus Formgebern verschiedenen Querschnitts zusammengefaßt. Sie demonstriert gleichzeitig die Grenzen der Profilzüchtung, die ihr durch kristallmorphologische Gesetzmäßigkeiten gesetzt werden.

Die praktischen Züchtungsergebnisse zeigen die Schwierigkeit einer Einhaltung dieser Bedingungen, da die Orietierungsabweichungen reeller Keime, Asymmetrien der Wärmeflüsse und Verunreinigungen nur schwerlich ideal glatte Begrenzungsflächen des Kristallprofils einstellen lassen. Vielmehr werden in der Praxis gestufte Flächen auf dem Kristallmantel erscheinen. Weitere Abweichungen vom gewünschten Profil eines wachsenden Kristalls erwachsen aus Instabilitäts- und wachstumskinetischen Erscheinungen an der Phasengrenze. Bereits aus Abschn. 2.1.1. und 2.1.3. wurde ersichtlich, daß kapillare und thermische Instabilitäten (einschließlich Instationaritäten der Ziehgeschwindigkeit) Schwankungen des Kristallquerschnitts hervorbringen, die sich in Form einer gewellten Oberflächenmorphologie ausdrücken. Diese Erscheinung wird gefördert, wenn die Phasengrenzfläche mit einer atomar glatten Wachstumsfläche zusammenfällt. Vorausgesetzt, sie ist frei von Dislokationen, so gilt für sie das exponentielle Wachstumsgesetzt einer zweidimensionalen Flächenkeimbildung. Dieser Mechanismus erfordert einen bestimmten Unterkühlungsbetrag der Schmelze und äußert sich durch rhythmisches Freiwerden der latenten Kristallisationswärme beim Auffüllen einer Wachstumsstufe, was zu einer mikroskopischen Schwankung der Schmelzpunktisotherme um die stationäre Gleichgewichtslage h_0 des Meniskus führt. Atomar glatte Flächen treten in Substanzen mit hohen Schmelzentropien (vorrangig Oxide), aber auch in einigen Halbleitern mit singulären Flächen auf. Das Übergangskriterium zwischen einer atomar glatten und rauhen Wachstumsfläche und damit zwischen exponentiellem und linearem Wachstums gesetzt wird anhand einiger Grenzflächenmodelle und in Übereinstimmung mit praktischen Analysen gefunden [56 bis 59]. Nach einer Computer-Simulation von Bennema [58] liegt dieser Wert bei $\alpha = 3{,}2$. Für unsere Diskussion genügt als Überschlagswert das Jackson-Kriterium [56]:

$$\alpha = \frac{L}{kT_s} = 2, \tag{28}$$

wobei L die latente Kristallisatonswärme, k die BOLTZMANN-Konstante und T_s die Schmelztemperatur bedeuten. Danach ergeben sich für alle kristallographischen Flächen der meisten Metalle α-Werte unter 2, was auf das Vorhandensein ausschließlich atomarer rauher Wachstumsflächen hindeutet. Metalle werden deshalb nicht eine solche ausgeprägte Tendenz zur kurzperiodischen Oberflächenwelligkeit des Kristallmantels wie oxidische Kristalle aufweisen, da bei ihnen die Wachstumsflächen linear der Bewegung der Schmelzpunktisotherme folgten. Halbleiter können eine Zwischenstellung einnehmen, da ihre Schmelzentropie in der Nähe des Kriteriums (28) liegt und je nach Bindungsverhältnissen in den einzelnen kristallographischen Flächen der kritische α-Wert über- oder unterschritten wird. Hier entscheidet die Keimorientierung mit über die kurzzeitliche Profilkonstanz eines Kristalls. Natürlich gelten alle Angaben für ideal reine und versetzungsfreie Substanzen.

An Kristallen, gezüchtet durch freies Ziehen aus einem Schmelzmeniskus, beobachtet man entlang der Oberflächen oft sägezahnähnliche Nahtwülste, die ebenfalls einer gewünschten Profilmaßhaltigkeit abträglich sind. Eine genaue Analyse dieser Erscheinung deduziert sie auch auf wachstumskinetische Vorgänge an der Phasengrenze [54, 60]. In Abschnitt 2.1.1. haben wir gesehen, daß sich im thermodynamischen Gleichgewicht an der Peripherie der Phasengrenze eine randwinkelbezogene konvexe Krümmung dieser einstellt (vgl. Abb. 4.). Bildet nun die kristallographische Orientierung einer atomar glatten Wachstumsfläche die Normale zur Krümmungstangente, so tritt in diesem Bereich der Mechanismus einer zweidimensionalen Keimbildung und damit Stufenwachstum in Kraft. Ein solcher Fall tritt zum Beispiel bei der Züchtung zylindrischer *m3m*-Kristalle ein, wenn die Keimorientierung $[11\bar{2}]$ beträgt, da sodann die zwei $(\bar{1}11)$- und $(1\bar{1}1)$-Flächen des $\{111\}$-Oktaeders einen Winkel von 61°52′ zur Ziehachse bilden [54]. Ein solcher Winkel kann sich durchaus auch zwischen Krümmungstangente und horizontaler Phasengrenze in der Nähe des Dreiphasengleichgewichtes einstellen und mit dem ansteigenden Schenkel die $[\bar{1}11]$- und $[1\bar{1}\bar{1}]$-Richtungen normal schneiden (Abb. 6). Die Schnittstelle zwischen Krümmung der Phasengrenze und den Richtungen $[\bar{1}11]$ und $[1\bar{1}\bar{1}]$ wird knapp innerhalb der Peripherie liegen und in diesem Gebiet die kristallographisch intensiven Flächen $(\bar{1}11)$ und $(1\bar{1}1)$ entwickeln lassen. Da diese Flächen eine größere Unterkühlung als die linear wachsende $(11\bar{2})$-Fläche, die mit dem horizontalen Bereich der Phasengrenze zusammenfällt, benötigen, wird der Schmelzmeniskus in diesen Segmenten zusätzlich angehoben. Nun kann dieser Meniskusteil im Verlaufe des Ziehvorganges entweder bei Überschreitung des Benetzungswinkels von der Facette abfallen [60] oder aber ein Stufenwachstum mit rhythmisch freiwerdender Kristallisationswärme einsetzen [54]. Beide Mechanismen ergänzen einander und führen zu einem abgestuften Wulst auf dem Kristallmantel (Abb. 6). Eine thermisch bedingte konvexe Krümmung der Phasengrenze würde das Auftreten solch geneigter Facetten zusätzlich verstärken.

Eine Einflußmöglichkeit zur Verhinderung dieses Effektes ist durch die Variation der Ziehgeschwindigkeit V_z und ihre Abstimmung mit der normalen Wachstumsgeschwindigkeit einer Oktaederfläche V_{ok} gegeben [54]. V_{ok} ist eine Funktion der Oberflächenenergie, der Unterkühlung und des Winkels γ zwischen Flächennormaler n und Ziehachse z. Sie setzt sich aus den folgenden Komponenten zusammen:

$$V_{ok} = V_n \cos \gamma + V_t \sin \gamma, \tag{29}$$

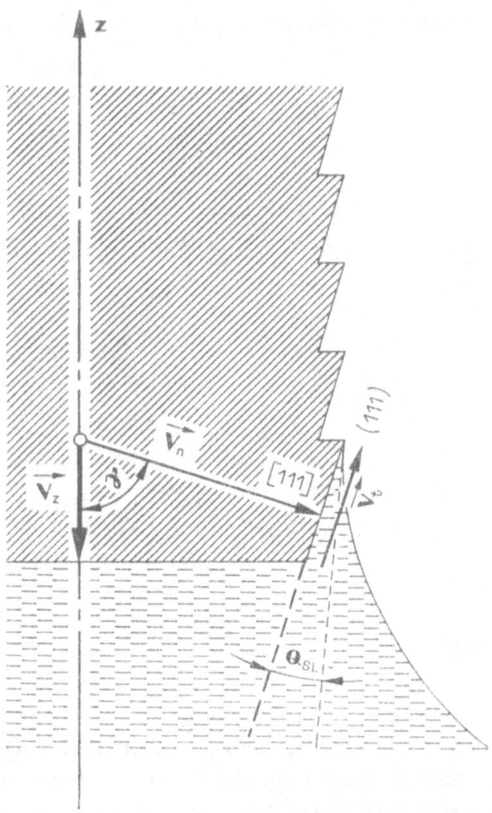

Abb. 6.
Ausbildung facettierter Nahtwülste an CZOCHRALSKI-Kristallen [53, 54]

γ-Neigung der ⟨111⟩-Richtungen zur Ziehachse z, Q_{SL}-Benetzungswinkel zwischen Schmelze und einer {111}-Fläche

worin V_n die Wachstumsgeschwindigkeit der Flächennormalen und V_t die tangentiale Geschwindigkeit einer Stufe bedeuten (Abb. 6). Vektoriell ausgedrückt bedeutet V_{ok} den auf die Ziehgeschwindigkeit V_z projizierten Betrag. Ergibt sich eine Differenz zwischen beiden Beträgen, die $\lesssim 1$ ist ($V_z \lesssim V_{ok}$), so kommt die Facettenbildung nicht zur Entfaltung, und der Kristall wird durch annähernd ebene Flächen den Querschnitt des Formgebers reproduzieren. Ist die Differenz beider Beträge jedoch > 1 ($V_z > V_{ok}$), so wird die Morphologie der Kristallisationsfront durch die Wachstumsgeschwindigkeiten der einzelnen Oktaederflächen bestimmt, und die äußere Morphologie eines Kristalls unterscheidet sich vom Formgeberprofil durch ausgeprägtes Facettenwachstum. Dieser Fall entspricht bereits einem Übergang zu erhöhten Unterkühlungsbeträgen im Schmelzmeniskus und damit einer Abweichung vom thermodynamischen Quasigleichgewicht. Wir werden im weiteren sehen, daß anwachsende Unterkühlungsbeträge der Schmelze generell andersgeartete Kristallmorphologien entstehen lassen.

Bisher betrachteten wir morphologische und kinetische Profilierfaktoren in der Nähe des thermodynamischen Gleichgewichtes. Bei beträchtlichen Unterkühlungen der Schmelze (negative Temperaturgradienten) geht jedoch die Sta-

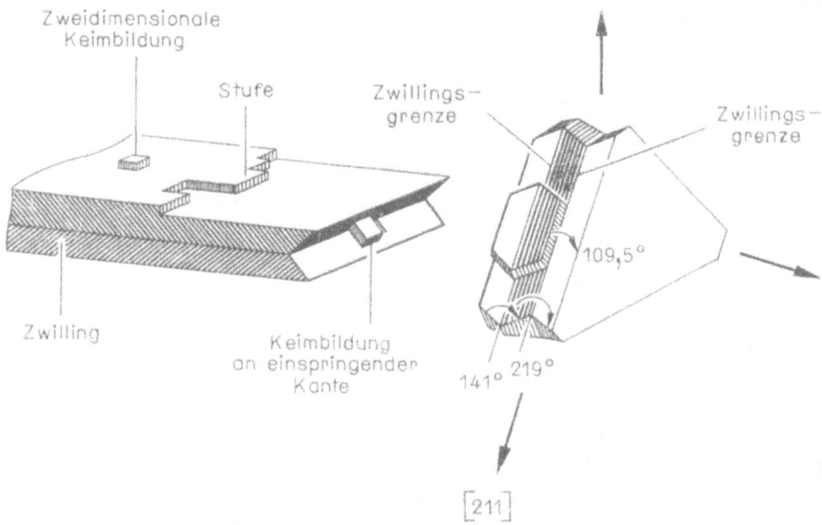

Abb. 7.
Keimbildung an einem Zwillingskristall [66]

bilität einer glatten Phasengrenze und damit das von der Schmelze vorgegebene Profil gänzlich verloren. Es kommt zur Ausbildung von Dendriten (geringe bis mittlere Schmelzentropien) oder facettiertem Kristallhabitus verschiedenartigster Morphologie (hohe Schmelzentropien). Unter bestimmten Bedingungen läßt sich Dendritenwachstum jedoch steuern und im Sinne einer Profilzüchtung bewußt ausnutzen. Bei Stoffen, die im Diamantgitter oder in der Zinkblendestruktur kristallisieren, ist das freie Dendritenziehen aus Tiegeln besonders gut möglich, da sie in Bänderform mit ausgedehnten {111}-Flächen erhalten werden können [61 bis 66]. Voraussetzung ist neben einer unterkühlten Schmelze ein induzierender Keim mit Zwillingsebenen.

„Zwillinge" sind symmetrische Verwachsungen von zwei gleichartigen Kristallen, die nicht „zufällig", sondern statistisch „häufig" auftreten [67]. Dabei sind einspringende Winkel stets charakteristisch für Zwillingsbildungen. Aus Abb. 7 ist ersichtlich, daß die aufzuwendende Keimbildungsarbeit an einer einspringenden Kante geringer als die zur Bildung von zweidimensionalen Flächenkeimen auf einer kristallographisch stabilen Fläche ist [66]. Wäre nur eine Zwillingsebene vorhanden, so würde sich das Wachstum an dieser Stelle selbst beenden, da die einspringende Ecke schnell mit Atomen aufgefüllt wäre. Erst wenn mindestens zwei Zwillingsebenen vorhanden sind, ruft stets die Auffüllung einer Ecke einen erneuten einspringenden Winkel an der benachbarten Zwillingsebene hervor. Bringt man einen solchen Keim in eine unterkühlte Schmelze und zieht

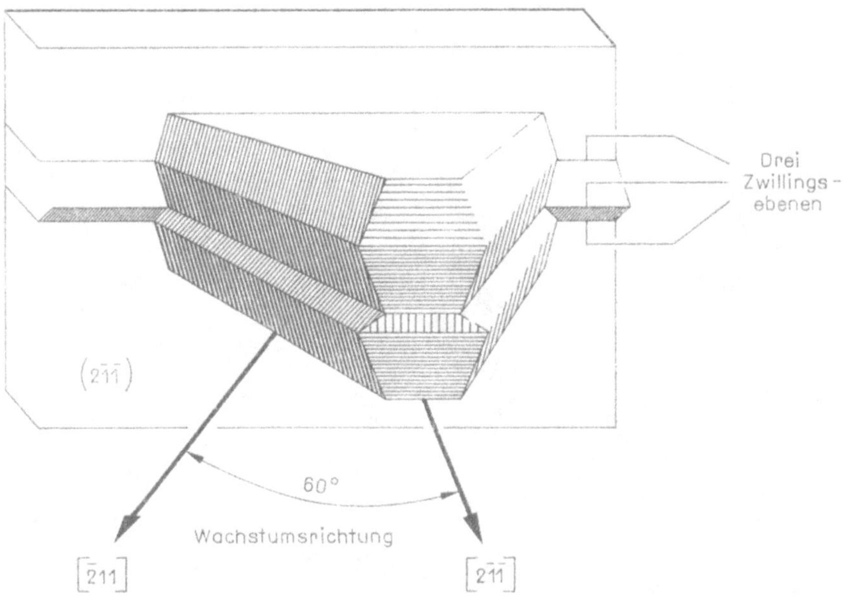

Abb. 8.
Beginnendes Dendritenwachstum an einem $[2\bar{1}\bar{1}]$-orientierten Keimplättchen mit drei Zwillingsebenen

ihn dann rasch nach oben weg, so bilden sich lange Dendriten aus, die von glatten Seitenflächen begrenzt sind. Dabei muß der Impfkeim so gestaltet sein, daß nur in einer Richtung (parallel zur Ziehrichtung) ein Wachstum möglich ist. Für die Züchtung von Germanium- oder Siliziumdendritenbändern muß der Keim eine $[2\bar{1}\bar{1}]$-Orientierung besitzen und gemäß Abb. 8 präpariert sein. Bei drei Zwillingsebenen hat die $[2\bar{1}\bar{1}]$-Grundrichtung, die man nach unten zur unterkühlten Schmelze ausrichtet, zwei einspringende Kanten, die dazu polare $[\bar{2}11]$-Richtung jedoch nur eine. Es sind also nur drei; unter 120° zueinander geneigte $\langle 211 \rangle$-Grundrichtungen beim Wachstum begünstigt, aber nur eine davon zeigt senk-

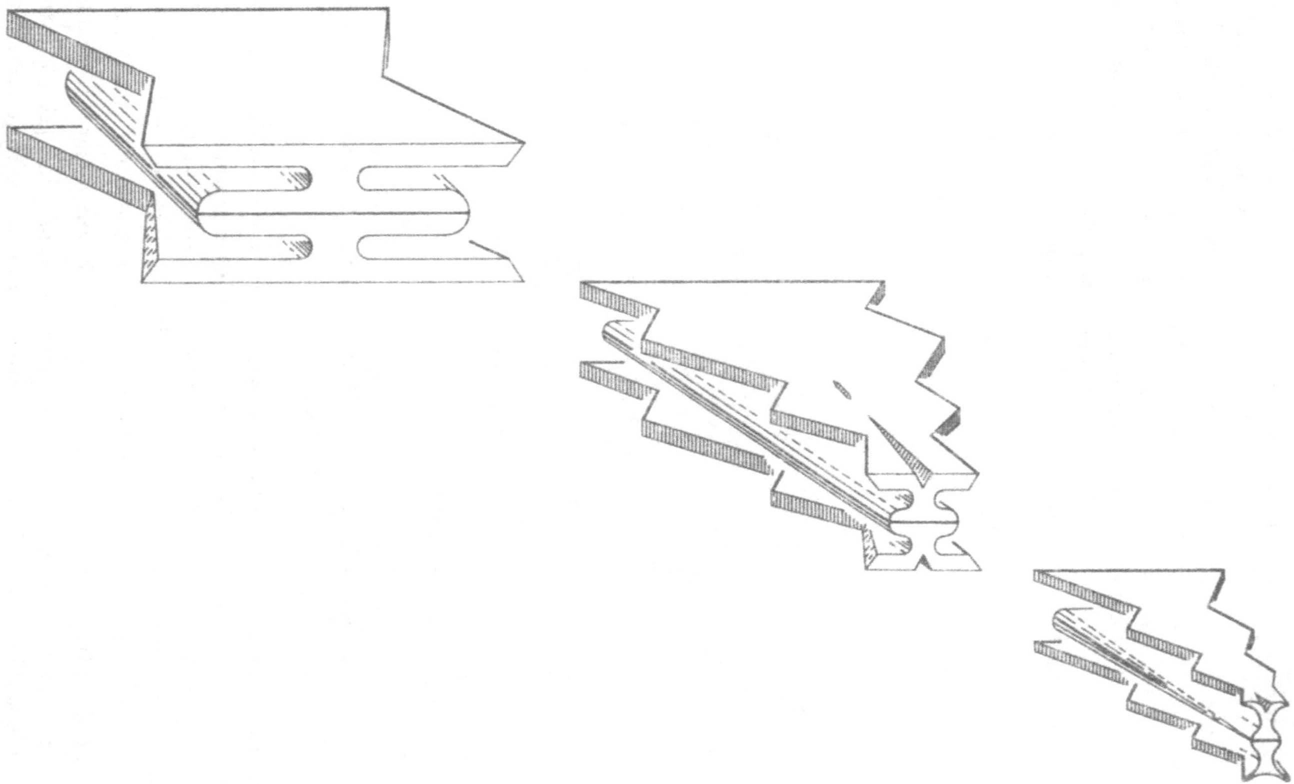

Abb. 9.
Entwicklungsstadien dendritischer Bänderkristalle

recht in die unterkühlte Schmelze. Das Entstehen von unerwünschten Nebendendriten ist damit unwahrscheinlich. Die Entwicklung dendritischer Bänder verläuft nach der Keimbenetzung und dem raschen Abziehen aus der Schmelze über eine Bildung von „Seitenzweigen" zur weiteren seitlichen Verbreiterung mit verzahnten Rändern, die bei zu geringer Ziehgeschwindigkeit leicht zum weiteren Auswachsen auf Grund der erhöhten Adsorptionswahrscheinlichkeit in den einspringenden Kanten neigen (Abb. 9).

Für den praktischen Bedarf ist es hinreichend, die Wachstumsgeschwindigkeit eines Dendriten nach der wärmebilanzierten Abschätzung von Falk und Anders [68, 69] anzuwenden:

$$v = \frac{4\sqrt{\pi}\,\lambda_L \Delta T}{L \varrho_L \sqrt{b \cdot d}}, \tag{30}$$

worin λ_L die Wärmeleitfähigkeit der Schmelze, ΔT die Unterkühlung der Schmelze, L die latente Kristallisationswärme, ϱ_L die Dichte der Schmelze, b die Dendritenbreite und d die Dendritendicke bedeuten. Diese ist jedoch bei Berücksichtigung der kinetischen Prozesse an der Dendritenoberfläche sowie des Gibbs-Thomson-Effektes an der stark gekrümmten Dendritenspitze im Sinne einer exakteren mathematischen Formulierung zu korrigieren.

Anhand umfangreicher experimenteller Untersuchungen konnte festgestellt werden, daß für Ge und Si typisches Dendritenwachstum bei Unterkühlungen $\Delta T \gtrsim 7$ K einsetzt [2].

2.2. Phasenübergänge „dispers – fest"

2.2.1. Habituszüchtung

Unter disperser Ausgangsphase verstehen wir Lösungen und Gase, da sie in molekular-disperser Form vorliegen und relativ zur Kristallphase verdünnt sind. Bei einer Quasigleichgewichtskristallisation aus der Schmelze herrscht unter stabilen Bedingungen die größte Unterkühlung unmittelbar an der Phasengrenze. Sie nimmt schnell in Schmelzrichtung ab (positiver Temperaturgradient in der Schmelze). Dadurch erfolgt der Wärmetransport stets in die feste Phase, so daß die Kristallform in der Regel der isotropen Fläche der Schmelzpunktisotherme folgt und zu gerundeten Wachstumsprofilen tendiert. Bei einer Züchtung aus dispersen Phasen existieren unter „freien" Kristallisationsbedingungen die geringsten Unterschreitungen (Übersättigungen) des thermodynamischen Gleichgewichts an der Phasengrenzfläche, und sie nehmen unmittelbar vor ihr in Richtung Ausgangsphase zu. Vorspringende Kanten und Stufen ragen also in ein stärker übersättigtes Gebiet hinein und wachsen bevorzugt. Damit sind günstigere Bedingungen für ein Wachstum idiomorpher Kristallpolyeder gegeben.

Unter bestimmten Bedingungen ist es möglich, ganz bestimmte anwendungsorientierte Polyederformen entstehen zu lassen, die zudem von Flächen „kristallographischer Güte“ begrenzt werden und in ihrer Qualität präparierte Oberflächen übertreffen können. Das ist besonders für die optische Industrie und den wissenschaftlichen Gerätebau von Bedeutung. Durch die gezielte Ausnutzung idiomorpher Erscheinungen beim Wachstum aus Lösungen wird der Bearbeitungsgrad auf ein Minimum reduziert. Um zweckmäßige Kristallprofile zu erhalten, werden Keimplatten mit einem Querschnitt gewählt, der dem Bauelement angenähert ist [3]. Durch die Vorgabe einer bestimmten Keimorientierung und Einstellung bestimmter Milieubedingungen werden stark anisotrope Wachstumsbedingungen geschaffen, so daß die entstehenden Polyederprofile in mindestens einer Dimension (z. B. Dicke), aber zumeist in zwei (Querschnitt) mit dem Keim übereinstimmen. Es verbleibt als einziger Bearbeitungsschritt eine äquidistante Zerlegung, bestenfalls ein Spalten in mehrere Bauelementkristalle des vorgegebenen Keimprofils. Bekannte Beispiele sind die Züchtung tetragonaler Prismen von ADP- und KDP-Kristallen, plattenförmiger Seignettesalzkristalle und schnittgünstiger Schwingquarzprofile aus wäßrigen Lösungen. Diese Möglichkeit der Profilzüchtung besitzt für die optische Industrie bereits seit vielen Jahren Prävalenz.

Das Profil eines Kristallpolyeders wird durch die Tracht und den Habitus bestimmt. Die Tracht bezeichnet die Summe aller am Polyeder vorhandenen Komplexe symmetrisch äquivalenter Flächen (Kristallformen). Der Habitus definiert die Größenverhältnisse dieser Flächen zueinander. Beide morphologischen Erscheinungen sind von den äußeren Bedingungen abhängig und steuerbar. Für die Profilzüchtung ist eine Trachtenänderung während des Wachstumsprozesses jedoch bedeutungslos, da für bestimmte Anwendungszwecke zumeist nur ein symmetrisch äquivalenter Flächenkomplex interessiert. Vielmehr interessieren im Sinne einer Profilzüchtung die relativen Verschiebungsgeschwindigkeiten der Flächen einer vorgegebenen Tracht bzw. Kristallform, die je nach Bedingungen zu unterschiedlichen Relationen der Flächeninhalte und damit zu einem anwendungsorientierten Kristallhabitus, z. B. säuliger, prismatischer oder tafeliger Geometrie, führen. In diesem Sinne steht die „Habituszüchtung“ (dieser Ausdruck wurde erstmals von STROITELEW [2] geprägt) vor der Aufgabe, anisotrope Wachstumsbedingungen für die einzelnen kristallographischen Flächen einer vorgegebenen Tracht zu finden. Diese Bedingungen sind außerordentlich komplexer Natur und lassen sich exakt theoretisch nur schwerlich beschreiben. Deshalb stützen sich die bisherigen Modelle auf ein umfangreiches empirisches Material, was mitunter stark substanzspezifischer Natur ist. Die zahlreichen Untersuchungen zur Habituszüchtung aus dispersen Phasen zeigen, daß die folgenden drei miteinander in Wechselbeziehung befindlichen Faktoren entscheidend einen anisotropen Wachstumsmechanismus beeinflussen: die *kristallographische Struktur* der Kristalle, der *chemische Zustand der Ausgangsphase* und das *thermodynamische Überschreitungsmaß*.

Der *kristallographische Faktor* entscheidet über den jeweiligen kinetischen Einbaumechanismus auf den einzelnen kristallographischen Flächen und differenziert die Bedingungen nach kristallchemischen Aspekten. Er entscheidet über die jeweiligen Bindungsverhältnisse innerhalb einer Fläche und unterscheidet je nach atomarer Packungsdichte singuläre und nichtsinguläre Netzebenen. Singuläre Flächen tendieren stets zu einem atomar glatten Wachstumsmechanismus und erscheinen daher oft als Begrenzungsflächen an einem Kristallpolyeder. Der kristallographische Faktor beinhaltet aber auch realstrukturelle Phänomene. Je höher die Versetzungsdichte in einer Wachstumsfläche, desto stärker „rauht" sie sich mikroskopisch betrachtet auf und vergrößert ihre Wachstumsgeschwindigkeit. Störungen des idealen Kristallgitters fördern daher generell isomorphe Polyederformen, deren Profil vom angestrebten anisotropen abweicht und keine Anwendungsbedeutung besitzt. Eine erfolgversprechende Habituszüchtung muß deshalb Bedingungen, die zu einer Versetzungsgeneration oder höherdimensionierten Strukturdefekten führen, weitgehendst ausschließen. Die Entscheidung wird in erster Linie durch die Auswahl der Impfkeime und thermischen Verhältnisse getroffen. Eine Ausnahme bilden Zwillingsebenen. Sie fördern ein anisotropes Wachstum (s. hierzu auch Abschn. 2.1.4.). Deshalb besteht eine Möglichkeit der Habituszüchtung in der bewußten Schaffung von Voraussetzungen für die Bildung von Zwillingslamellen. Ihre statistische Häufigkeit erfordert eine empirische Optimierung. Nach DERSIN und SIRTL [70] existieren z. B. auf arteigenen polykristallinen Bodenkörpern besonders hohe Bildungswahrscheinlichkeiten für Zwillingsgrenzen, die das Wachstum plättchenförmiger Kristalle aus dem Dampf induzieren. Allerdings müssen im Bauelement diese Zwillingsebenen „in Kauf" genommen werden, was nicht immer günstig für die Leistungsparameter ist. An verschiedenen Substanzen können die chemischen Bindungsverhältnisse so stark ausgeprägter Anisotropie sein, daß diese „von vornherein" zu anisotropen Wachstumsformen unter freien Kristallisationsbedingungen tendieren. Liegen z. B. innerhalb einer Monolage Ionenbindungen, dagegen zwischen den einzelnen Lagen VAN DER WAALSsche Bindungen vor, so bestehen ebenfalls günstige kristallographische Bedingungen zum Plättchenwachstum. Ein solcher Mechanismus ist für Chalkogenide der III. Gruppe (GaSe) und Bichalkogenide der IV. Gruppe (SiS_2, SnS_2, $ZrSe_2$, $TiTe_2$) typisch [71, 72].

Der *chemische Zustand* der Ausgangsphase charakterisiert den Reinheitsgrad, die Abweichung von der Stöchiometrie in Verbindungssystemen und den Grad der Wechselwirkung zwischen den Kristallisationsteilchen. Der Einbau von Fremd- oder Überschußatomen ist unter freien Kristallisationsbedingungen ebenso orientierungsabhängig wie die Anlagerung chemischer Komplexe oder polyatomarer Clustergebilde. Chemische Komplexe oder Clustergebilde bestimmter Konfiguration bauen sich stets bevorzugt in solche kristallographischen Flächen ein, deren kristallchemische Struktur eine bestmögliche Anpassung zuläßt. Diese Flächen werden sodann auch die höchsten Wachstumsgeschwindigkeiten aufweisen und am Habitus die kleinsten Areale bilden.

Das *thermodynamische Überschreitungsmaß* bestimmt schließlich die Stabilität chemischer Komplexe und Clustergebilde. Mit steigender Übersättigung wird ihre Stabilität zunehmen. Die einzelnen kristallographischen Flächen eines Kristallpolyeders nehmen je nach Bindungsverhältnissen nicht nur bestimmte Clusterkonfigurationen, sondern auch nur bestimmte Atomzahlen in einem Verband bevorzugt auf. Demzufolge läßt sich eine morphologische Rangfolge der zu erwartenden Habitusprofile als Funktion der Übersättigung herleiten. Gleiche Aussagen lassen sich bezüglich der Absoluttemperatur der Ausgangsphase treffen, da sie ebenfalls den Assoziationsgrad bestimmt. Die Hochtemperaturmodifikation der Struktur der Ausgangsphase wird durch den geringsten Assoziationsgrad der Kristallisationsteilchen untereinander gekennzeichnet sein. In diesem Zustand wachsen *die* Flächen bevorzugt, die die ungebundenen Einzelatome oder Verbindungsmoleküle am intensivsten adsorbieren.

Es ist also falsch, bei der Analyse anisotroper Wachstumsbedingungen vom Wulffschen Minimierungsprinzip für die Summe aller Oberflächenenergien eines Kristallpolyeders auszugehen, wonach nur *die* kristallographischen Flächen am schnellsten wachsen, die die größte freie Oberflächenenergie aufweisen. Erstens setzt diese Bedingung ideal perfekte Kristallstrukturen voraus, deren freie Volumenenergie (Versetzungsenergie) gleich Null ist, und berücksichtigt nicht die molekular-kinetische Wechselwirkung der einzelnen Flächen mit der Ausgangsphase und deren Spezifika. Zweitens ist sie für makroskopische Kristallpolyeder nicht anwendbar, da die unterschiedlichen Oberflächenenergien nahezu nivelliert werden. Drittens führt ihre Diskussion zu praxisfremden Gleichgewichtspolyedern, die im evolutionären Sinne eine Trachteinstellung darstellen und bereits rein theoretisch keine ausgeprägten anisotropen Flächenrelationen aufweisen dürften. Die Voraussetzung für polyedrische Kristallformen ist also nicht die Existenz einer polyedrischen Gleichgewichtsform mit der geringsten Oberflächenenergie, auch wenn ihre Flächen in praxi oftmals mit denen der Gleichgewichtsflächen identisch sind, sondern ein geeigneter molekular-kinetischer Wachstumsprozeß, der durch ein tangentiales schichtmäßiges Auffüllen ebene Begrenzungsflächen entstehen läßt [73]. Die besten Voraussetzungen bringen hierfür zwar singuläre Kristallflächen mit sich, ihre Wachstumsgeschwindigkeiten innerhalb eines Kristallsystems können aber je nach Struktur und chemischer Zusammensetzung der Ausgangsphase so stark differenzieren, daß auch sie mehr oder weniger ausgeprägt am Kristallpolyeder erscheinen und deshalb seine geometrische Anisotropie mit bestimmen. Entscheidend für ihre Wachstumsgeschwindigkeit ist, welcher Absättigungsgrad der chemischen Bindungen beim Einbau einer bestimmten Strukturkonfiguration der Ausgangsphase in der Adsorptionsschicht erreicht wird. Das ist der Grundgedanke des kristallchemischen Wachstumsmodells von Stroitelew [2], das sich insbesondere für die Habituszüchtung hinreichend gut an die umfangreichen empirischen Erfahrungen anpassen läßt und damit Steuerkriterien für die Praxis vermittelt.

Der Kristallisationsprozeß wird als Übergang einzelner Kristallisationsteilchen oder ganzer Gruppierungen von einem chemischen Packungstyp in der dispersen Phase in einen bestimmten kristall-chemischen Packungstyp der festen Phase verstanden. Dabei ist die Struktur der Ausgangsphase einer Instationarität unterworfen, gekennzeichnet durch einen stetigen Auf- und Abbau von Atomassoziationen („Strukturvorläufern"). In Abhängigkeit von der Absoluttemperatur und Übersättigung existieren unterschiedliche Assoziationsgrade: ungebundene Einzelatome, Moleküle, eindimensionale (kettenförmige), zweidimensionale (ringförmige und retikuläre) und dreidimensionale Assoziationsgruppen. Die Wahrscheinlichkeit einer Bildung mehratomiger Strukturgruppen wächst mit der Übersättigung und fällt mit der Absoluttemperatur. Welche Konfiguration an welche Kristallfläche angelagert wird, hängt davon ab, in welchem Maße freie Bindungen der Oberflächenatome abgesättigt werden. Als Kriterium für den Übergang einzelner Atome, Moleküle oder Assoziationen in den festen Zustand durch Absorption gilt das Verhältnis zwischen abgesättigten Bindungen m zu unabgesättigten n [2]:

$$k = \frac{m}{n} > 1. \tag{31}$$

Entscheidend für hohe Wachstumsgeschwindigkeiten bestimmter kristallographischer Flächen und somit für die Herausbildung anisotroper Kristallpolyeder ist ihre strukturelle Identität mit der Struktur der Atomassoziation in der Adsorptionsschicht. Es wird diejenige Konfiguration absorbiert, die bei Anlagerung an eine kristallographische Fläche den höchsten Koordinationsgrad k pro Atom gemäß (31) erbringt.

.Das Anlagerungsvermögen bestimmter Strukturkonfigurationen der Ausgangsphase ist orientierungsabhängig. Das läßt sich am Beispiel der Diamantstruktur verdeutlichen. Zunächst findet man die kristallographisch intensivsten Flächen mit der höchsten Packungsdichte heraus (singuläre Flächen) und klärt dann über ihr Bindungsschema innerhalb dieser Netzebenen die Strukturkonfiguration einer Fläche. Dichteste Packung weisen die $\{111\}$-, $\{110\}$- und $\{100\}$-Flächen auf. Innerhalb dieser Netzebenen sind über die Hälfte aller Bindungen eines Atomes abgesättigt (Koordinationszahl 4, $k > 2$). Die Doppelschichtstruktur der $\{111\}$-Flächen bedingt einen hohen Koordinationsgrad der Oberflächenatome ($k = 3$). Deshalb werden von dieser Fläche unter Wachstumsbedingungen bevorzugt einzelne Atome adsorbiert. Der wesentlichste Unterschied im Bindungsschema der $\{110\}$- zur $\{100\}$-Fläche besteht in fehlenden Bindungsanteilen innerhalb einer Netzebene und einer Ausbildung zickzackförmiger Bindungsketten, alternierend mit Atomen benachbarter Netzebenen. Diese Bindungsschemen sind ungünstig für die Anlagerung einzelner Atome, da in diesem Fall nur Koordinationsgrade $k \lesssim 1$ erbracht werden. Der Koordinationsgrad k steigt aber in diesen Flächen beträchtlich an, wenn strukturell passungsfähige Assoziationen (z. B. Ketten, Ringe) angelagert werden ($k > 2$). Auf Abb. 10a bis e sind die Ver-

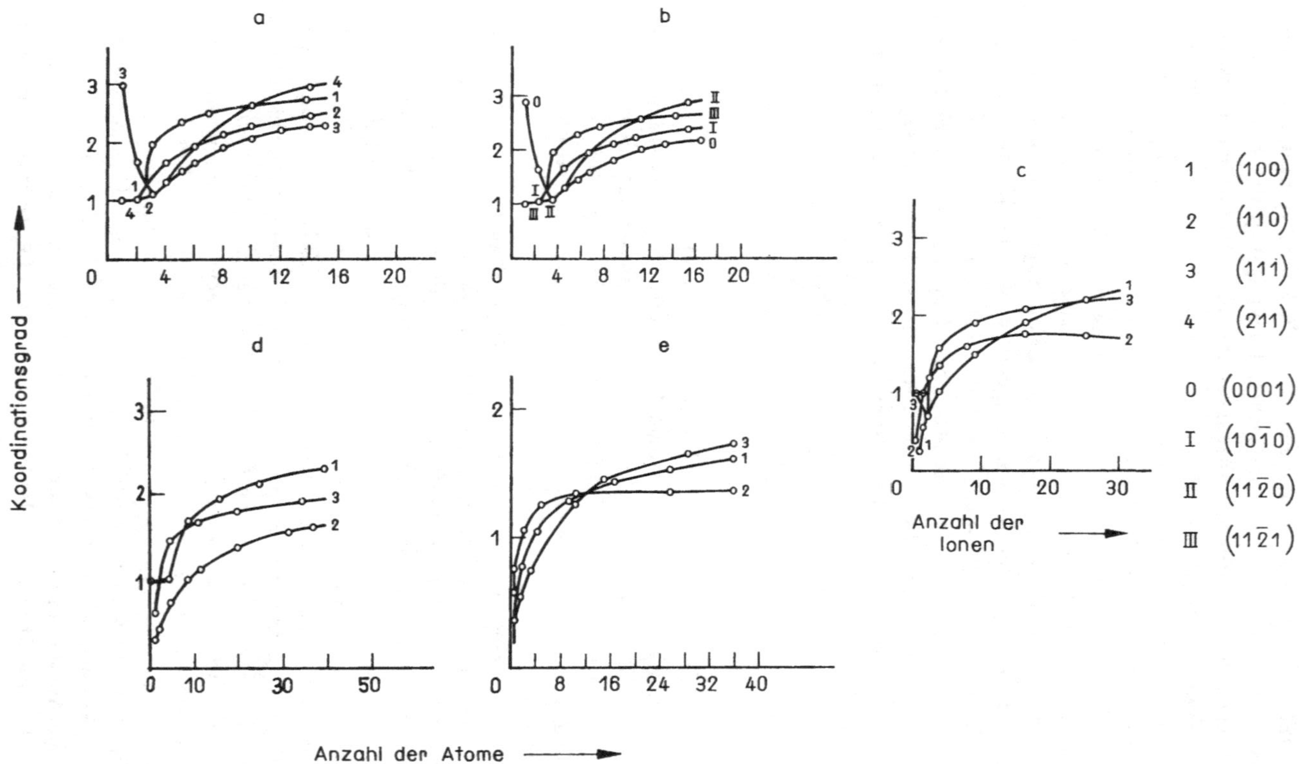

Abb. 10.

Änderung des Koordinationsrades der Oberflächenatome mit steigender Anzahl der Atome in einem passenden Strukturkomplex in der Schmelze [2]

(Anwachsender Koordinationsgrad ist identisch mit steigender Wachstumsgeschwindigkeit der entsprechenden Flächennormalen).

a – Diamant- und Sphaleritstruktur, b – Wurtzitstruktur, c – NaCl-Struktur, d – CsCl-Struktur, e – Cu-Struktur

änderungen des Koordinationsgrades pro Oberflächenatom als Funktion des Assoziationsgrades der adsorbierten Konfiguration für die wichtigsten kristallographischen Flächen in der Diamant- und Sphalerit- (a), Wurtzit- (b), NaCl- (c), CsCl- (d) und Cu-Struktur (e) nach einer Modellbetrachtung von STROITELEW [2] dargestellt. Den Berechnungen wurden jeweils die paßfähigsten Assoziationsstrukturen für die einzelnen kristallographischen Flächen zugrunde gelegt und die entsprechende Zahl abgesättigter und unabgesättigter Bindungen abgezählt.

Wie aus Abb. 10a bis e zu sehen ist, wächst mit Ausnahme der Cu-Struktur stets nur eine bestimmte kristallographische Fläche bevorzugt aus einatomigen bzw. zweiatomigen (im Falle einer Verbindung) Ausgangsphasen. Da dieser Zustand einer geringen Übersättigung bzw. hohen Temperaturmodifikation der dispersen Phase entspricht, bilden sich unter solchen Bedingungen anisotrope Polyederprofile, an denen diese Flächen nicht auftreten. Kristalle der Diamant- und Sphaleritstruktur bilden z. B. dann einen in Richtung ⟨111⟩ gestreckten säuligen Habitus, begrenzt von {211}-Flächen. Mit steigendem Assoziationsgrad in der Adsorptionsschicht der Ausgangsphase, hervorgerufen durch Erhöhung der Übersättigung oder Senkung der absoluten Temperatur, wächst die Geschwindigkeit anderer Flächen. Im Diamant- und Sphaleritgitter bilden dann z. B. die {111}-Flächen die Begrenzungen der Kristallpolyeder. Es läßt sich daraus und gestützt auf umfangreiches empirisches Material eine morphologische Rangordnung der Polyederformen einer Kristallart ableiten, wie es die Abb. 11a bis c für die Beispiele der Diamant-, Sphalerit- und Wurtzitstruktur zeigt [74].

Bei geringen Übersättigungen kann die stöchiometrische Zusammensetzung einer Ausgangsphase in Verbindungssystemen die Wachstumsgeschwindigkeiten der einzelnen kristallographischen Flächen zusätzlich differenzieren und eine eigene morphologische Rangfolge des Habitus bei einem bestimmten Übersättigungswert hervorbringen. So bilden sich z. B. plättchenförmige Kristalle der $A^{III}B^{V}$-Verbindungshalbleiter aus Lösungen mit Komponentenüberschuß (A oder B). In diesem Falle entwickeln sich *die* Flächen, die parallel zu den Netzebenen aus einer Atomsorte (A oder B) liegen. Das Kristallplättchen wird folglich von {111}-Flächen begrenzt. So bilden sich beispielsweise frei wachsende GaP-Plättchen aus einer Ga-GaP-Lösung, also bei beträchtlichem Komponentenüberschuß [75]. Säulige $A^{III}B^{V}$-Kristalle wachsen dagegen aus Schmelzen mit gleicher Komponentenkonzentration. In diesem Fall sind die Kristallsäulen von {110}-Flächen parallel zu Netzebenen aus beiden Atomsorten begrenzt [76].

Nach FAUST und JOHN [77] entstehen bei geringen Übersättigungen häufig Zwillingskorngrenzen, die ebenfalls zur Ausbildung tafelförmiger Habitusprofile führen.

Die Diskussion zur Habituszüchtung aus dispersen Phasen zeigt deren substanzspezifische Ausrichtung. Es bedarf noch einer umfangreichen Zusammenarbeit zwischen Theoretikern und Praktikern, um die exakten Wachstumsmechanismen und Versuchsbedingungen für ein breites Substanzspektrum zu finden. Von einer großtechnischen Produktion geometrisch identischer Einkristallprofile,

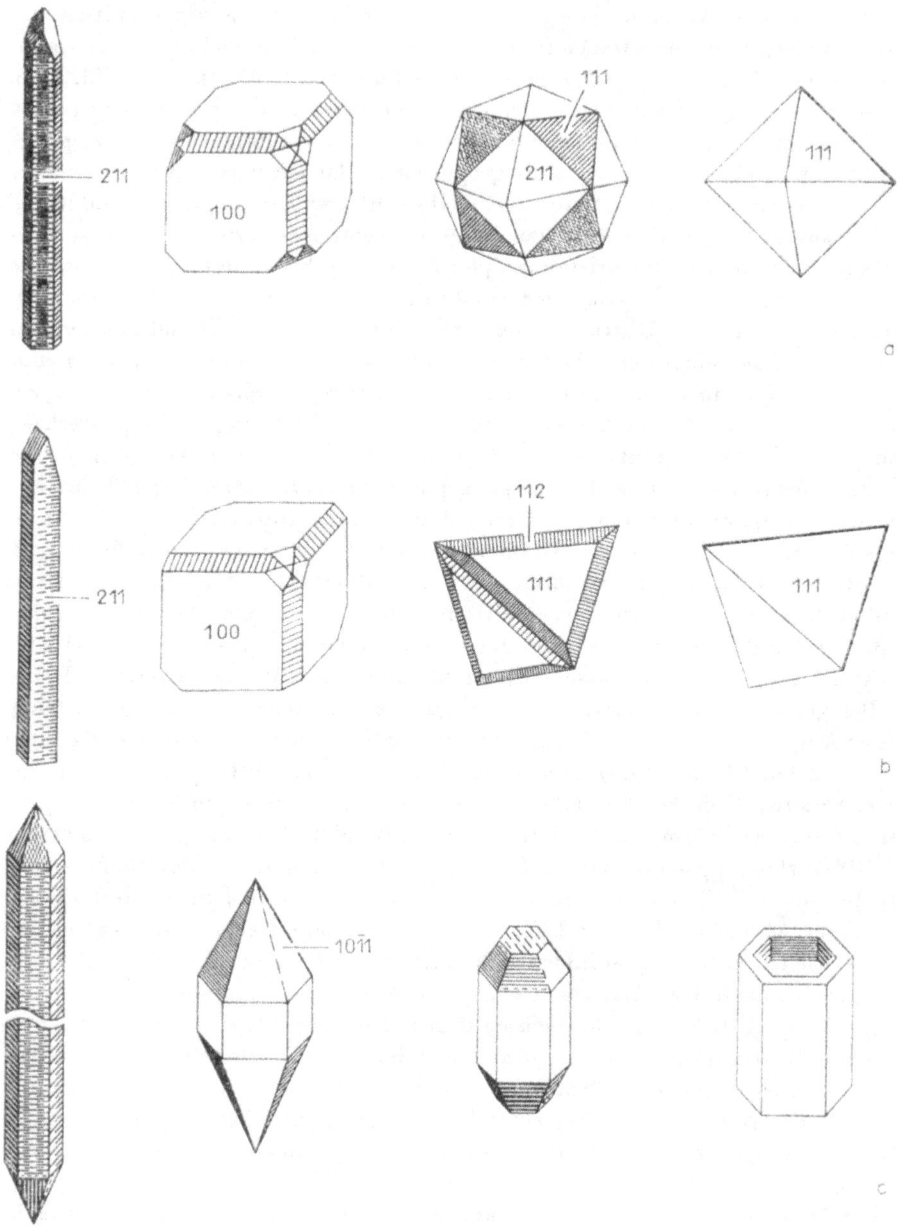
211
100
111
211
111
a
211
100
112
111
111
b
10$\bar{1}$1
c

Abb. 11.
Morphologische Rangfolge von Polyederformen der Diamantstruktur (a), Sphaleritstruktur (b) und Wurtzitstruktur (c) nach [2]

ähnlich einer Massenkristallisation und deren Einsatz in Bauelementen, kann deshalb auf der heutigen Etappe noch nicht die Rede sein, wenn auch erste technologische Ansätze in dieser Richtung zu erkennen sind [76]. Bislang wird die Habitus-Profilzüchtung aus Lösungen in großtechnischem Maßstab nur zur Herstellung massiver Kristallblöcke optischer Substanzen eingesetzt, die aber eine weiterverarbeitende Kristallpräparation, wenn auch im geringeren Maße als bei Ziehverfahren aus der Schmelze, erforderlich machen.

2.2.2. VLS-Mechanismus

Unter VLS („Vapour-liquid-solid")-Mechanismus hat sich in der internationalen Literatur die Definition für einen Kristallisationsvorgang eingeprägt, bei dem eine gasförmige Substanz einem geschmolzenen Lösungsmittel an der Phasengrenze „gasförmig-flüssig" zugeführt und an der Grenzfläche „flüssig-fest" zur

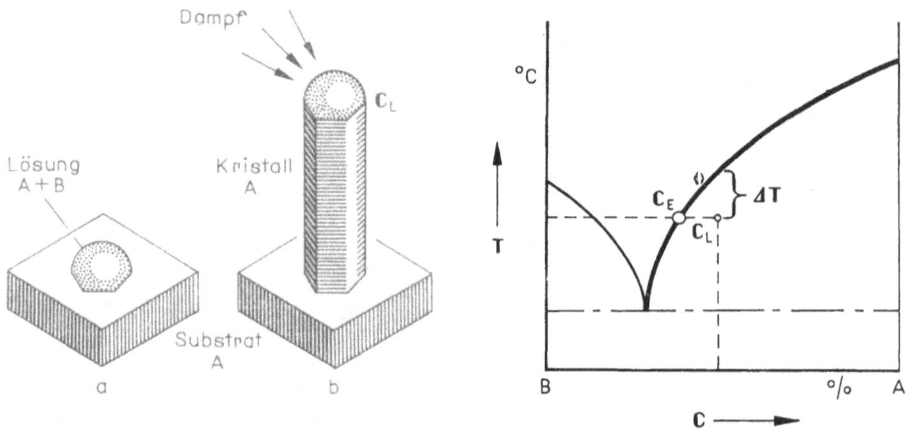

Abb. 12.
Entstehung von Whisker-Kristallen nach dem VLS-Mechanismus (VLS — vapour-liquid-solid)

Kristallisation gebracht wird [73]. Die Phasengrenze „flüssig-fest" wird durch ein Substrat oder eine Kristallfläche unter dem Lösungsmittel festgelegt. Da der Querschnitt des wachsenden Kristalls durch den Querschnitt der Phasengrenze „flüssig-fest" bestimmt wird, handelt es sich um einen hydrostatischen Profiliervorgang. In der Regel liegt das Lösungsmittel in Form vielzähliger Mikrotröpfchen auf der Substratfläche vor. Lösungströpfchen können dort willkürlich durch Koaleszenz von Fremdatomen und Überschußkomponenten der Dampfphase oder durch ein bewußtes Aufbringen von Lösungsmittelarealen entstehen. Deshalb dient der VLS-Mechanismus vorrangig zur Züchtung nadelförmiger Kristallprofile und Whiskers. Whiskers besitzen für bestimmte Zwecke ein außerordentlich günstiges Anwendungsprofil (Tabelle 1). Auf Grund ihres sehr großen Länge-Durchmesser-Verhältnisses und einer sehr hohen strukturellen Perfektion eignen sie sich besonders für den Einsatz in piezo- und akustoelektrischen Bauelementen sowie für Festigkeitsanalysen.

Die gezielte Whiskerzüchtung über einen VLS-Mechanismus wurde erstmals von Wagner und Ellis [78, 79] durchgeführt und interpretiert. In stark verallgemeinerter Form läßt sich das Wachstumsmodell nach Abb. 12 erläutern.

Wenn sich auf einem einkristallinen Substrat der Substanz A ein in ihr lösliches Fremdstoffpartikelchen B befindet, so geht dieses bei Erwärmung mit dem Substrat eine Lösung ein und bildet bei einer Temperatur über dem eutektischen Punkt Lösungströpfchen. Ein solches System befindet sich bei konstanter Temperatur unendlich lange im Gleichgewicht. Findet nun auf dieser Fläche eine chemische Abscheidungsreaktion oder Kondensation statt, so läuft die Adsorption vorrangig auf der Tröpfchenoberfläche ab. Flüssige Oberflächen gelten bekanntlich für adsorbierte Atome und Moleküle aus dem Dampf als mikroskopisch „ideal rauh", so daß an ihnen Kondensationskoeffizienten von nahezu 1 vorliegen. Die Lösung im Tröpfchen wird mit adsorbierter Substanz übersättigt. Ist die Dampfphasensubstanz identisch mit dem Substratmaterial, so ist dieser Vorgang mit einem Konzentrationsübergang von C_E zu C_L nach dem Phasendiagramm A—B auf Abb. 12 charakterisiert. Die Übersättigung führt zu einer Abscheidung des im Tröpfchen zusätzlich gelösten Dampfmaterials an der Grenzfläche „fest-flüssig". Das Lösungströpfchen wird folglich mit bestimmter Wachstumsgeschwindigkeit auf der Kristallsäule angehoben. Bei Durchmessern des Tröpfchens im unteren μm-Bereich bilden sich Whiskers, deren wichtigstes optisches Kennzeichen nach der Abkühlung auf Zimmertemperatur eine erstarrte Kugelkappe auf der oberen Spitze ist.

Oftmals werden Whiskerkristalle von plättchenförmigen Kristallen am gleichen Kondensationsort begleitet. Giwargizow [4] führt diese Erscheinung nicht auf einen selbstformierenden Wachstumsmechanismus, etwa im Sinne von Abschn. 2.2.1. zurück, sondern auf die Bildung von Wachstumshäutchen zwischen parallelen Whiskern.

In [4] werden ausführlich die theoretischen und praktischen Grundlagen der Whiskerzüchtung aus Dampfphasen behandelt. Außerdem werden Anwendungsmöglichkeiten und bisherige internationale Ergebnisse zusammengefaßt, so daß zur Klärung von Detailfragen auf diese Monographie verwiesen werden kann (s. auch Abschn. 3.9.).

3. Praktizierte Verfahrensvarianten

3.1. Zylinderförmige Kristallkörper mit definiertem Durchmesser

Bedingt durch die Rotationssymmetrie der industriell prävalenten Züchtungsvarianten aus der Schmelze — CZOCHRALSKI-, „floating-zone"- und BRIDGMAN-STOCKBARGER-Verfahren — ist die Nachfolgetechnologie der Weiterverarbeitung von Massivkristallen zu Bauelementen auf zylindrische Kristallkörper ausgelegt und eingefahren. Das gilt in erster Linie für die Halbleiterindustrie, aber auch für den wissenschaftlichen Gerätebau, der zahlreiche optische Einkristalle aus diesen Züchtungsvarianten bezieht. Die zylindrische Kristallform ist beim heutigen Stand der Züchtungstechnologie die dominierende und wird es für viele Substanzen auch in Zukunft bleiben. Um einen möglichst hohen Automatisierungsgrad der Weiterverarbeitung solcher Kristallkörper zu gewährleisten und eine geringstmögliche Abfallrate bei einer Radialzerlegung in geometrisch identische Scheiben zu garantieren, besteht eine zentrale Aufgabe in der Beherrschung einer hohen Durchmesserkonstanz über die Kristallänge. Es ist darüber hinaus eine bekanne Tatsache, daß der Realbau von Kristallen mit konstantem Querschnitt gegenüber Kristallen mit schwankendem Querschnitt wesentlich verbessert ist [80]. Im wissenschaftlichen Gerätebau steigt außerdem der Bedarf an unzertrennten zylindrischen Laserkristallstäbchen, die möglichst keiner störeinwirkenden mechanischen Mantelnivellierung unterzogen werden müssen. Insofern ist die Einhaltung einer präzisen Zylindergeometrie während des Züchtungsprozesses als ein Teilproblem der Profilzüchtung zu behandeln.

Eine automatische Durchmesserkontrolle, als Grundbedingung für den Ausschluß subjektiver Faktoren und damit Absicherung eines großtechnischen Herstellungsprozesses, erweist sich beim CZOCHRALSKI-Verfahren als besonders komplex. Die Schwierigkeiten ergeben sich aus der diesem Verfahren eigenen Kapillarinstabilität des Meniskus, was in Abschn. 2.1.1. begründet wurde. Bereits geringfügige Abweichungen des Winkels φ von der Gleichgewichtsgröße φ_0 (Gl. (9) und (10)) rufen über eine ungehinderte Meniskusverformung eine merkliche Änderung des Kristalldurchmessers hervor. Der Verstärkungseffekt ergibt sich aus der quadratischen Abhängigkeit der Meniskushöhe h von den Winkelbeziehungen an der Phasengrenze (2). Das Züchtungssystem besitzt damit in konventioneller Ausführung keine „innere" Selbstkorrektur und benötigt eine Regelung.

Von besonderer Bedeutung ist die Auffindung eines zuverlässigen Kontrollalgorithmus, der die wesentlichste Anregungsgröße für eine Durchmesserschwankung erfaßt und diese einem Regelkreis zuführt, der nicht zu Eigenschwingungen neigt. Aus diesem Grunde sind Detektoren, die den Durchmesser des bereits verfestigten Kristallabschnitts oder eine davon abhängige Reaktion, wie z. B. die latente Kristallisationswärmemenge unmittelbar unterhalb der Kristallisationsfront, überwachen, mit einem wesentlichen Nachteil versehen, ganz gleich welcher technischen Simplifikation oder erhöhten Nachweisempfindlichkeit sie auch sind. Sie setzen eine signifikante Abweichungsgröße voraus. Zur Gruppe solcher „konstatierender" Detektoren lassen sich Temperaturfühler (Thermoelement, optisches Pyrometer) und Abbildverfahren zuordnen. Sie sind deshalb Kontrollglieder digitaler Art.

Einen entscheidenden Vorteil besitzen dagegen analoge Kontrollsysteme, die die zeitliche Änderung des Kristalldurchmessers bereits im Infinitesimalzustand erfassen. Der Differentialqrotient des Kristalldurchmessers nach der Zeit ist bei konstanter Ziehgeschwindigkeit allein vom Winkel φ abhängig (vgl. Gl. (10)). Deshalb werden Detektoren eines analogen Regelkreises auf die Formänderung des Meniskus konzentriert. Sehr empfindlich reagieren z. B. Laserstrahlvermessungen der Meniskuskrümmung. Die Wägekraft von Tiegel oder/und Kristall sowie das Niveau der Schmelze im Tiegel sind über die Massenbilanz gleichfalls Funktionen von φ. Ihre Überwachung während des Züchtungsvorganges stellt einen sensitiven und effektiven Kontrollalgorithmus dar, der eine Durchmesserabweichung „vorausahnt".

Von Blumberg und Wilke [80] sowie Hurle [41] werden die bisher praktizierten Techniken zur automatischen Durchmesserkontrolle ausführlich zusammengefaßt und ihre Ergebnisse bewertet sowie theoretisch begründet [41]. Im folgenden werden die wesentlichen Aussagen zusammengefaßt.

Mit optischen Pyrometern des Lichtwellenbereiches $\lambda = 0{,}65 \cdots 0{,}9\ \mu m$, die auf den „hellen Ring" des Schmelzmeniskus an der Phasengrenze konzentriert werden — die Leuchtintensität wird als Reaktion auf die querschnittsabhängige freiwerdende Kristallisationswärmemenge vermutet —, gelingt an 33,5 mm-starken Siliziumkristallen eine automatische Durchmesserkontrolle mit einer Abweichung von $\pm$ 0,15 mm [81]. Unter Verwendung eines He-Ne-Laserstrahles wird der Winkel zwischen Meniskusanstieg und Schmelzniveau im Tiegel vermessen und dem Tiegelheizregelkreis als Istwert zugeführt. Damit ist eine 1%ige Durchmesserkonstanz an KCl- und $Bi_{12}GeO_{20}$-Einkristallen möglich [82]. Bei beiden optischen Reflexionsverfahren werden allerdings die optischen Fenster oftmals durch Verdampfungsprozesse in ihrer Transmission beeinträchtigt.

Als Abbildsysteme werden Fernsehkameras [83, 84] oder Röntgenstrahlanordnungen [85, 86] eingesetzt. Aus dem Fernsehbild wird eine Bildzeile, die dem Niveau der Phasengrenze entspricht, ausgeblendet. Ihr Oszillogramm bildet einen Rechteckimpuls, dessen Breite mit der Kristalldicke identisch ist. Die Verwendung infrarotempfindlicher Kameras gestattet darüber hinaus eine Analyse der Temperaturverteilung im Züchtungsraum. Cu-, Ag-, Au- und $(KNbO_3)_{10}$-$(LiNbO_2)_{35}(BaNb_2O_6)_{55}$-Kristalle werden mit einer Nachweisempfindlichkeit von 0,1 mm über ihren Durchmesser kontrolliert [84]. Die notwendige Neigung der Fernsehkamera zur Horizontalen und damit eine Verfälschung des Bildzeilensignals wird bei der Röntgenstrahlenanordnung umgangen. Bei elektronischer Auswertung einer Röntgenstrahl-„scan-line" horizontal zur Phasengrenze werden GaP-Einkristalle mit $\pm$ 0,5 mm Durchmesserschwankungen bei einem Radius von 10 mm gezüchtet. Der wesentlichste Nachteil aller Abbildtechniken besteht in der Voraussetzung eines signifikanten geometrischen Schwankungsbetrages, wodurch die Reaktion des Regelkreises relativ spät einsetzt.

Eine Methode der Durchmesserkontrolle über die Massenbilanz wird von PERNER und STRANSKI [87] beschrieben. Mittels einer Sonde wird das Niveau der Schmelzoberfläche im Tiegel kontrolliert. Um den Einfluß konvektiver Oberflächenwellen zu eleminieren, vollführt die Sonde eine frequente Translationsbewegung, die ihr von einem Sinuspotentiometer aufgeprägt wird.

Seit der ersten Publikation zur automatischen Gewichtskontrolle von CZOCHRALSKI-Züchtungssystemen im Jahre 1972 [88] ist das Interesse an dieser Technik sprunghaft gestiegen und findet eine zunehmende industrielle Umsetzung. Der Grund liegt nicht nur, wie anfangs angenommen, im plausiblen funktionalen Zusammenhang zwischen Gewicht von Kristall oder Tiegel und Kristalldurchmesser, sondern, wie bereits oben angeführt, in der weit komplexeren Verknüpfung zwischen Meniskusform und Massenbilanz. Die zeitliche Funktion der Kristallgewichtskraft, ermittelt an einer daran befestigten Waage, setzt sich aus folgenden Teilkomponenten zusammen [22]:

$$F(t) = m_0 g + \int_0^t \varrho_s g \pi R^2 \, v \mathrm{d}t + \pi R^2 \varrho_L g h + 2\pi R y_{st}, \tag{32}$$

wobei y_{st} die vertikal nach unten gerichtete Komponente der Oberflächenspannung σ_{VL} darstellt:

$$y_{st} = \sigma_{VL} \cos \varphi; \tag{33}$$

m_0 bedeutet die Startmasse des Kristalls bei der Zeit $t = 0$, g die Erdbeschleunigung, $\varrho_{s,L}$ die Dichte des Kristalls (s) bzw. der Schmelze (L), R den Radius der Phasengrenzfläche, v die Ziehgeschwindigkeit und h die Meniskushöhe.

Der erste Term auf der rechten Seite in Gl. (32) gibt das statische Gewicht $m_0 g$ bei $t = 0$ an. Mit dem Integralausdruck wird das dynamische Kristallgewicht bei $t > 0$ beschrieben. Der dritte Term $\pi R^2 \varrho_L g h$ bezeichnet die Kraftkomponente des Meniskus und $2\pi R y_{st}$ die Ablöskraft der Oberflächenspannung an der Grenzfläche „Kristall-Schmelze-Gasatmosphäre“. In die Funktion der Gewichtskraft (32) geht somit der Kristallradius R nicht nur als direkte Größe ein, die sie nur über eine signifikante Reaktion im Sinne $R_K = R_{K0} \pm \delta R_K$ (R_{K0} — gewünschter Kristallradius) ändert, sondern — und das ist das Wesentlichste — auch indirekt über den sensitiveren Differentialquotienten $\mathrm{d}R_K/\mathrm{d}t$ in der Größe φ (10) des vierten Terms und damit auch gemäß (2) in h des dritten Terms. Das vorgegebene Gewichtsprogramm für einen konstanten Kristalldurchmesser und damit die zeitliche Funktion des Sollwertes im Regelkreis muß demnach wie folgt verlaufen:

$$F_c = m_0 g + \varrho_s g \pi R_{K0}^2 v_0 t + \pi R_{K0}^2 \varrho_L g h_0 + 2\pi R_{K0} \sigma_{VL} \cos \varphi_0, \tag{34}$$

wobei der Index 0 jeweils die planmäßige Größe kennzeichnet. Dieses Programm kann durch ein Präzisionswendelpotentiometer vorgegeben werden. Die Differenz $F(t) - F_c$ gibt die Abweichungen vom Sollwert an. Eine Angleichung von $F(t)$ an F_c erfolgt durch eine Korrektur der Heizleistung am Tiegel.

Eine genaue mathematische Analyse des Stabilitätsverhaltens des Differenzsignals sowie der Tiegelgewichtskraft wird von BARDSLEY u. a. [22] durchgeführt. Daraus lassen sich folgende für die Praxis wichtige Aussagen zusammenfassen: Eine Überempfindlichkeit des Regelkreises kann durch ein Differenzieren der Funktion $F(t)$ nach der Zeit $\mathrm{d}F(t)/\mathrm{d}t$ und ihren Vergleich mit der Sollwertzuwachsrate $\mathrm{d}F_c/\mathrm{d}t = \varrho_s g \pi R_{K0}^2 v_0$ (aus Gl. 34)) abgebaut werden. Bei sehr langsamen Ziehgeschwindigkeiten ($<$ cm $\cdot$ h^{-1}) kann in Substanzen mit einem ϱ_s/ϱ_L-Verhältnis < 1 und unvollständiger Benetzung der eigenen Schmelze die Gewichtszuwachsrate mit der Änderung des Kristalldurchmessers einen anormalen Verlauf nehmen und zu merklichen Systemschwingungen führen [89]. Das folgt aus dem Gewichtszuwachs gemäß $\varrho_L > \varrho_s$ bei Vergrößerung der Meniskushöhe h, obwohl diese eine Durchmesserverringerung hervorrufen würde. Wir haben es hier also mit einem dem Radius entgegengesetzten Masse-Zeit-Verlauf zu tun. Folglich würde der Regelkreis eine falsche Korrektur einleiten. Um dies zu verhindern, wird dem Regelkreis eine Simulationsgröße mit den anormalen Änderungswerten zugeführt und diese vom unverarbeiteten Istwert abgezogen [89]. Ebenso ist eine verfälschende Vertikalkraft auf einer Tiegelwaage, hervorgerufen durch HF-induzierte Wirbelströme in der Tiegelwandung, elektronisch kompensierbar [41].

Über die automatische Gewichtskontrolle werden durchmesserkonstante Si-, Ge-, GaAs-, GaP- und InP-Kristallstäbe gezüchtet und bereits kommerziell angeboten. (z. B. „Malbourn Gallium Phosphid Grystal Production System", RSRE Malvern). MATEIKA u. a. [90] erhalten GGG-Einkristalle mit einem Durchmesser von 65 mm und Schwankungen von $\pm$ 0,1 mm.

Allen bisher diskutierten Durchmesserkontrollmethoden mit Regelung der Heizleistung am Tiegel ist eine thermische Verzögerungszeit zu eigen, da die Korrektur des Durchmessers außerhalb des Kristallisationssystems vorgenommen wird. Die thermische Relaxionszeit typischer industrieller Kristallzüchtungsanlagen kann 10^2 s erreichen [22], so daß beträchtliche Phasenverschiebungen entstehen können. Deshalb sind Methoden, die eine „systeminnere" Korrektur („insitu"-Regelung) anwenden, von besonderem Interesse. So wird zum Beispiel bei der Erzeugung des PELTIER-Effektes durch den Fluß eines axialen Gleichstroms in elektrisch leitenden Substanzen eine bestimmte Wärmemenge unmittelbar an der Phasengrenze erzeugt oder aufgehoben [91], die bei hohen PELTIER-Koeffizienten zu einer nahezu trägheitslosen Regelung der Lage der Phasengrenze genutzt werden kann (natürlich nur im Rahmen der „inneren" thermischen Relaxionszeit (vgl. Gl. (26)). In optischen Kristallen, wie z. B. Hg_2Cl_2, wird die Temperaturabhängigkeit der Lichtwellen-Absorptionscharakteristik zur Selbstregulierung des Durchmessers ausgenutzt [92].

Völlig neue Perspektiven ergeben sich beim Verlassen der konventionellen

Ausführung einer CZOCHRALSKI-Technik und ihrer Umgestaltung zu einem kapillarstabilen System. Durch einen solchen Schritt können aufwendige Kontroll- und Regelmaßnahmen eingespart werden, da ein wesentlicher Anteil der Durchmesserstabilität vom „Systeminneren" garantiert wird. Eine entscheidende Maßnahme ist die Zwangsführung der unteren Meniskusperipherie, um Formänderungen des Meniskus abzufangen. Bereits in Abschn. 2.1.1. wiesen wir darauf hin, daß eine Zwangsführung des Meniskusquerschnittes an seiner unteren Peripherie durch einen Kontakt mit Festkörperflächen, insbesondere Kanten, möglich ist.

Eine Variante der Meniskuszwangsführung ist die Verringerung des Tiegeldurchmessers in die Größenordnung des gewünschten Kristalldurchmessers. Dadurch wird die untere Meniskusperipherie an der Tiegelwandung verankert. In [93] wird nachgewiesen, daß bei einem Kristall-Tiegel-Radiusverhältnis $R_K/R_T \approx 1$ Kristalle mit hoher Mantelebenheit züchtbar sind, deren Toleranzen denen elektronisch automatisierter Kristallzylinder nicht nachstehen. Während bei $R_K = 35$ mm und $R_T = 40$ mm die Radiusschwankungen an Siliziumkristallen nur $\pm$ 0,3 mm betrugen, stiegen sie bei $R_K = 41$ mm und $R_T = 135$ mm auf $\pm$ 1,5 mm an. Der Durchsatz nimmt natürlich bei Tiegeln mit geringen Durchmessern rapide ab. Um einen überdimensional hohen Tiegel als ungünstige Gegenmaßnahme zu umgehen, ist die Züchtung aus einem konstanten Schmelzvolumen mit kontinuierlichem Chargennachschub, ähnlich dem Hub-Senk-Verfahren oder der Schwimmtiegelmethode, vorteilhaft. Schließlich ist der Übergang zu einer kombinierten CZOCHRALSKI-Zonenzüchtung (Podestziehen) oder einer „floating-zone-technique", die durch eine Meniskusverankerung an der aufschmelzenden Phasengrenzfläche gekennzeichnet sind, naheliegend. Eine zusätzliche regeltechnische Präzisierung der Durchmesserkonstanz ist bei den Zonenzüchtungsverfahren durch eine Kontrolle der Schmelzzonengeometrie und ihrer Dichte- oder Viskosität-Temperaturfunktionen mit γ-Strahl-Transmission, Drehmomentmessung oder Abbildtechniken möglich [93a]. Die Lage der Phasengrenzfläche und damit ihrer Höhe relativ zum Heizer ist auch über Ultraschallreflexion parallel zur Ziehachse ortbar [93a].

Kristall- und Tiegelradius behalten ein für den Durchsatz günstigeres geringes Verhältnis bei, wenn die untere Meniskusperipherie durch eine Schablone oder einen Formgeber (s. 2.1.1.), die in den Schmelztiegel getaucht werden, zwangsgeführt wird. Zahlreiche bisherige Publikationen erbringen den experimentellen Nachweis, daß es mit nichtbenetzenden oder benetzenden Formgebern gelingt, ohne zusätzliche regeltechnische Maßnahmen hohe Durchmesserkonstanzen an zylindrischen Kristallstäben zu erhalten.

Die Züchtung konzentrischer Kristallstäbe aus nichtbenetzenden Formgebern wurde intensiv von STEPANOW und seinen Mitarbeitern studiert [6]. Die untersuchten Substanzen waren vorrangig Metalle und Germanium. Als Formgebermaterial wurde Graphit verwendet. Der wesentlichste Vorteil des nichtbenetzenden Regimes besteht in der Manipulation der Meniskusform durch Druck auf den Formkörper. Bei geringen Drücken auf den Formgeber kontaktiert die untere Meniskusperipherie nur die Innenwandung der Formgeberöffnung (Abb. 3b). Bei einer Keimanlüpfung bildet sich unter dieser Bedingung ein konkaver Meniskus aus, der bei Höheschwankungen nach wie vor eine Durchmesseränderung zur Folge hätte. Erst mit zunehmendem Druck auf den Formkörper steigt die untere Meniskusperipherie bis zu ihrer Fixierung an der oberen Kante der Öffnung (Abb. 3c) und kann jetzt eine nahezu zylindrische, zumeist leicht konvexe Form annehmen (Abb. 13). Der optimale Druck, der eine zylindrische Meniskusform

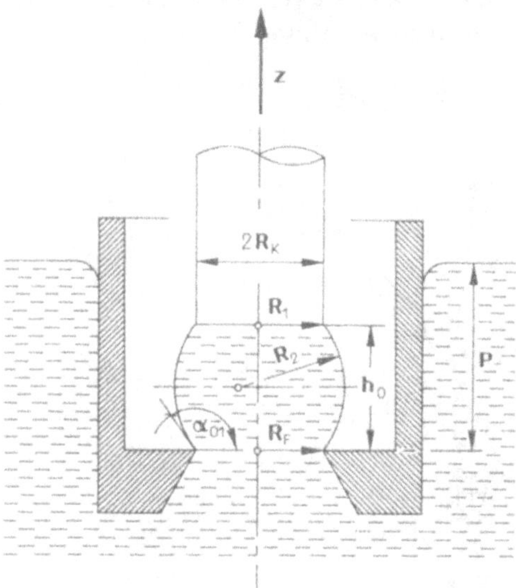

Abb. 13.
Züchtung durchmesserkonstanter Kristallstäbe aus einem nahezu zylindrischen Meniskus, durch Druckoptimierung auf einen nichtbenetzenden Formgeber [30]
(Bezeichnung der Symbole im Text)

gewährleistet und somit die Abhängigkeit des Kristalldurchmessers von der Meniskushöhe eleminiert, wurde von ANTONOV und STEPANOW [30] aus der LAPLACE-Gleichung (1) für die Grenzbedingungen $R_2 \to \infty$ und $\alpha_{01} \approx 90°$ (Abb. 13) berechnet:

$$P_{\text{Opt}} = \frac{P}{\varrho \cdot g} = -\left(h_0 + \frac{a^2}{2R_1}\right), \tag{32}$$

worin a die Kapillarkontante (4) bedeutet und der Radius des Meniskusquerschnitts R_1 (1) durch den Radius R_F des Formgebers ausgetauscht werden kann.

Auf Abb. 14 sind die experimentellen Ermittlungen des Optimaldruckes für „kalibrierte" Kristallzylinder nach [30] dargestellt. Nach der Optimalkurve 3 führten beträchtliche Höheschwankungen des Meniskus von 1 bis 4 mm zu fast keiner Durchmesserschwankung des Kristallstabes. Germaniumstäbe mit einem Durchmesser von 7,62 mm waren mit Unebenheiten von nur $\pm$ 0,02 mm behaftet. Die Schwankungen des Kristallradius δR_K lassen sich aus der folgenden Beziehung abschätzen [30]:

$$\frac{d(\delta R_K)}{dh} = \frac{h/R_2}{\sqrt{1-(h/R_2)^2}} \approx \frac{h}{R_2}. \tag{33}$$

Hieraus folgt, daß δR_K mit Vergrößerung von R_2 abnimmt. Von JEGOROW u. a. [93] wird dieses Prinzip zur Züchtung durchmesserkontrollierter Germaniumstäbe ($R_K = 4\cdots4{,}5$ mm) aus einer 7,5 kg-Charge mit der „Gruppenmethode" angewendet. Der Formgeber aus Graphit ist konstruktiv so ausgelegt, daß er das Ziehen aus 21 Kapillaren simultan ermöglicht. Unter Verwendung hohlzy-

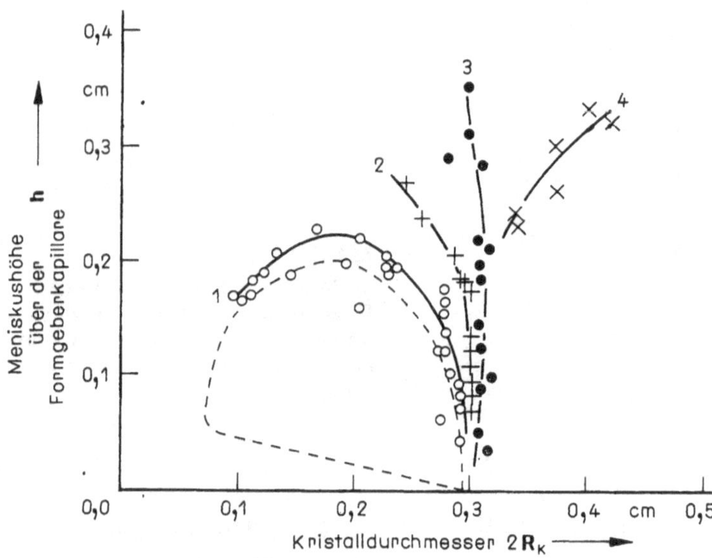

Abb. 14.

Abhängigkeit der Meniskushöhe h vom Kristalldurchmesser $2R_K$ bei unterschiedlichen Drücken P auf den Formgeber [30]

1 – P = 800 Pa, 2 – 933 Pa, 3 – 1067 Pa, 4 – 1333 Pa, unterbrochene Kurve – theoretische Abhängigkeit

lindrischer benetzender Formgeber aus Wolfram, bei denen die untere Meniskusperipherie an der Formgeberaußenkante zwangsgeführt wird, wurden ebenfalls nach der „Gruppenmethode" bis zu 10 Kristallen aus Leukosaphir, Rubin, Aleksandrit, YAG und SrO mit einem konstanten Durchmesser von 3 mm an einem Zentralkeim gezogen [94]. Die Kristallstäbe wiesen ein günstiges Verarbeitungsprofil für die Schmuckstein-, Uhr- und Feingeräteindustrie (Lagersteine) auf.

Ein Vorschlag zur konstruktiven Ausführung nichtbenetzender Formgeber für die Züchtung massiver Ge-Kristallzylinder mit großem Durchsatz ist auf

Abb. 15 dargestellt [95]. In jüngster Zeit wird auch über die durchmesserkonstante Formgeberzüchtung einiger massiver $A^{III}B^{V}$-Kristallzylinder berichtet [41, 96, 97]. Als Formgebungselement werden nichtbenetzende Schablonen mit leicht konischer Öffnung in der gewünschten Durchmessergröße benutzt, die ähnlich einem Schwimmtiegel knapp unter die Schmelzoberfläche des Tiegels eingetaucht

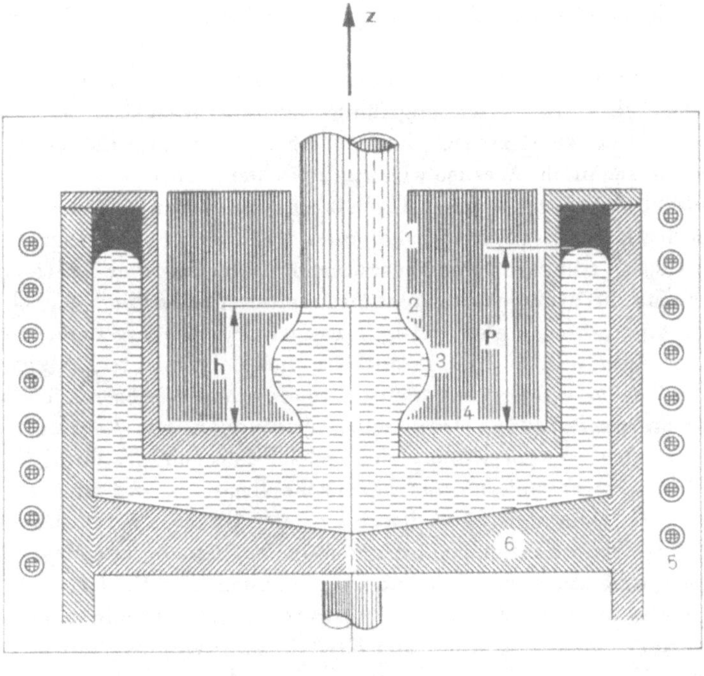

Abb. 15.
Züchtung massiver Kristallzylinder mit konstantem Durchmesser aus nichtbenetzenden Formgebern [95].
1 — Kristall, 2 — Kristallisationsfront, 3 — Meniskus, 4 — Formgeberschablone, 5 — Heizer, 6 — Tiegel, P — hydrostatischer Druck, mit dem die Schmelze in die Schablone gepreßt wird, h — Meniskushöhe, z — Ziehachse

werden (Tauchkörper). Cole u. a. [96] verwenden zur Züchtung von GaAs- und GaP-Einkristallen einen SiN-Ring als Formgeber, der unter die B_2O_3-Schutzschicht abgesenkt wird. Ohne zusätzliche Regelung der Tiegeltemperatur wurde bei Kristalldurchmessern von 5 cm eine 2%ige Durchmesserstabilität erzielt. Zur Erhöhung der Homogenität ist es möglich, den Tauchkörper rotieren zu lassen und ihn an seiner Unterseite zur Abschirmung gegen Konvektionsströmungen im Außentiegel mit Schaufeln zu versehen [98]. Erste InP-Einkristalle aus schwimmenden Formringen werden bei RSRE Malvern gezüchtet [41].

Von FINCH u. a. [100] werden aus einem zylindrischen benetzenden Platinformgeber mit einer 0,5-mm-Kapillarbohrung perfekte Mn_2SiO_4-(Tephroit-)Einkristalle gezüchtet. Der Kristalldurchmesser beträgt 5 mm und wird durch die Außenkanten der oberen Formgeberfläche, die das Schmelzniveau im Tiegel um 20 mm überragt, definiert. Tephorit eignet sich für den Einsatz in der Optik und ist für einen Lichtwellenbereich vom Sichtbaren bis zum Infraroten ($\lambda = 5\ \mu m$) transparent.

Die Anwendung von Formgebern bei der CZOCHRALSKI-Züchtung zylindrischer Kristallprofile erweist sich somit als leistungsfähig und außerordentlich ökonomisch. Ihre weitere Perspektive hängt jedoch im entscheidenden Maße davon ab, inwieweit es gelingt, die chemische Wechselwirkung zwischen Formgebersubstanz und Schmelze auszuschließen. Auch kann es durch ihren Einsatz zur Deformation des Wärmefeldes in der Kristallisationszone kommen, was zur Versetzungsgeneration führt. Wenn sich allerdings die Meniskuszwangsführung massiver Kristalle mittels Formgeber in Zukunft großtechnisch bewähren sollte, so ist zu überlegen, ob nicht für bestimmte Anwendungen gleichzeitig günstigere Formgebergeometrien als konzentrische gewählt werden. So garantieren beispielsweise rechteckige Kristallwafer eine weit höhere Bauelementeausbeute als runde (s. Abschn. 3.3.).

Die höchste Durchmesserkonstanz wird selbstverständlich mit Containerzüchtungsverfahren erreicht. Voraussetzung sind jedoch eine hohe Qualität der Containerinnenflächen, ihre thermische und chemische Resistenz und eine fehlende Adhäsion des Kristallmantels. Aus diesen Gründen ist die Kristallisation zylindrischer Kristallprofile in Containern nur auf einige Substanzen, wie Metalle und Alkalihalogenide und stark dissoziierende Verbindungen, reduziert [99]. Für diese und einige weitere chemisch inaktive Substanzen ergeben sich besonders dann qualitative Vorteile, wenn es gelingt, den Kristallisationsvorgang mit dem Syntheseprozeß ohne Zwischenbelüftung zu kombinieren [101]. $Bi_{1-x}Sb_x$-Einkristallstäbe hoher Perfektion und mit einer optisch glatten Mantelfläche werden durch vertikales Zonenschmelzen in kalibrierten Geräteglascontainern — durch einen originellen Beschickungsvorgang direkt mit dem Synthesebehälter gekoppelt — erhalten [101].

Eine kalibrierte Container-Normalerstarrung zylindrischer Kristallstäbe wird in der optischen Industrie praktiziert, da dieses Profil ein günstiges Halbfabrikat für die Linsenfertigung darstellt [3]. Durch die Anwendung von Gruppenmethoden, d. h., mehrere Container befinden sich gleichzeitig in einem homogenen Temperaturfeld, ist der beträchtliche Rückstand im Durchsatz gegenüber den freien Ziehverfahren aus der Schmelze in vertretbaren Grenzen zu halten.

3.2. Konzentrische großflächige Kristallscheiben

Für optische Zwecke stellen runde Kristallscheiben mit Superdurchmessern ein wichtiges Anwendungsprofil dar, die vorrangig als Transmissionsbauelemente bestimmter Lichtwellenlängen zwischen zwei abgegrenzten Medien zum Einsatz kommen. Oftmals sind die geforderten Durchmesser von solchen Dimensionen, die mit der herkömmlichen CZOCHRALSKI-Technik nicht erreicht werden. In einer früheren Arbeit [102] wurde deshalb ihre Modifizierung vorgeschlagen (Abb. 16).

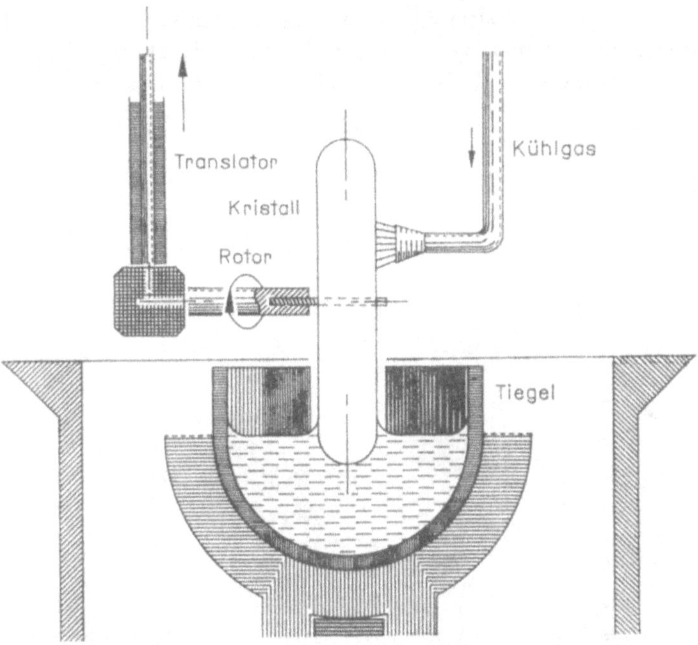

Abb. 16.
Züchtung konzentrischer großflächiger Kristallscheiben aus der Schmelze schematisch nach [102]

Durch eine horizontale Anordnung der Keimachse zur Schmelzoberfläche und gleichzeitige Rotation und Translation einer daran befestigten runden Keimscheibe wächst der entsprechende Kristall peripherisch zu einem großen Durchmesser aus. Je nach Neigungswinkel der Keimachse zur Schmelzoberfläche sind für optische Fokussierungszwecke auch Scheiben mit konkaven oder konvexen Oberflächen züchtbar. Germanium- und Siliziumscheiben, hergestellt nach dieser Variante, fanden Anwendung in der IR-Optik [102].

In der Regel wird heute jedoch auf Normalerstarrung in profilgerechten Containern oder Formgeberbehältern zurückgegriffen. Meistens handelt es sich dabei um einen monolithischen Züchtungsprozeß einer einzelnen Kristallscheibe. Nach der STOCKBARGER-Variante mit fahrendem Tiegel, dessen Bodenfläche eben ausgeführt ist, werden 60 kg -BaF_2-Einkristalle mit Durchmessern bis zu 460 mm und 100 kg -CaF_2-Einkristalle mit Durchmessern bis zu 600 mm erhalten [103]. Nach einem Temperprozeß wird eine hohe optische Homogenität erreicht, wobei die Schwankungen des Brechungsindexes über den Querschnitt unter $1 \cdot 10^{-5}$ liegen.

Von DUDNIK u. a. [104 bis 106] werden einkristalline Germaniumscheiben 3 mit einem Durchmesser bis zu 300 mm durch die Kristallisation eines Schmelzvolumens 4 in einem Formgeberbehälter 2 erhalten, der mit seiner Öffnung nach unten in einen größeren Schmelztiegel 6 getaucht wird (Abb. 17). Die Kristallisation beginnt an einem Keim 1 im Deckel des Formgeberbehälters. Danach ist ein

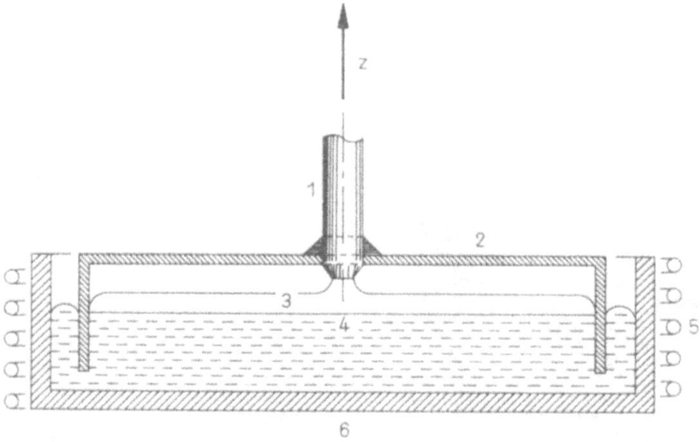

Abb. 17.
Züchtung runder Germanium-Scheiben durch Kristallisation einer Schmelze in einem eingetauchten Formbehälter

radiales Kristallisieren des Schmelztiegels mit einer leicht konvexen Phasengrenze, ähnlich dem KYROPOULOS-Verfahren, oder nach Kristallisation einer dünnen Oberflächenzone die Bewegung einer nahezu planaren Phasengrenze durch langsames Heben des Formgeberbehälters möglich. Die Innenwandung des Formgeberbehälters ist aus gesintertem SiO_2, um eine Benetzung mit der Germaniumschmelze auszuschließen. Zur Nivellierung von Verteilungsinhomogenitäten der Dotierung über den Scheibenumfang werden die Kristallisationsgeschwindigkeiten unter 0,5 mm min^{-1} gehalten. Sie lassen Segragationsunterschiede zwischen {111}-Facetten und anderen Segmenten konvexer Phasengrenzflächen nicht über 15% zu. Die gezüchteten Kristallscheiben weisen eine hohe Durchmesserkonstanz, spiegelglatte Oberflächen und eine minimale Versetzungsdichte von $2 \cdot 10^2$ cm^{-2}

auf, die einen industriellen Einsatz dieses Verfahrens und damit eine größere Anwendungsbreite des Germaniums in der IR-Optik erwarten lassen [104].

Die hier angeführten Verfahren werden den Merkmalen einer Profilzüchtung, wie sie unter Abschn. 1 formuliert wurden, weitgehendst gerecht, daß sie außer einer Abspaltung des Keimeinsatzes keiner weiteren mechanischen Profilkorrektur unterzogen werden müssen.

3.3. Kristallstäbe mit quadratischem Querschnitt

Bereits in Abschn. 1.3. hatten wir darauf hingewiesen, daß bei der Herstellung vereinzelter Bauelementechips aus runden Kristallscheiben, so wie sie bei einer Radialzerlegung von zylindrischen Kristallkörpern erhalten werden, eine nicht unbeträchtliche Abfallsrate durch geometrieabweichende Randsegmente entsteht. Ein ökonomischer Effekt kann erzielt werden, wenn ein quadratisches Querschnittsprofil des Kristallstabes eingestellt wird. Außerdem besteht bei Kristallen mit ebenen Mantelflächen die Möglichkeit ihrer definierten kristallographischen Ausrichtung. Zahlreiche Züchtungsexperimente sind deshalb auf die Erreichung solcher Kristallprofile ausgerichtet. Dabei dominieren modifizierte CZOCHRALSKI- oder „floating-zone"-Techniken, die unter Verwendung quadratischer Schablonen den Meniskus in der gewünschten Geometrie zwangsführen.

Von SATSCHKOW u. a. [107 bis 109] werden die Möglichkeiten des freien Ziehens quadratischer Germanium-Kristallstäbe aus nichtbenetzenden Graphittauchkörpern getestet. Zur Linearisierung der Isothermen über den planaren Sektionen der Kristalle und Einstellung ebener Schmelzpunktisotherme werden Tiegel- und Heizkonstruktion sowie Reflektoranordnungen aus Quarzglas oder Molybdän oberhalb des Formgebers dieser Geometrie angepaßt. Um den vorgegebenen Querschnitt des Tauchkörpers so genau wie möglich am Kristallstab zu reproduzieren, ist eine sehr geringe Höhe der Kristallisationsfront über der Tauchkörperöffnung notwendig. Im Stadium der Keimbenetzung ist es jedoch aus Perfektionsgründen günstig, die Dünnhalstechnik anzuwenden. Deshalb wird in der Anfangsphase des Ziehprozesses auf eine strenge Geometrieeinhaltung verzichtet und die Kristallisationsfront am obersten Segment der aus dem Formgeber austretenden Schmelzhalbkugel fixiert (Abb. 18a). Zur Einstellung dieser Lage dient der Druck auf den Tauchkörper und die Wärmebilanzierung. Nach der Keimbenetzung und einer Dünnziehstrecke wird die Kristallisationsfront in Richtung oberer Rand des Formgebers verlagert (Abb. 18b). Das geschieht durch ein Absenken der Ziehgeschwindigkeit, der Temperatur der Schmelze oder des Temperaturgradienten. Befindet sich die Kristallisationsfront in einem Abstand von ≈ 1 mm oberhalb des Tauchkörpers, so wird dessen Querschnitt hinreichend gut vom Kristallprofil reproduziert und eine Invarianz gegenüber beliebiger Keimgeometrien gefunden [108]. Trotzdem dürfte sich, ausgehend vom Symmetrieprinzip nach CURIE, eine identische oder höhere Symmetrie des Keimprofils stets günstiger auf die morphologische Stabilität auswirken (s. 2.1.4.). Nach diesem Einfahrstudium wird die Lage der Kristallisationsfront fest stationiert, um ein Verwachsen mit den Formgeberrändern zu verhindern (Abb. 18b). Auch aus diesem Grunde ist eine Linearisierung der Schmelzpunktisotherme von eminenter Wichtigkeit. Die auf diese Weise erhaltenen Germaniumstäbe besaßen einen Querschnitt

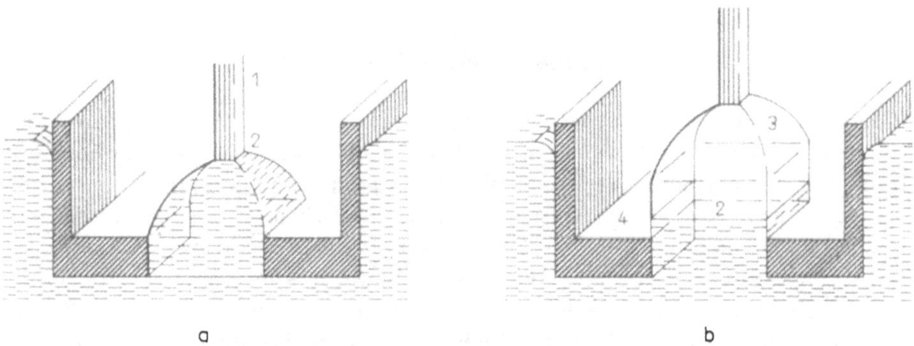

Abb. 18.
Ziehen prismatischer Kristallstäbe mit quadratischem Querschnitt aus nichtbenetzenden Formgebern.

a — Keimbenetzung, b — Verlagerung der Kristallisationsfront in die Nähe der Formgeberkanten;

1 — Keim, 2 — Kristallisationsfront, 3 — Kristall, 4 — Formgeber

von 30×30 mm², wobei die (110)-Fläche parallel zu zwei gegenüberliegenden Kristallmantelflächen orientiert wurde. Die Einfahrlänge zwischen Keimspitze und stationärem Kristallprofil betrug etwa 12 cm (Abb. in [108]).

Von Jegorow u. a. [55] wird die mögliche Meniskuskrümmung in den Eckregionen der nichtbenetzenden Formgeberschablone, die zu einer geringen Abrundung der Kristallkanten führt, diskutiert. Entscheidender Parameter für den Füllstand der Ecken ist der Druck auf den Formgeber. Die Fülleffektivität einer Ecke läßt sich über den Längenzuwachs der Diagonalen des Querschnitts mit steigendem Druck abschätzen:

$$\frac{\mathrm{d}l}{\mathrm{d}P} = \frac{1 - \sin \alpha}{\sin \alpha} \cdot \frac{R_0^2 \sigma}{\left[\left(\sigma - (P - P_0)\right) R_0\right]}, \tag{34}$$

worin α den halben Winkel der Formgeberecke (bei quadratischem Querschnitt ist $\alpha = 45°$), σ die Oberflächenspannung der Schmelze, R_0 den Krümmungsradius des Meniskus in dieser Region bei einem zu geringen Druck P_0 und P den neu zu wählenden Druck bedeuten. Ist z. B. ein Krümmungsradius $R_0 = 0{,}35$ mm noch zu hoch für bestimmte geometriebezogene Anwendungszwecke, so ist bei Ge-

Schmelzen ein Druckanstieg von $P - P_0$ um 1,5 p cm^{-2} auf den Formgeber notwendig, um einen Längenzuwachs der Diagonale in einer Ecke von 0,65 mm zu erreichen. Vermessungen an Querschliffen von 10 × 10 mm²-Ge-Kristallen ergaben einen nahezu übereinstimmenden Wert von 0,64 mm [55]. Da ein völliges Ausfüllen der Eckenregionen in nichtbenetzenden Formgebern nicht möglich ist, wird vorgeschlagen, diese mit benetzenden Materialien zu belegen [55]. Eine höhere Reproduzierbarkeit winkliger Kristallprofile wird bei der Verwendung benetzender Formgeber gewährleistet [110].

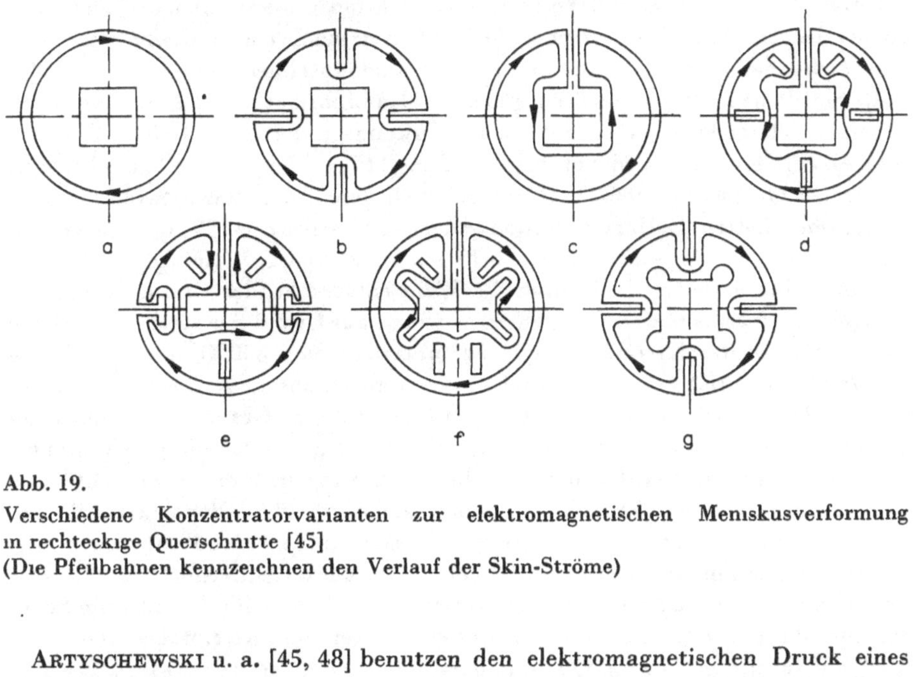

Abb. 19.
Verschiedene Konzentratorvarianten zur elektromagnetischen Meniskusverformung in rechteckige Querschnitte [45]
(Die Pfeilbahnen kennzeichnen den Verlauf der Skin-Ströme)

Artyschewski u. a. [45, 48] benutzen den elektromagnetischen Druck eines HF-Konzentrators aus Graphit zur rechteckigen Meniskusquerschnittseinstellung beim „floating-zone"-Verfahren von Si-Einkristallen nach der Pedestaltechnik (vgl. 2.1.2.). Zur Gestaltung einer homogenen Stromdichte über die Konzentratorinnenfläche und folglich des Temperaturverlaufes in der Kristallisationszone — eine wesentliche Voraussetzung der Profilstabilität — werden die Zentralteile der Konzentratorsegmente mit Aussparungen versehen. Mögliche Konstruktionen und die Dichteverteilungen der Skinströme sind auf Abb. 19 dargestellt [45]. Zur Erhöhung der Effektivität der Meniskusverformung wird der Konzentrator mit einer elektrisch passiven Formgeberschablone kombiniert [48]. Es werden Silizium-Stäbe mit einem Querschnitt von 35 × 35 mm² erhalten.

Untersuchungen zur Ätzgrubendichte an quadratischen Germaniumstäben zeigen eine inhomogene Verteilung über den Querschnitt [108]. In den Eckregionen kommt es zu einem merklichen Anstieg über die mittlere Dichte von $\approx 10^3$ cm^{-2}. Diese Untersuchungsergebnisse korrelieren direkt mit dem numerisch berechneten Krümmungszuwachs der Isothermeverläufe in diesen Bereichen [111]. Das deutet auf ein Überschreiten der kritischen thermischen Schubspannungen für eine Versetzungsgeneration hin. Wir werden unter 4.3.1. sehen, daß der Temperaturverlauf über den Kristallquerschnitt stark von dessen Geometrie beeinflußt wird und vermutlich einer Züchtung mit quadratischen Kristallisationsflächen prinzipielle Perfektionsgrenzen auferlegt. Ein solcher Schluß ließe sich jedoch erst nach einer intensiveren Testung aller technologischen Möglichkeiten als bisher ziehen.

Unter Verzicht auf eine hohe Strukturperfektion werden Silizium-Blöcke mit quadratischen Querschnitten von 100×100 mm^2 nach einem Gießverfahren in entsprechenden harten Containern erstarrt und anschließend getempert [112, 113]. Sie dienen als geometrisch günstiges Halbfabrikat zur Gewinnung großflächiger Solarzellenscheiben mit einem Wirkungsgrad von 8···10,5%. Ein gleiches Anwendungsziel wird von Ciszek u. a. [114] verfolgt, die Siliziumkristalle mit einem Querschnitt von 50×50 mm^2 nach dem Bridgmann-Stockbarger-Verfahren erhalten. Geringe Adhäsion und eine Anpassung des Temperaturverlaufes der thermischen Ausdehnungskoeffizienten zwischen verfestigtem Silizium und Containermaterial wird durch die Wahl entsprechender Graphitsorten mit geringen Korngrößen erreicht. Quarzglas würde auf Grund der starken Adhäsion zum Zerreißen des Kristalls führen, der unterhalb von 650 °C besonders heftig schrumpft. Rißfreie Siliziumkristalle werden gleichfalls in Kohleglascontainern erhalten [114]. Zum Zweck einer Keimauslese wird eine Graphitplatte mit einer zentralen 3 mm-Bohrung auf den Keimkristall gelegt, bevor die polykristalline Ausgangscharge in den darüber befindlichen Containerraum eingebracht wird. Die Absenkgeschwindigkeit des Containers aus der heißen Ofenzone in die kältere beträgt 5,5 mm min^{-1}. Die Kristalle weisen eine in Kristallisationsrichtung gestreckte Kolumnarstruktur mit einer $\langle 110 \rangle$-Kornorientierung auf. Es wird darauf verwiesen, daß die Containererstarrungsverfahren für die Silizium-Solarzellenproduktion durchaus beachtet werden müssen, da ihre einfache und billige Technologie die geringeren Qualitätsparameter der Kristalle aufwiegt. Die Produktivität wird noch erheblich gesteigert, wenn die benötigten Scheiben nicht erst aus einem Kristallblock herausgetrennt, sondern als solche gleich gegossen werden [112].

An dieser Stelle sei auf die industriemäßige Herstellung großer Kristallstäbe mit quadratischem Querschnitt nach einem anderen Phasenumwandlungsprinzip verwiesen. Mit sehr gutem Erfolg gelingt die „Habituszüchtung" (vgl. 2.1.4.) wichtiger optischer Substanzen dieses verarbeitungsgünstigen Profils aus wäßrigen Lösungen. Die Kristalle der KDP-Familie (KH_2PO_4—KDP, $NH_4H_2PO_4$—ADP, KD_2PO_4—DKDP u. a.), die z. Zt. die wichtigsten Vertreter für Lösungsverfahren sind, neigen unter bestimmten Milieubedingungen zu der einfachen Habituskombination von Tetragonalprisma und Bipyramide. Voraussetzung für eine

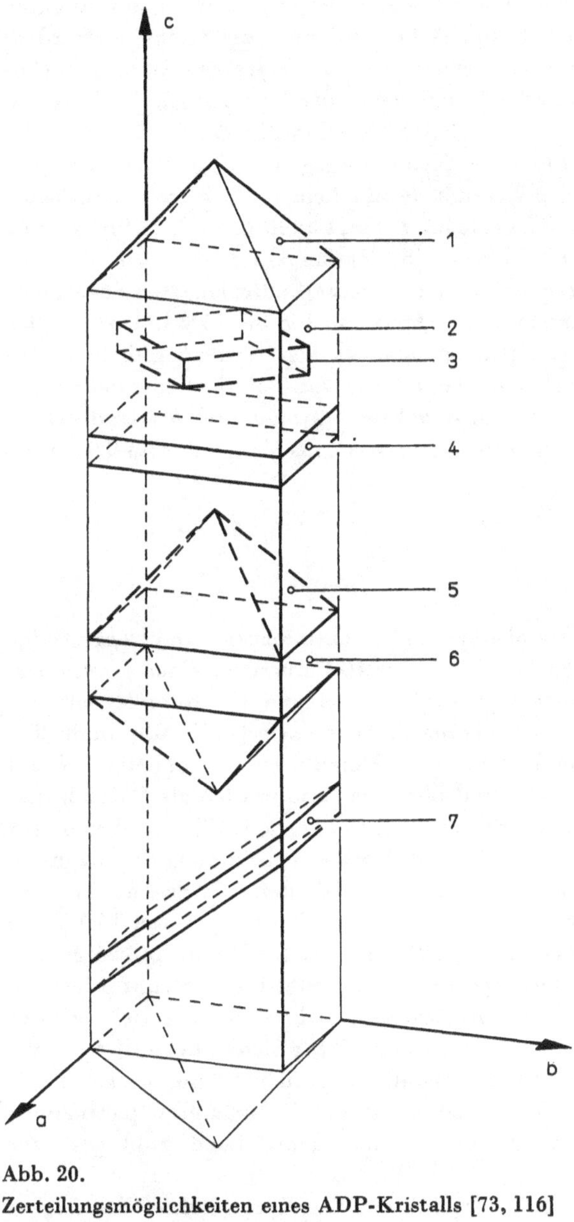

Abb. 20.

Zerteilungsmöglichkeiten eines ADP-Kristalls [73, 116]

1 – Pyramidenflächen (Kappen), 2 – Prismenflächen, 3 – 45°-c-Schnittplatte, 5 – getrübte Kappenflächen, 6 – Keimplatte, 7 – diagonale Keimplatte, geschnitten parallel zu den Pyramidenflächen

solche Wachstumsform bildet eine quadratische Keimplatte mit den gewünschten Querschnittsabmessungen, deren Hauptflächen senkrecht zur *c*-Achse angeordnet sind und ein definierter, empirisch ermittelter *pH*-Wert des Lösungsmittels (< 5). Bei langsamem Absenken der Temperatur oder Verdampfen des Lösungsmittels erfolgt das Wachstum mit erhöhter Geschwindigkeit in Richtung der *c*-Achse unter Beibehaltung des vom Keim vorgegebenen Querschnitts [73]. Da die beiden Hauptflächen der Keimplatte mit keiner Fläche des natürlichen Habitus zusammenfallen, wachsen beide im Anfangsstadium zu einer Bipyramide aus (getrübte „Kappenflächen"), bevor eine Verlängerung der Mantelflächen und damit die Bildung des Tetragonalprismas einsetzt [2]. Bei längeren Züchtungszeiten sind 56 cm lange Kristallstäbe mit Querschnitten bis 15×15 cm^2 möglich [73]. Die Mantelflächen sind von optischer Qualität. Die Versetzungsdichten können unter 10^2 cm^{-2} liegen [115]. Die Herstellung von Polarisationsprismen aus solchen Kristallprofilen erfordert keinen hohen Aufwand und Materialverlust. Weitere Zerteilungsmöglichkeiten eines ADP-Kristalls sind auf Abb. 20 dargestellt [116].

3.4. Rohre

Für bestimmte Zwecke der Halbleiter- und Lichtindustrie sind rohrförmige Einkristallkörper vorteilhaft. So kann z. B. der Hohlraum für einen kontinuierlichen Durchfluß von Kühlmitteln genutzt werden und ein Rohrelement mit koaxialem p-n-Übergang als Hochleistungsdiode dienen [117]. Gleichfalls besitzen hohlzylindrische Germanium-Lithium Detektoren ein günstiges Profil für die γ-Strahlanalyse [119]. Einkristallrohre aus InSb werden als Halbfabrikat für die Herstellung von Corbino-Ringen vorgeschlagen [118]. Sie dienen zur Gewinnung leistungsfähiger Niedervoltwandler unter Ausnutzung des magnetoresistiven Effektes. Die hohen Effektivitätskoeffizienten solcher Anordnungen (67%) führen in Reihenschaltung von 50 Ringen zu Leistungen von 1 kW. Ein interessanter Gedanke wird von Ravi [120] verfolgt. Da Rohre ein kantenloses Profil darstellen, werden bei ihnen spezifische kantenbedingte Strukturdefekte, wie z. B. erhöhte thermoplastische Versetzungen, nicht auftreten. Bei geringen Rohrwanddicken lassen sie sich andererseits mit den gleichen hohen Geschwindigkeiten wie kantenbehaftete Bänderkristalle aus einer Schmelze ziehen. Es liegt also ihre Vereinzelung in Solarzellenchips mit erhöhten Qualitätsparametern nahe, vorausgesetzt, der Rohrdurchmesser kann hinreichend groß gestaltet werden.

Eine weit breitere Anwendung finden einkristalline Korundrohre. (Im folgenden ersetzen wir den polykristallinen Ausdruck Korund durch den Terminus „Leukosaphir", der den farblosen durchsichtigen Kristallzustand des Al_2O_3 bezeichnet. Der in der Literatur oft verwendete Ausdruck „Saphir" bezeichnet bekanntlich die blaue Farbmodifikation des Al_2O_3-Kristalls). Ihre hohe Temperaturbeständigkeit, gute Wärmeleitfähigkeit und eine bis zu 11% höhere Transmissionseigenschaft als gesinterter Korund prädestinieren sie für den Einsatz als Brennerkolben in Natrium-Hochdruckdampflampen [141]. Die hohe Zahl der Kornwinkelgrenzen in gesinterten Brennerkörpern forcieren die Natriumeindiffusion, und sie verlieren dadurch bereits nach 4000 h Betriebsdauer über 20% ihres Transmissionsvermögens. Leukosaphirrohre vermindern dagegen erst nach 10000 h ihre höhere Lichtabgabe um etwa 20% [121]. Ihre Anwendung als Pumplichtquellen [139] oder in Form gut wärmeleitender Hüllen von Festkörperlaserstäben senken die Verlustenergie und erhöhen die Lebensdauer von Lasergeneratoren erheblich. Sie gewährleisten auch eine bessere Dichtung für Helium-Laserquellen als Quarzglasrohre [122, 124]. Für einen leistungsfähigen Laserbetrieb erweist sich ein Leukosaphirzylinder mit zwei axialen Durchführungen zur Aufnahme des Pumplichtkolbens und des Laserstabes als besonders vorteilhaft. Ohne zusätzliche Kühlmittel vermindert die geringe Wärmekapazität des Al_2O_3 ein übermäßiges Aufheizen des Laserstabes [123]. Ein identisches Profil mit geringen Querschnitten wird für die Herstellung trägheitsloser Mantelthermoelemente des Hochtemperaturmeßbereiches benötigt [124]. Nicht zuletzt eignen sich einseitig verschlossene Leukosaphirrohre als thermisch und chemisch beständige Kristallzüchtungscontainer [125].

Bisher scheiterte der großtechnische Einsatz von Leukosaphirrohren an ihren Herstellungsschwierigkeiten. Solche Profile würden ein sehr aufwendiges und verschleißintensives Bearbeitungsverfahren erfordern, da die MOHS-Härte von α-Al_2O_3 9 beträgt. Ihre Präparation aus konventionell gezüchteten Kristallbarren ist deshalb undiskutabel. Auf der heutigen Etappe steht jedoch mit dem definierten Kantenziehen aus Meniskusformgebern eine Züchtungsvariante für Einkristallrohre mit Alternativcharakter zur Verfügung. Mit dem ersten Vorschlag zur Nutzung der EFG-Technik für die Saphirprofilzüchtung [25, 140] und einigen Spezifizierungen zum kantendefinierten Rohrziehen [126, 127] begann eine intensive internationale Testperiode, die zu apparativen Ausreifungen führten. Wurden zu Beginn der 70er Jahre noch vereinzelte Labormuster gezogen, so hat jetzt bereits ihre industriemäßige Herstellung begonnen [124].

Das definierte Kantenziehen von Einkristallrohren setzte sich nicht nur für Leukosaphir, sondern auch für Halbleitersubstanzen [118, 119, 128] und einige Metalle [129, 130] gegenüber allen anderen getesten Profilzüchtungsmethoden durch. Entscheidende Faktoren hierfür liegen in der höheren Profilstabilität, Variationsmöglichkeit, Züchtungsrate, Prozeßkontinuität und Kristallperfektion als beispielsweise bei exzentrisch rotierenden Verneuil-Prozessen [131] oder Abscheidungen auf der Peripherie eines zylindrischen Graphitkernes, sei es aus der Schmelze [132] oder Gasphase [133].

Sowohl im nichtbenetzenden als auch im benetzenden Regime wird der Formgeber für eine Rohrzüchtung aus zwei ineinandergesteckten Hülsen zusammengesetzt, die zur Einhaltung einer konstanten koaxialen Kapillarspaltbreite gegeneinander genau distanziert sind. Wird diese Konstruktion senkrecht in eine

Schmelze getaucht, so tritt am oberen Rand des Kapillarspaltes ein konzentrischer Schmelzwulst aus, der nun von einem Keim angeimpft und zu einem Rohr gezogen werden kann.

In einer früheren Arbeit von Koptjew und Stepanow [134] wird berichtet, daß im Benetzungsregime faktisch nur die Innenhülse der oben beschriebenen Formgeberkonstruktion ausreichend sei, da die Schmelze an ihr zur oberen Kante geleitet wird. Für die Züchtung von Ge-Rohren wurde Wolfram als benetzendes Formgebermaterial eingesetzt ($\theta \approx 36°$). Aus Gründen der Profilstabilität wurde diese Abwandlung in der Folgezeit nicht weiter angewendet.

Soll der Kristallstab mehrere achsenparallele Hohlräume erhalten, so wird z. B. im benetzenden Regime die obere Formgeberfläche mit einer entsprechenden Anzahl von Senkbohrungen versehen [140].

Einkristalline Germaniumrohre mit einer axialen [111]-Orientierung und einem konstanten Außendurchmesser von 40 mm sowie einem Innendurchmesser von 20 mm werden von Gončarov u. a. [119] aus nichtbenetzenden Graphitformkörpern mit konzentrischem Kapillarspalt gezogen. Eine kontinuierliche Nachfüllung der Schmelze an dem oberen Kapillarrand wird bei thermostationierten Bedingungen durch ein programmiertes Anheben des Schmelztiegels gewährleistet. Von Ciszek [128] werden ⟨111⟩-ausgerichtete Siliziumrohre aus benetzenden Graphitkörpern mit einer Länge von über 1 m gezogen. Durch eine Relativänderung der Temperaturverhältnisse des Systems bis zu 6,7 K und eine Variation der Wachstumsgeschwindigkeit im Bereich von 11 bis 21 mm min^{-1} wird der Rohrdurchmesser von 6,6 bis 5,7 mm und die Rohrwanddicke von 1,2 bis 0,4 mm variiert. Sie enthalten ebene Gitterdefekte und Großwinkelkorngrenzen, wobei sich die größten Körner über ein Viertel des Rohrumfanges erstrecken.

Für eine Züchtung von Leukosaphirrohren müssen erhöhte Anforderungen an die thermische und chemische Resistenz der verwendeten Konstruktionsmaterialien im Züchtungsraum gestellt werden, da die Schmelztemperatur von α-Al_2O_3 bei 2050 °C liegt. Als Heizmethode eignet sich die induktive Wärmeeinkopplung über einen Graphitkonzentrator oder die elektrische Widerstandserhitzung. Der Tiegel ist zumeist aus Mo, W oder Mo-W-Verbindungen gefertigt. Der Formgeber besteht aus Molybdän. Er benetzt die Al_2O_3-Schmelze in einer Argonatmosphäre ($\theta \approx 29°$) und ist für eine erhöhte Profilstabilität der Kristallrohre am oberen

→

Abb. 21.

Versuchsanordnung zur Züchtung mehrerer Leukosaphir-Rohre zugleich [94]

1 — Rezipient, 2 — Beobachtungsfenster, 3 — Graphitbehälter, 4 — Heizer, 5 — Molybdäntiegel, 6 — Molybdänformgeber mit kreisförmigem Kapillarspalt, 7 — Stabreflektor, 8 — Molybdänschirmbleche mit Konvektionslöchern, 9 — Keim, 10 — Keimhalter, 11 — Kristallisationszone, 12 — Einfahrsektion 13 — Einkristallrohr
(Durchgehende Pfeile bezeichnen die Konvektionsflüsse)

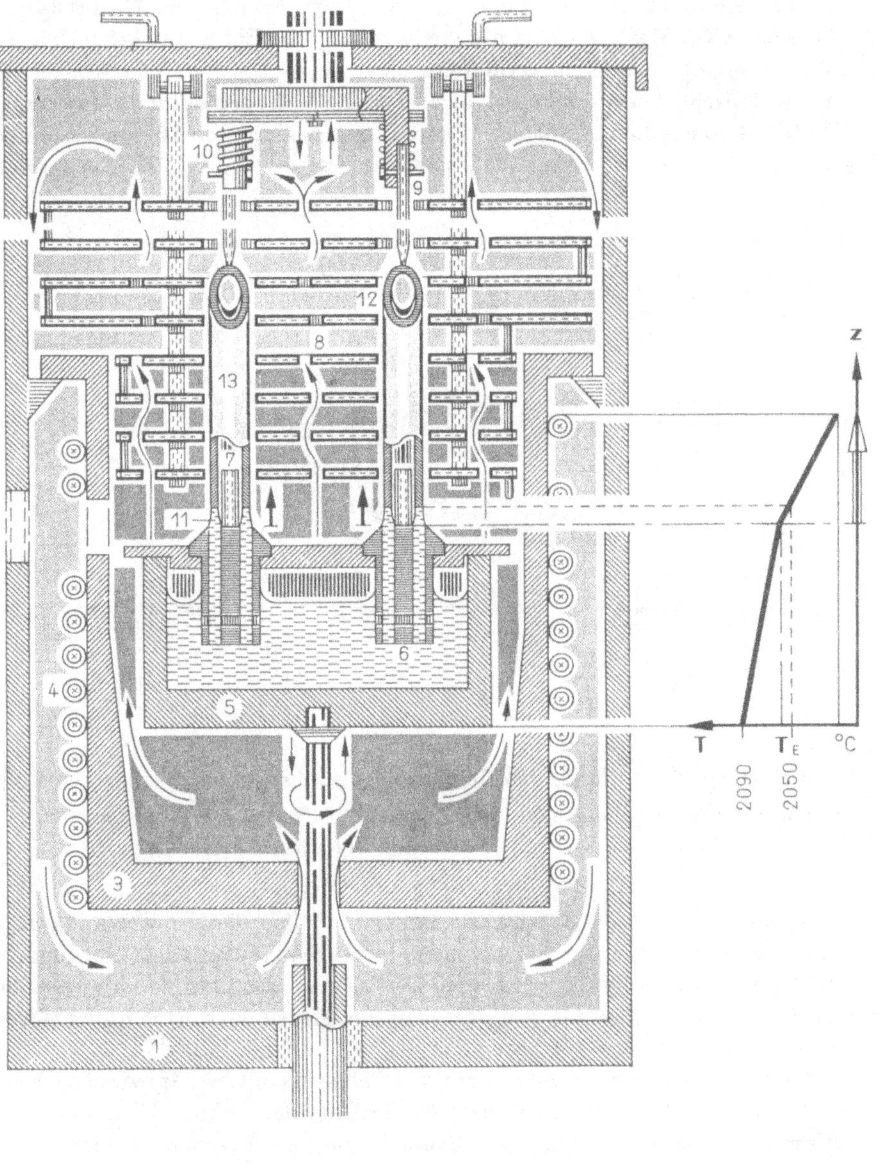

1
2
3
4
5
6
7
8
9
10
11
12
13
z
T
T E
°C
2090
2050

Rand stark konisch zugespitzt. Als Wärmeisolationsmaterialien werden Yttriumoxid oder Kohlefasergewebe verwendet [94]. Die Temperatur der Schmelze im Tiegel wird nicht höher als 2090 °C gehalten, um die thermische Dissozation des Al_2O_3 beim Kontakt mit Molybdän und die Entwicklung von Gasprodukten (O_2, Al, AlO, AlO_2, MoO, MoO_2 u. a.), die bevorzugt als Bläschen in das Kristallprodukt eingebaut werden, zu verhindern.

Ohne technische Schwierigkeiten läßt sich die Gruppenmethode anwenden, mit der bereits sechs Leukosaphirrohre mit Durchmessern von 10 mm aus einem Tiegel zugleich gezogen werden [94]. Die von Jegorow u. a. [94] verwendete

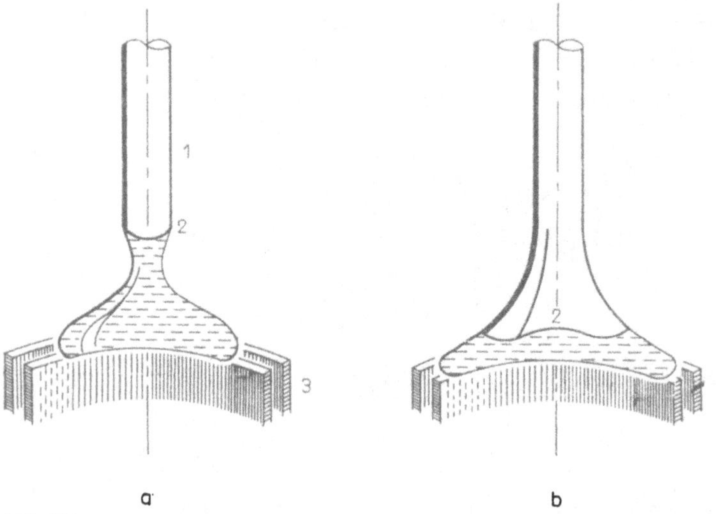

Abb. 22.
Keimanlüpfung bei der Züchtung von Rohrkristallen aus benetzenden Formgebern [121].
a — Keimberührung in einem Punkt der Schmelze, b — Beginn der Rohrformierung.
1 — Keim, 2 — Kristallisationsfront, 3 — Formgebersegment

Züchtungsanordnung ist auf Abb. 21 dargestellt. Von Dobrowinskaja u. a. [124] werden weitere, für eine Leukosaphirprofilzüchtung typische Anordnungen behandelt. Mit gutem Erfolg wird auch die inverse Stepanow-Methode angewendet, bei der die Rohre aus Ringschlitzen am Tiegelboden nach unten weggezogen werden [122].

Die Verwendung von Formgebern mit koaxialem Kapillarspalt erfordert keine identische Geometrie des Keimprofils. Für die Dünnhalstechnik kann der Keim nadelförmig gearbeitet sein und den Schmelzwulst an einem beliebigen Punkt berühren (Abb. 22a). Durch langsame Temperaturverminderung und gleichzeitige Keimtranslation wird die Kristallisationsfront in Richtung Kapillarrand abgesenkt. Dadurch vergrößert sich stetig die Meniskusfläche unter Ausbildung einer konzentrisch verlaufenden Phasengrenze (Abb. 22b). Während dieses Einfahrstadiums der Konturformierung wird die Ziehgeschwindigkeit des Keimes auf einem niedrigen Wert gehalten und beträgt bei einem Kapillarringdurchmesser von 9 mm etwa 0,5 mm min^{-1} [121]. Nach Ausbildung der Rohrform wird die Ziehgeschwindigkeit auf einen höheren Wert gesteigert. In [135] wird ein Verhältnis der Einfahrlänge zum Rohrdurchmesser von etwa 1···1,5 cm angegeben. Aus Perfektionsgründen kann sie auch über diesem Wert liegen und beträgt an Siliziumrohren mit einer Gesamtlänge von 1,5 m etwa 2···5 cm [128].

Die Einstellung der Höhe der Kristallisationsfront über dem Formgeberrand ist für die strukturelle Qualität und Profilstabilität der Rohre von wesentlicher Bedeutung. Sie sollte auf einem geringen Wert gehalten, werden, um eine hohe Durchmesserkonstanz und facettenfreies Wachstum zu gewährleisten. Andererseits darf sie nicht die Formgeberkante kontaktieren, was eine erhöhte Versetzungsgeneration in den Außen- und Innenwandbereichen des Rohres hervorrufen würde [119]. Aus theoretischen Abschätzungen werden sowohl für Silizium als auch Leukosaphir in Abhängigkeit vom Druck auf den Formgeber Meniskushöhen von $h = 0{,}13 \cdots 8$ mm bestimmt [27, 136]. Die experimentellen Werte liegen bei Leukosaphir zwischen 0,12 und 0,46 mm, wenn der obere Formgeberrand 24 mm über dem Schmelzniveau im Tiegel abschließt und der Kapillarspalt eine Breite von $\approx$ 1 mm besitzt. In Abhängigkeit von der Meniskushöhe innerhalb dieser Grenzen ändert die Kristallrohrwand ihre Stärke um 0,35 mml. Die Querschnittswerte der Rohre weisen im stationären Fall eine Präzision von 0,1 mm auf [121].

Von DOBROWINSKAJA u. a. [137] wird nicht nur in einer großen Meniskushöhe der Grund für das Auftreten von Facetten am Rohrmantel gesehen, sondern auch im Überhitzungsgrad der Schmelze. Bei geringen Überhitzungen werden bei $\langle 0001 \rangle$-Ziehrichtungen prismatische $(10\bar{1}0)$-Flächen am Rohrinnenmantel und $(\bar{1}120)$-Flächen am Außenmantel beobachtet. Dieses Erscheinungsbild wird auf die unterschiedlichen Wärmezustände an der Innen- und Außenperipherie zurückgeführt. Mit steigender Überhitzung nimmt die Tendenz zur Facettenbildung ab. Zur gleichen Beobachtung führt eine leichte Desorientierung der Rohrachse zur [0001]-Richtung [121].

Rohre ermöglichen eine weit höhere Ziehgeschwindigkeit als geschlossene Profile. Der Hauptteil der Wärmemenge im Kristall wird über eine intensive Strahlung der dünnen Mantelflächen an das Medium abgegeben. Die Wärmebilanzierung läßt Ziehgeschwindigkeiten bis zu 300 mm h^{-1} zu [121]. Dabei ist sie in großen Grenzen unabhängig vom Rohrdurchmesser variierbar, da das entscheidende Verhältnis zwischen freier Oberfläche und Kristallvolumen bei gleicher Wanddicke nahezu konstant bleibt [137, 138]. Allerdings ist eine Abhängigkeit der Korngrenzendichte von der Ziehgeschwindigkeit zu beachten [137]. Bei einer Ziehgeschwindigkeit < 30 mm h^{-1} wird eine erhöhte Zahl von Korngrenzen beobachtet, die durch Versetzungspolygonisation hervorgerufen wird. Im Bereich zwischen 30···80 mm h^{-1} tritt keine Großwinkelkorngrenzenstruktur auf, da bei einem hohen Temperaturgradienten die schnelle Abkühlrate nicht für den Polygonisationsprozeß ausreichend ist. Geschwindigkeiten über 80 mm h^{-1} rufen erneut Korngrenzen hervor, die jetzt auf die Bildung von Strukturkomplexen im zunehmend unterkühlten Gebiet vor der Phasengrenze und ihren desorientierten Einbau zurückgeführt werden [122].

3.5. Bänder

Die Züchtung einkristalliner Bänder aus der Schmelze bildet den zentralen Untersuchungsgegenstand innerhalb der Profilzüchtung. Der wesentlichste Grund liegt in der äußerst rationellen Form von Bändern. Für zahlreiche Anwendungen, vorrangig in der Halbleiterindustrie und Elektrooptik, werden dünne rechteckige Kristallchips benötigt. Unter Vorgabe einer entsprechenden Bänderdicke und Oberflächenqualität wird der Präparationsvorgang solcher Bauelemente-Grundeinheiten auf eine äquidistante Rasterzerlegung des Kristallbandes reduziert. Die Materialverluste und störende Bearbeitungsfaktoren können auf ein Minimum gesenkt werden. Gleichzeitig läßt sich die Kontinuität des Herstellungsprozesses beträchtlich steigern. Eine stetige Transportation „quasiunendlicher" Bänder aus dem Züchtungsraum — Voraussetzung ist eine beständige Nachführung von Ausgangschargen in den Schmelzcontainer — ermöglicht ihre unmittelbar nachfolgende kontinuierliche Verarbeitung. Das gilt nicht nur für den Vereinzelungsvorgang, sondern ist auch für Temper- und Belegungsprozesse denkbar. Viele Substanzen sind darüber hinaus hinreichend elastisch und erlauben ihre Deponierung auf Trommelkassetten.

Ein zusätzlicher Effekt wird durch die möglichen sehr hohen Ziehgeschwindigkeiten erzielt. Das beträchtliche Oberflächen-Volumen-Verhältnis von Bänderkristallen garantiert eine intensive Wärmeauskopplung an das umgebende Medium und dadurch eine stabile Wärmebilanz an der Wachstumsfront bis hin zu sehr schnellen Kristallisationsgeschwindigkeiten. Das ist wichtig für den Ausgleich eines immensen Durchsatzverlustes gegenüber konventionell gezüchteten Massivkristallbarren mit großen Querschnitten. Der Ausstoß kann bei einer Bänderzüchtung sogar überboten werden, wenn die Gruppenziehmethode zur Anwendung kommt (vgl. 4.2.).

Unter dem Blickwinkel einer großtechnischen Anwendung der Bänderziehverfahren sind die angeführten quantitativen Vergleiche selbstverständlich nur dann sinnvoll, wenn sie sich auf die qualitativen Parameter übertragen lassen. Es ist zu bedenken, daß die Nachfolgetechnologie zum gegenwärtigen Zeitpunkt noch auf zylindrische Kristallstäbe und Rundwafer ausgelegt ist und ihre Umrüstung auf Bänderprofile und Rechteckwafer nur dann gerechtfertigt wäre, wenn die Kristallqualitäten den Bauelementeanforderungen gerecht werden. Im gegenwärtigen Entwicklungsstadium lassen sich an Bänderkristallen noch keine perfekten Kristallstrukturen realisieren. Es gelang noch nicht, dislokationsfreie Bänder über ihre gesamte Länge zu züchten. Der entscheidende Grund hierfür liegt im äußerst komplexen Zusammenhang zwischen Profilierungsmechanismus, thermischen Bedingungen und Realstrukturkonsequenzen. Wir werden diese Aussage detailliert in Abschn. 4 begründen.

Die derzeitigen Arbeiten zur Bänderzüchtung werden deshalb von zwei wesentlichen Anwendungskonzepten akzentuiert. Einerseits wird die Entwicklung auf eine Erhöhung ihrer Kristallqualität und Substanzbreite konzentriert, um sie für Industriezweige mit hohen Perfektionsanforderungen bereitzustellen. Hauptabnehmer ist die Mikroelektronik. Andererseits richten sich die Untersuchungen auf die Züchtung sehr breiter Siliziumbänder mit geringen Anforderungen an die Kristallqualität, um sie zur Herstellung großflächiger Solarzellen anzuwenden.

Für die fotoelektrische Umwandlung der Sonnenenergie kann die Bänderzüchtung zu einem entscheidenden ökonomischen Effekt führen. Das läßt sich an den folgenden Ziffern belegen. (Die Angaben beziehen sich auf Dollarwerte des Jahres 1977.) Um überhaupt andere Energieträger in Zukunft durch Solarzellen auf derBasis des billigen Rohstoffes Silizium abzulösen, müssen ihre Herstellungskosten von 15 bis 20 Dollar pro Watt [166] um mehr als das Zehnfache gesenkt werden. Allein etwa 80% der Kosten entstehen während des Züchtungs- und Präparationsvorganges der Silizium-Scheibengewinnung nach dem CZOCHRALSKI-Verfahren [8]. Die Bänderzüchtung kann diesen Anteil rapide verringern. (Es werden noch andere Verfahren verfolgt, wie z. B. die großflächige Siliziumabscheidung über einen CVD-Prozeß oder ein Aufgießen auf laufende Siliziumnitritunterlagen, die aber im Rahmen der vorliegenden Arbeit nicht berücksichtigt werden können.) Das Kalkulationsziel des Department of Energy der USA beläuft sich für 1986 auf 0,50 Dollar pro Watt. Dieser Wert wird angenähert erreicht, wenn es gelingt, Siliziumbänder nach der Gruppenmethode mit einem Querschnitt von $0{,}3 \times 100\ mm^2$ und Ziehgeschwindigkeiten von $75\ mm\ min^{-1}$ herzustellen. Bedingung ist ein Wirkungskoeffizient der Solarzellen $> 10\%$ [166]. Neuste Mitteilungen zu Ergebnissen der Siliziumbänderzucht lassen diese Ziele optimistisch erscheinen [166, 167].

Seit langem wird in verschiedenen Halbleiterlaboratorien der Welt an einem weiteren Problem gearbeitet — die Ablösung des herkömmlichen Siliziums als Träger für integrierte Schaltkreise durch Isolatormaterialien [12, 180]. Als besondres günstig erweist sich der Einsatz von Al_2O_3-Substratmaterial. Auf seiner Basis lassen sich integrierte Schaltungen herstellen (SOS-„Silicon-on-Sapphire"-Technik), die sich durch erhöhte Isolationseigenschaften und Integrationsdichten, extrem geringen Leistungsverbrauch, sehr hohe Schaltgeschwindigkeiten (ns-Bereich) und Strahlungsfestigkeit auszeichnen. Diese Parameter zeichnen sie für eine Anwendung in Mikroprozessoren und hochintegrierten Speichern aus. Aus einem wesentlichen Grund konnte sich die SOS-Technik bis Ende der 70er Jahre noch nicht durchsetzen — wegen der hohen Herstellungskosten von Saphir-Substraten. (Auch hier wäre der Terminus „Leukosaphir" sicher präziser gewählt, er hat sich aber in der integrierten Schaltungstechnik nicht eingeprägt.) Ihre außerordentlich aufwendige und verschleißbehaftete Präparation aus konventionellen Kristallbarren — in der Mehrzahl durch CZOCHRALSKI oder VERNEUIL-Verfahren gezüchtet — ließen ihre Kosten um 6 bis 8 mal höher als herkömmliches Silizium-Trägermaterial ausfallen. Die jetzige Anwendung einer Saphirbänderzüchtung (RCA-Laboratories) senkt die Kosten beträchtlich.

Im derzeitigen Entwicklungsstadium werden die beim Teilen von EFG-Saphirbändern entstehenden Quadrate erst noch zu runden Wafern umgeschliffen, um sie an die vorhandenen Epitaxiehalterungen anzupassen. Der Kostenaufwand liegt aber bereits nur noch um 25% höher als für Siliziumrundwafer. Beim Übergang zu einer rechteckbezogenen Folgetechnologie ergibt sich wegen der größeren Waferflächen noch ein höherer Ausstoß und Kostenabfall [12]. Die qualitativen Anforderungen an die Struktur der Saphirsubstrate sind nicht so hoch wie an Siliziumscheiben, da sie lediglich als mechanische Träger für Silizium-Inseln dienen. Hier findet die Bänder-Profilzüchtung bereits auf dem jetzigen unausgereiften Qualitätsstand eine Anwendung von großer Tragweite.

Die wesentlichsten Untersuchungssubstanzen der Bänderzüchtung sind damit gekennzeichnet — Silizium und Saphir. Zahlreiche Arbeiten erschienen auch zur Germanium-Bänderzüchtung, obwohl sie in die 60er Jahre zurückgehen und Testcharakter besaßen. Erste Versuche wurden an Halbleiterverbindungen durchgeführt, wie z. B. GaAs, InSb. Das steigende Interesse erstreckt sich auch auf Materialien mit besonderen optischen Eigenschaften, wie z. B. AgCl und $Bi_{12}GeO_{12}$. Von besonderer Bedeutung ist die Züchtung von $LiNbO_3$-Bändern, da sie ein günstiges Profil für die Herstellung akustooptischer und -elektrischer Bauelemente besitzen. Sie stellen jedoch spezifische Anforderungen an den Züchtungsprozeß, da das spröde Verhalten von $LiNbO_3$ im Widerspruch zu den typischen hohen Temperaturgradienten und Ziehgeschwindigkeiten der Bänderzucht steht. Die Literaturangaben sind deshalb noch gering. Mit gutem Erfolg wurde die Bänderzüchtung eutektischer Substanzen begonnen (s. hierzu 3.10.). Im folgenden sollen die wichtigsten Verfahrensvarianten aus der Schmelze charakterisiert werden. Auf die Realstrukturerscheinungen gehen wir gesondert in Abschn. 5 ein.

In Abhängigkeit vom Profilierungsmechanismus ist eine Einteilung in folgende Entwicklungslinien möglich:

- Ziehen aus nichtbenetzenden Formgebern
- Ziehen aus benetzenden Formgebern
- Ziehen aus elektromagnetisch geformten Menisken
- horizontales Ziehen von Schmelzoberflächen
- Ziehen dendritischer Bänder
- „Web"-Züchtung zwischen koplanaren Dendriten.

Die hydrostatischen und morphologischen Gesetzmäßigkeiten der einzelnen Profilierungsmechanismen wurden ausführlich in Abschn. 2 behandelt, so daß wir uns hier auf die technisch-technologischen Parameter beschränken können.

Das Ziehen einkristalliner Bänder aus nichtbenetzenden Formgebern geht auf

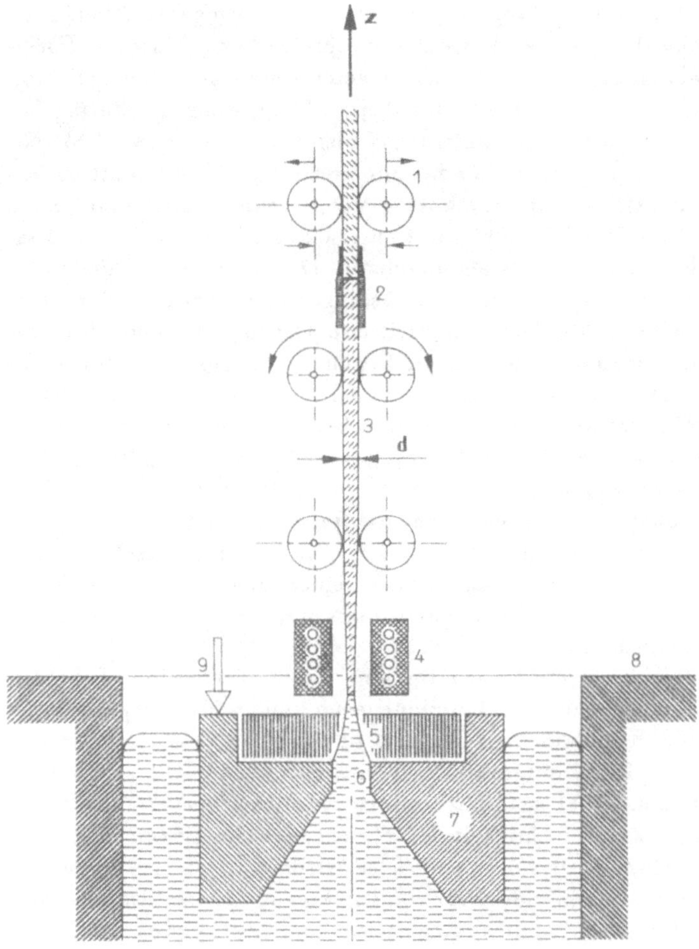

Abb. 23.

Schematische Darstellung einer Bänderkristall-Ziehanordnung mit nichtbenetzenden Formgebern nach STEPANOW [143]

1 – Transportwalzen, 2 – Keimhalter, 3 – Bandkristall mit einer Dicke d, 4 – Regulator der Abkühlintensität, 5 – Meniskus, 6 – Kapillarspalt, 7 – Formgeber, 8 – Tiegel, 9 – Druck auf den Formgeber zur Regulierung des Meniskusinnendruckes

Arbeiten an Aluminium im Jahre 1959 zurück [142, 143]. Das von STEPANOW dafür eingesetzte Züchtungsprinzip ist auf Abb. 23 dargestellt. Es eignet sich auch besonders gut zur Züchtung von Germanium-Bändern, da mit Graphit eine typische Tiegelsubstanz zur Verfügung steht, die flüssiges Germanium nicht benetzt ($\theta > 90°$). Die Verwendung nichtbenetzender Formgeber besitzt als wesentlichste Vorteile die geringe chemische Wechselwirkung zwischen Formbildungselement und Schmelze, die verminderte heterogene Keimbildungshäufigkeit an den Formgeberwänden und eine Nachheizwirkung, wenn der Formgeber unter das Niveau der Schmelze im Außentiegel abgesenkt wird (Abb. 3b). Zunächst wurde begonnen, Germaniumbänder mit bestimmten Querschnitten aus entsprechenden rechteckigen Kapillarschlitzen mit ebenen Austrittskanten zu ziehen. Eine solche Kapillarschlitzkonfiguration erwies sich alsbald für die Einhaltung eines stabilen Bänderprofils als ungünstig. Die stark unterschiedlichen Krümmungsradien des Meniskusquerschnitts bedingen eine geringere Meniskushöhe an der Schmalseite im Vergleich zur Breitseite. Das folgt aus den Gleichungen (3) und (4). Damit befindet sich in dieser Region die Kapillarstabilität nicht mit der thermischen Stabilität (horizontale Schmelzpunktisotherme) im Gleichgewicht. Rhythmische Schwankungen der sich konkav einstellenden Phasengrenze führen zu einem Verwachsen der Kristallisationsfront mit dem Formgeber. Es wurde deshalb vorgeschlagen, entweder die Austrittskanten des Kapillarschlitzes ebenfalls konkav zu gestalten, um so die Regionen der Schmalseite über das Niveau der Breitseite anzuheben [1, 16] oder den Kapillarquerschnitt ähnlich einer Hantelform an den Schmalseiten bis zu einem Radius von 1···1,5 mm aufzuweiten [145 bis 149]. Gleiche Überlegungen lassen sich auf das Bänderziehen aus benetzenden Formgebern übertragen [23].

Ausführlich wurden die Bedingungen für eine Linearisierung der Schmelzpunktisotherme untersucht, um sie im Sinne einer hohen Profilreproduktion möglichst nah an die Kapillaraustrittskanten zu legen. In [144, 150] werden Tiegel, Formgeber und Heizkonfiguration zu diesem Zweck rechteckig ausgeführt. Zatulowski u. a. [151] schlagen anisotrope Formgebersubstanzen mit einer 30fach höheren Wärmeleitfähigkeit in Ziehrichtung als senkrecht dazu vor. Von Jegorow u. a. [152] wird ein axialer Gleichstrom mit einer Dichte von 20 A cm^{-2} genutzt, um mit Hilfe des Peltier-Effektes die Kristallisationsfront zu glätten. Diese Maßnahme ermöglicht gleichzeitig über das Verhältnis zwischen Peltier- und Joule-Wärme die Lage der Kristallisationsfront während der Keimanlüpfung präzise einzustellen und sie für eine Dünnhalstechnik in einer entsprechenden Höhe über dem Formgeber zu fixieren.

Kristallmorphologische Faktoren üben einen wesentlichen Einfluß auf die Formierung des Bänderprofils aus (s. auch 2.1.4.). Die Tendenz zur {111}-Facettierung ist stark ausgeprägt. Deshalb werden glatte Seitenflächen nur dann erreicht, wenn die (111)-Fläche genau parallel zu ihnen ausgerichtet ist. Don Swets [148] zeigt, daß dafür gewöhnliche Standardabweichungen des Keimes von $\pm$ 0,5° noch zu groß sind. Übereinstimmend mit diesen Angaben wird von Serow u. a. [150] gefunden, daß spiegelnde Bänderflächen ohne Facettenabstufungen nur dann beobachtet werden, wenn die (111)-Fläche des Keimplättchens mit einer Genauigkeit von $< 15'$ parallel zur Ziehachse und Bänderbreitseite orientiert wird. Entsprechend dem Superpositionierungsprinzip nach Curie (2.1.4.) werden die kristallographischen Richtungen ⟨110⟩ (2m) und ⟨112⟩ (m) zweckmäßig als Ziehrichtungen gewählt. Die typischen Germaniumbänderabmessungen betragen in der Dicke 0,1···1 mm [145 bis 152], in der Breite (innerhalb der stabilisierenden Randwulste) 8···40 mm und in der Länge 80···250 mm. Die praktizierten Ziehgeschwindigkeiten liegen zwischen 1···4 mm min^{-1}. MASLOW ([1], S. 73, 74) beschreibt eine Produktionsanlage zur Züchtung von 0,5 mm dicken, 85 mm breiten und 570 mm langen Germaniumbändern aus nichtbenetzenden Formgebern.

Das nichtbenetzende Bänderziehregime läßt sich nicht ohne weiteres auf die wichtigere Substanz Silizium übertragen, da Graphit die Siliziumschmelze benetzt und andere Formgebermaterialien gefunden werden müssen. Aus zahlreichen Randwinkeluntersuchungen wurden bisher nur BN, TiN, ZrN und TaN als nichtbenetzende Substanzen gefunden [153, 154]. Benetzungswinkel von fast 90° entstehen an SiO_2- und Al_2O_3-Flächen (s. auch Tabelle 4). Der praktizierte Einsatz von Bornitrid erweist dich jedoch als problematisch, da es bei Temperaturen über 1000 °C und Anwesenheit von Wasserdampfspuren zu seiner Zersetzung und dadurch einer erhöhten Bordotierung des Siliziums kommt [162]. Aus diesem Grund werden bisher nur wenige Varianten der Siliziumbänderzüchtung aus nichtbenetzenden Formgebern verfolgt — das Podest-Zonenziehverfahren durch eine BN- oder SiO_2-Schablone [155] und die inverse Stepanov-Methode, dargestellt nach KIM u. a. [156] auf Abb. 24a. Letztere nutzt den Vorteil einer gut realisierbaren kontinuierlichen Nachführung polykristallinen Ausgangsmaterials in den Schmelztiegel, da das Band aus einem Schlitz in dessen Boden nach unten gezogen wird. Das nichtbenetzende Regime wird bevorzugt, um ein schwerkraftbegünstigtes Überfluten der unteren Definierungskanten und folglich einen Stabilitätsverlust zu verhindern. Jedoch wird in letzter Zeit auch von einer erfolgreichen inversen STEPANOW-Technik mit benetzenden Formgebermaterialien berichtet [278]. Die Profilstabilität wird durch erhabene Führungskanten am Spaltumfang gewährleistet (Abb. 24b). Mit diesem auch als PDG (Pendant-Drop-Growth) bezeichneten Verfahren, werden Silizium-, Saphir- und NaCl-Bänder mit einer Dicke von 2 mm und einer Breite von 27 mm gezogen.

InSb-Bänder mit Querschnitten von $10 \times 1{,}7\ mm^2$ und $14 \times 1{,}7\ mm^2$ werden mit einem vibrationsfreien pneumatischen Translationsmechanismus (0,2—0,3 mm min^{-1}) aus Graphitformgebern gezogen [157 bis 159]. GaAs-Plättchen mit einer Länge von 7,5 cm und einem Querschnitt von $10 \times 0{,}9\ mm^2$ wachsen aus einer nichtbenetzenden Schwimmschablone mit Geschwindigkeiten von 1···3,2 mm min^{-1} [160]. In [161] werden dafür Quarzformgeber und eine B_2O_3-Abdeckung der Schmelze benutzt. Alle Arbeiten mit $A^{III}B^{V}$-Halbleiterverbindungen berichten von Profilinstabilitäten an den Bändern.

Das Ziehen einkristalliner Bänder aus benetzenden Formgebern wird bisher vorrangig an den Substanzen Silizium und Al_2O_3 praktiziert. Zwar ist die chemische Wechselwirkung zwischen einem benetzenden Formgeber und einer Schmelze höher als im nichtbenetzenden Regime und dadurch die Gefahr der Verunreinigung oder Zersetzung größer, sie läßt sich jedoch durch eine geeignete Auswahl der Formgebersubstanz minimal halten. So verhält sich z. B. Molybdän als benetzende Formgebersubstanz gegenüber Al_2O_3 chemisch inert. Benetzende Formgeber bringen aber auch einige Vorteile hinsichtlich der Profilstabilität dünnwandiger Kristallformen mit sich (s. 2.1.1.).

ZIWINSKIJ u. a. [147] erprobten erstmals eine modifizierte benetzende Formgebung bei der Herstellung von Germaniumbändern. Zwei U-förmige dünne Wolf-

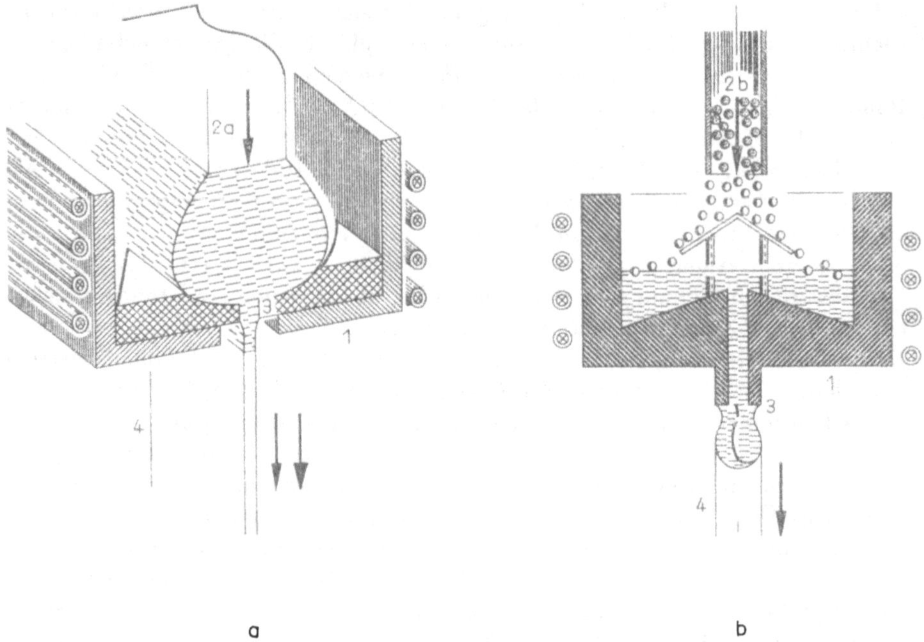

Abb. 24.
Prinzip der Bänderzüchtung nach der inversen STEPANOW-Technik

a — nichtbenetzender Formgeber [156], b — benetzender Formgeber [278].
1 — Tiegel, 2a — Einkristallband, 2b — pulverisiertes Ausgangsmaterial, 3 — Formgeber, 4a — Polykristall, 4b — Einkristallband

ramstäbe wurden im Abstand der gewünschten Bänderbreite in ein Schmelzreservoir gestellt. Die benetzende Germaniumschmelze bildete an den herausragenden Enden der Wolframstäbe einen konkaven Meniskus aus, der sich nach einer Anlüpfung mit einem zentralen Keimplättchen zu einer dünnen Schmelzhaut umformierte. Durch rasches Hochziehen des Keimes mit einer Geschwindigkeit von 4,5 mm min^{-1} kristallisierte ein dünnes Bändchen mit spiegelnd glatter Oberfläche, das allerdings an den Rändern Wülste mit Durchmesserschwankungen aufwies.

Das kantendefinierte Bänderziehverfahren aus geschlossenen Formkörpern wurde von „Tyco Laboratories“ speziell für die Substanzen Silizium und Al_2O_3 entwickelt [25]. In der Literatur wird vorrangig auf seine ursprüngliche abgekürzte Bezeichnung „EFG“ (Edge defined film fad growth) zurückgegriffen [25, 163, 164]. In letzter Zeit wird der gleiche Profilierungsmechanismus, jedoch an modi-

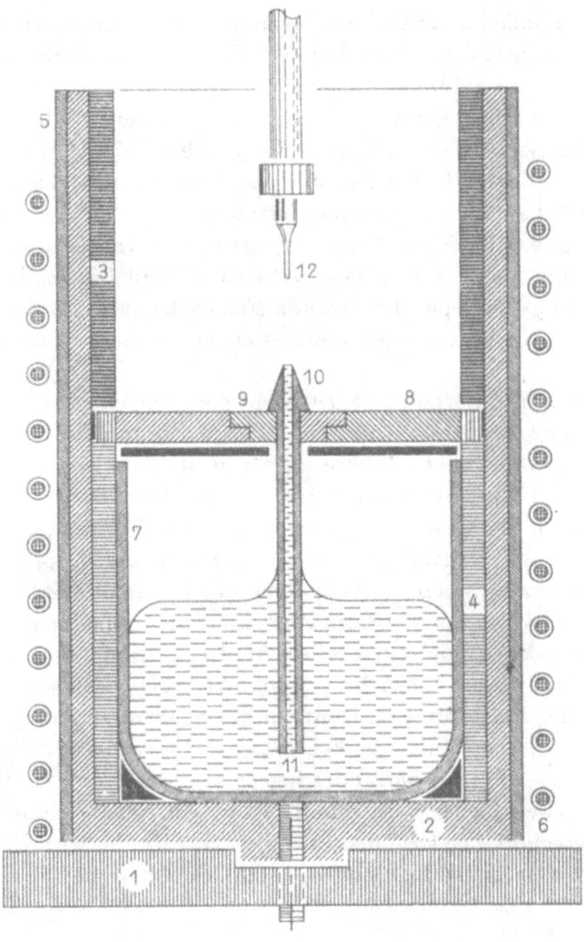

Abb. 25.

Züchtungskammer für die Silizium-Bänderzüchtung aus einem benetzenden Formgeber (EFG-Methode) [168].

1 — Rezipiententeller, 2 — Isolation, 3 — Nachheizer, 4 — Suszeptor, 5 — Quarzglasrohr, 6 — HF-Heizer, 7 — Quarzglastiegel, 8 — Halteplatte mit Formgebereinsatz, 9 — Formgeberhalter, 10 — Graphitformgeber, 11 — Kapillare, 12 — Keim,

fizierten Formgeberkonfigurationen, für das Ziehen sehr breiter Bänder oftmals als „CAST“ (Capillar-action-shaping-technique) bezeichnet [165 bis 167].

Auf Abb. 25 ist das Prinzip einer typischen Siliziumbänder-Züchtungskammer gezeigt [168]. Um eine kontinuierliche Bänderzüchtung zu gewährleisten, muß sie jedoch von der Kristallisationskammer getrennt werden. Die Bändertransportation an Luft erfolgt durch eine flexible Dichtung.

Zahlreiche Untersuchungen sind auf die chemische Wechselwirkung zwischen verschiedenen Formgebermaterialien und flüssigem Silizium — nach wie vor eines der kritischsten Probleme des kantendefinierten Bänderziehverfahrens — gerichtet [7, 151, 153, 169, 170]. Obwohl zahlreiche benetzende Materialien, wie z. B. Tantal, Siliziumnitrid, Siliziumcarbid, Quarzglas und Saphir gefunden wurden, erreichen sie alle nicht die chemische Resistenz des Reinstgraphits [170]. Graphit ist wiederum nur in Sorten mit Dichten über 1,8 g cm^{-3} und Korngrößen $< 25\ \mu m$ als Formgebersubstanz einsetzbar, da alle porösen Sorten die Siliziumschmelze schwammartig „aufsaugen“ und beim Abkühlen zerspringen [170]. In der sowjetischen Literatur wird auf eine Kombination von Kohlenstoff und Glas („Steklouglerod“) als sehr beständige und gut benetzende Formgebersubstanz aufmerksam gemacht [169], die ein weit geringeres Adhäsionsvermögen zu festem Silizium zeigt [171].

Die konstruktive Ausführung des Formgebers bestimmt ganz entscheidend die Profilstabilität der Bänder und den Isothermenverlauf in der Kristallisationszone. Auf Abb. 26 sind die gebräuchlichsten Formgeberkonstruktionen dargestellt [7, 24, 164 bis 167, 171, 172]. Schräg zugespitzte Formgeberaußenflächen (Abb. 26a, b) ermöglichen gute Meniskusprofilierung und einen Wärmestau an der Führungskante, wodurch die Kristallisationsfront oberhalb des Kapillarspaltes fixiert werden kann. Zur besseren Auskoppelung der latenten Kristallisationswärme bereits unmittelbar an der Kristallisationsfront und Erhöhung der Kapillarstabilität an den Meniskusschmalseiten ist ein konkav gearbeiteter oberer Formgeberrand besonders günstig (Abb. 26b) [166, 167, 171]. Gleichzeitig vergrößert sich der Abstand der Kristallisationsfront zur Formgeberdefinierungskante, wodurch die Kontamination mit SiC-Partikeln wesentlich vermindert wird [166]. Der Krümmungsradius des Formgeberrandes beträgt 250—300 mm [172]. Die Bänderbreite wird durch zwei Kerben quer zum Kapillarspalt genau definiert (Abb. 26b). Aus bearbeitungstechnischen Gründen ist es zweckmäßig, die Schmelze durch zwei Randspalten oder parallele Bohrungen (Abb. 26b, c) in die obere

→

Abb. 26.
Beispiele benetzender Formgeberkonstruktionen für die Bänderkristallzüchtung.

a — zusammengesetzter Formgeber mit Kapillarspalt im Zentrum, b — Formgeber aus einem Stück mit zwei Kapillarspalten an den Rändern und konkaven Führungskanten, c — Formgeber aus einem Stück mit Kapillarbohrungen

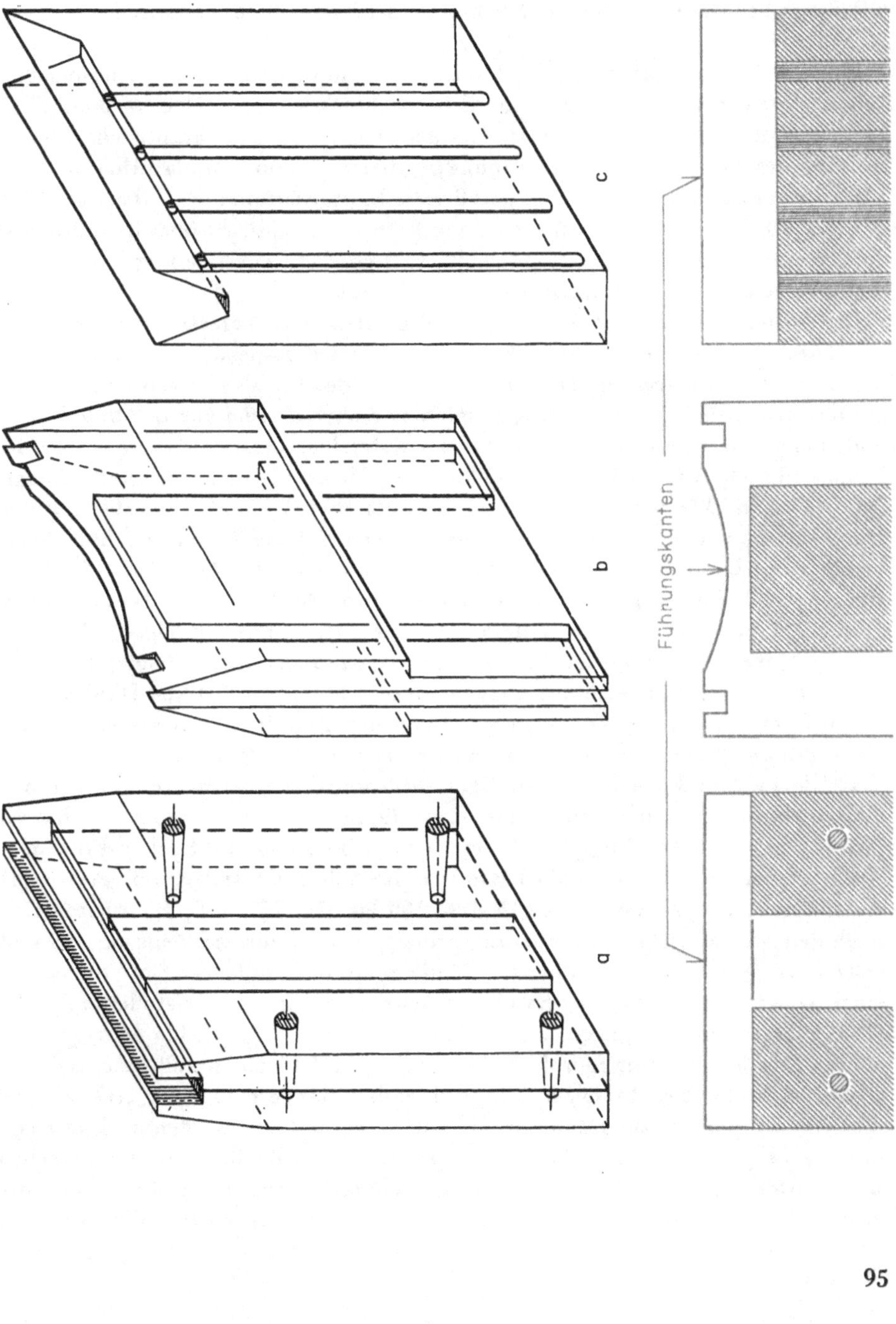

a
b
c
Führungskanten

Meniskuszone nachzuführen. In diesen Fällen ist der Formgeber mit guter Präzision aus einem Stück herstellbar. Eine bessere Manipulation der Kapillarspaltkonfiguration ist bei zusammengesetzten Formgebern möglich (Abb. 26a), die allerdings bei Benetzung mit der Schmelze sehr schnell zur Deformation neigen [7, 172].

Für die Züchtung sehr breiter Bänder (> 50 mm) ist die Linearisierung der Schmelzpunktisotherme notwendig. Eine rechteckbezogene Heizer- oder Suszeptorausführung ist deshalb besonders geeignet [174]. Eine zusätzliche Beeinflussung des Verlaufes der Schmelzpunktisotherme ist über Miniaturheizer [174, 175], Radiatoranordnungen [174], lokalisierte Inertgasströmungen [165, 166, 171] u. a. möglich. Eine Anordnung von 2 bis 4 Argonstrahldüsen über den Umfang der Phasengrenze ermöglicht eine lokale Temperaturveränderung von 6,8 K min l^{-1} mit geringen Verzugszeiten von 11 s [166].

Die bisher praktizierten Ziehgeschwindigkeiten und Abmessungen von Siliziumbändern sind zweckausgerichtet sowie apparaturspezifisch und variieren deshalb in breiten Grenzen. Im Anfangsstadium der Entwicklungen und vorrangig für Realstrukturuntersuchungen spielten Ziehgeschwindigkeit, Bänderbreite und -länge nur eine sekundäre Rolle. Bei Kristallisationsraten zwischen 4 und 10 mm min^{-1} betrug die Breite 25···30 mm, die Dicke 0,2···1,5 mm und die Länge 200···800 mm. Mit dem Ziel der Kontinuitätserhöhung und Vergrößerung des Durchsatzes, vorrangig auf die Produktion von Solarzellen ausgerichtet, wird an einer rapiden Steigerung dieser Werte intensiv gearbeitet [165, 166, 172, 174]. Bei einer Bänderbreite zwischen 50 und 100 mm werden bereits Bänderlängen von 1,5 m mit einer Geschwindigkeit bis zu 33 mm min^{-1} gezogen. Ravi [7] berichtet über die Gruppenzüchtung mehrerer paralleler 2-Zoll-Bänder aus einer Züchtungskammer zugleich mit Längen bis zu 2,44 m. Nach Surek [176] werden 1-Zoll-Bänder bis zu einer Länge von 25 m gezogen. Ihre Deponie erfolgt auf einer Trommelkasette mit einem Durchmesser von etwa 92 cm [7].

Im derzeitigen Entwicklungsstadium wird an Silizium-Bändern, gezogen aus Graphitformgebern, noch nicht die Kristallqualität von Czochralski-Barren erreicht (s. hierzu Abschn. 5.2.). Wesentlichen Einfluß auf die Realstruktur üben Zwillingsgrenzen aus, die an allen Bändern mit hohen Kristallisationsraten übereinstimmend beobachtet werden [7, 166, 169 bis 174, 177, 178]. Sie richten sich nach dem energetischen Minimierungsprinzip parallel zur Ziehrichtung aus und erscheinen optisch als Streifungen über die gesamte Bandlänge. Sie zwingen bei einer senkrechten Lage zur Bandoberfläche diese in eine kristallographische (110)-Orientierung, obgleich die Keimorientierung (111) ⟨112⟩ beträgt. Die einzige Möglichkeit, eine morphologisch glatte {111}-Fläche parallel zur Bänderfläche zu legen, besteht bei zwillingsführenden Bändern in einer Ausrichtung der Grenzen parallel zur Bänderbreite. Die Steuerfaktoren werden noch intensiv untersucht [178]. Für die Entstehungsursachen von Zwillingsgrenzen bestehen noch unterschiedliche Interpretationen. Einerseits werden sie auf eingebaute Kohlenstoffketten zurückgeführt, die an den Bindungsnähten zur Siliziummatrix

Stapelfehler hervorrufen [7]. Andererseits wird der Grund in einem facettierten Mikrorelief der Kristallisationsfront gesehen [178].

Einschlüsse von SiC-Kristalliten sind ein weiterer wesentlicher Störfaktor der Bänderqualität [166]. Schließlich führen Bänder erhöhte thermische Spannungen (s. Abschn. 4.4.) und zwingen zur Vervollkommnung des Nachheizproblems. Für den Einsatz in Solarzellen sind diese Qualitätsmerkmale durchaus hinreichend. Es werden bereits Effektivitätskoeffizienten $> 10\%$ erzielt [7, 176]. Für die Anforderungen der Mikroelektronik sind dagegen noch intensive Entwicklungsbemühungen notwendig.

Die Züchtung von Saphirbändern nach der EFG-Technik wurde 1971 patentiert [179]. Das Prinzip einer Ziehapparatur für die Züchtung von Saphirbändern aus benetzenden Formgebern ist auf Abb. 27 dargestellt [12, 180]. Als Formgebersubstanz eignet sich besonders das chemisch resistente Molybdän. Weiterhin wird Wolfram eingesetzt. Nach Angaben der RCA-Laboratories gelingt es im derzeitigen Stadium, drei Saphirbänder mit identischen Eigenschaften und einer Breite von 3 Zoll aus einem Tiegel und an einem Keim zugleich zu züchten [12, 180]. Die Bandflächen werden $(1\bar{1}02)$-orientiert, um einen geringen Gittermisfit der (100)-Siliziumepitaxieschicht zu gewährleisten [180]. Die Ziehgeschwindigkeiten werden niedriger als bei Silizium gehalten (etwa 1,4 mm min^{-1}), da die Stabilität der Phasengrenze bereits bei 6 mm min^{-1} verlorengeht [181]. Wesentlichste Realstrukturdefekte bilden in Ziehrichtung langgestreckte Korngrenzen und Mikrohohlraumkolonnen [179 bis 182]. Als eine mögliche Entstehungsursache von Hohlraumkolonnen werden Gasbläscheneinschlüsse an facettierten Kristallisationsflächen diskutiert [181]. Sie sind für einen nachfolgenden Epitaxieprozeß unbedeutend, wenn sie nicht in ihrem Verlauf die Bänderoberflächen durchstoßen. Als Maßnahme zu ihrer Verhinderung werden stark konvex gekrümmte Phasengrenzflächen vorgeschlagen, die gleichfalls ein Auswachsen der Kornwinkelgrenzen begünstigen [181]. Die Oberflächengüte unbearbeiteter Saphirbänder ist im jetzigen Entwicklungsstadium zwar ausreichend für eine Silizium-Heteroepitaxie, aber noch nicht eben genug für eine präzise Fotolithographie der integrierten Schaltkreistechnik. Deshalb müssen sie vorerst noch nachpoliert und geläppt werden [181].

$LiNbO_3$-Bändchen der Länge ≈ 45 mm und mit einem Querschnitt von $15 \times 0{,}5$ mm^2 werden mit einer Ziehgeschwindigkeit von $\lesssim 60$ mm min^{-1} aus einem Platinformgeber nach der EFG-Technik gezogen [183]. Die homogene Verteilung von Cr^{3+}-Dotierungen über die Bändchenlänge weist auf einen effektiven Verteilungskoeffizienten ≈ 1 hin. Gleichfalls aus einem Platinformgeber werden Wismutgermanatbänder ($Bi_{12}GeO_{20}$) mit einer Breite von 20 mm und einer Dicke von 2···3 mm gezogen [184]. Großflächige $Bi_{12}GeO_{20}$-Bänder können als Bildwandlermaterial in der Röntgenxerokopie bisherige teuere Materialien und aufwendige Abbildtechniken ablösen.

In Abwandlung zur EFG-Technik werden Bänderkristalle mit einer sehr schmalen Schmelzzone, die durch ein vertikal angeordnetes polykristallines Ausgangs-

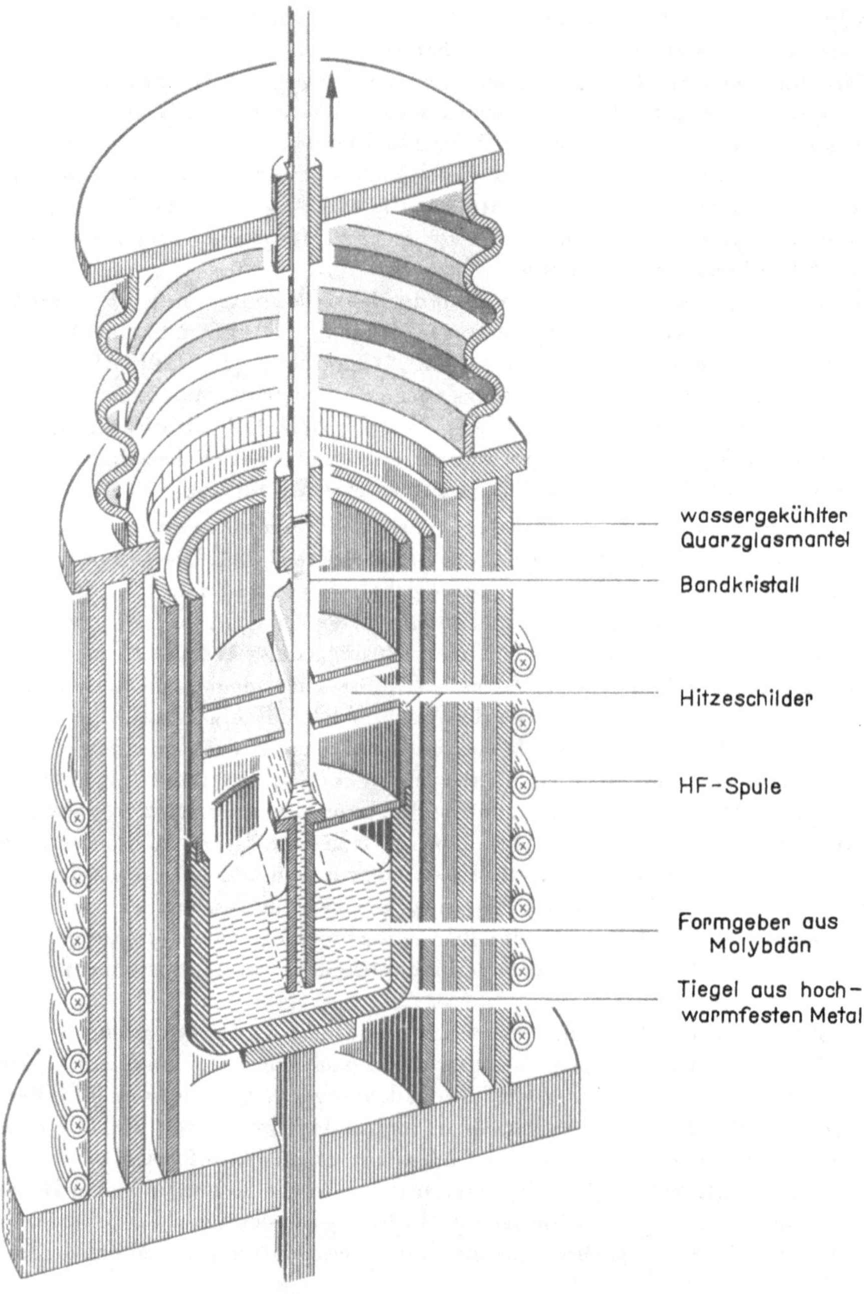

Abb. 27.
Züchtung eines Saphir-Bandes nach der EFG-Methode [12, 180]

band läuft, gezüchtet. Der Meniskus wird dabei an der aufschmelzenden Phasengrenze zwangsgeführt. Dieses als RTR (Ribbon-to-Ribbon-Technique) bezeichnete Verfahren (Abb. 28). ist mit einer Züchtung aus benetzenden Formgebern zu vergleichen, wobei hier der Querschnitt des polykristallinen Ausgangsbandes die Formgebung übernimmt. Dadurch ist ein höherer Reinheitsgrad garantiert. Diese von GURTLER u. a. [185] an Silizium angewendete Ziehtechnik benutzt zwei gegenüberliegende CO_2-Laserstrahlen als Zonenheizquelle.

Erhöhte Reinheit des Züchtungsprozesses verfolgt auch der Vorschlag [186], geschmolzenes Halbleitermaterial aus einem Tiegel oder einer frei schwebenden Zone von oben in einen Spalt zwischen zwei gekühlten, elektrisch leitenden Plat-

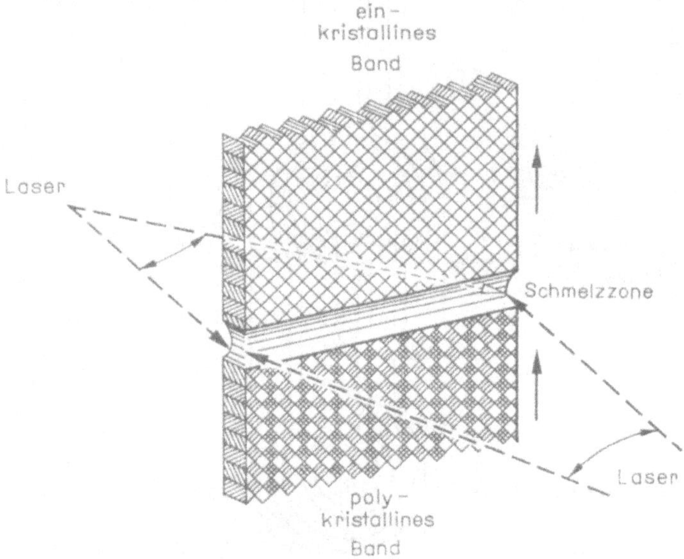

Abb. 28.
Prinzip der Einkristallbänderzüchtung nach der RTR-Technik (Ribbon-to-Ribbon)

ten, die als Kondensator eines HF-Heizkreises geschaltet sind, zu leiten. Der kapazitive HF-Heizkreis wird so betrieben, daß an den Wänden eine arteigene nicht kontaminierende Grenzschicht der durchfließenden Schmelze erzeugt wird. An einem Keim wird das Kristallband nach unten aus dem Spalt gezogen.

Die technologischen Besonderheiten einer elektromagnetischen Meniskusprofilierung mit Hilfe eines HF-Konzentrators wurden bereits ausführlich in Abschn. 3.3. abgehandelt. Die von ARTYSCHEWSKI u. a. [45, 48] beschriebene und zur Erzeugung quadratischer Kristallquerschnitte angewendete Verfahrensweise läßt sich auf die Einstellung von Bänderquerschnitten uneingeschränkt übertragen. GAULE und PASTORE [16] benutzen zur Züchtung von 300 μm dicken Germaniumbändchen einen dünnen langgestreckten Konzentratorring

(Abb. 29a). Bei einer Bändchenbreite von 8 mm ist zur Erzeugung des entsprechenden elektromagnetischen Profilierungsdruckes ein induzierter Strom im HF-Konzentrator von 35 A bei 4 MHz notwendig. Der aufzubringende elektromagnetische Druck verringert sich beträchtlich, wenn die Radien der Meniskusschmalseiten aufgeweitet werden (Abb. 29b). Der Konzentratorschlitz besitzt dann die bereits bei nichtbenetzenden Formgebern praktizierte profilstabilere

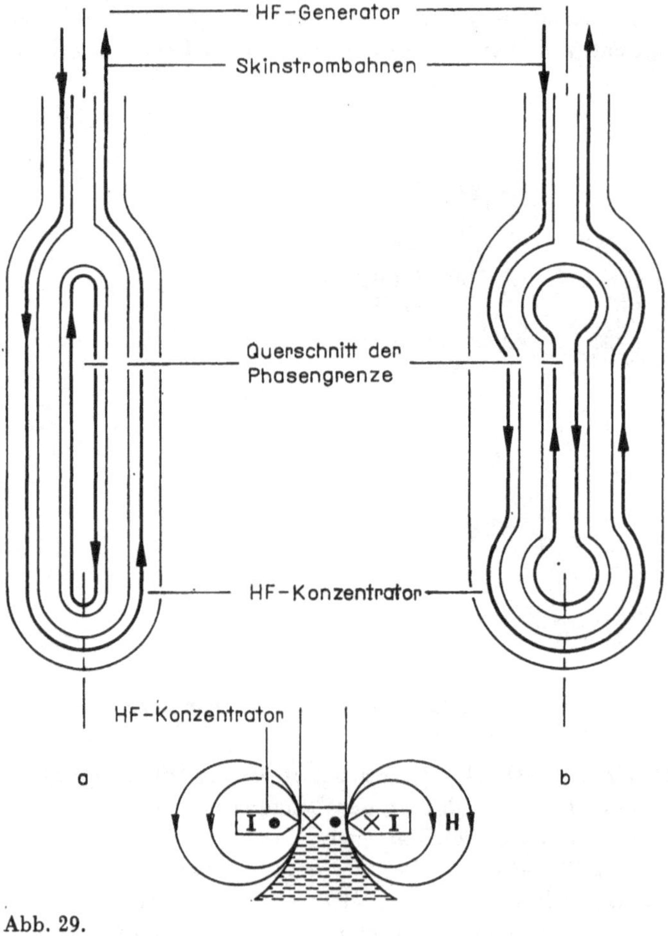

Abb. 29.

Bänderzüchtung durch elektromagnetische Meniskusdeformation mit einem HF-Konzentrator [16].

a — Anordnung zur Züchtung von Bändern konstanter Dicke, b — Anordnung zur Züchtung hantelförmiger Bänderquerschnitte (auf Grund der Verringerung des Krümmungsradius an den Bänderkanten verringert sich der erforderliche elektromagnetische Druck zur Profileinstellung)

Hantelform. Eine hinreichend gute Profilstabilität wird aber erst bei einer Kombination des HF-Konzentrators mit einer mechanisch vorformierenden Schablone erzielt [44, 48].

Shokley [187] praktizierte 1962 erstmals das horizontale Ziehen eines Siliziumbandes von einer Schmelzoberfläche. Der Grundgedanke bestand in der Ausnutzung der hohen Oberflächengüte benetzender, jedoch nicht mischbarer Schmelzen als Profilierungsfläche. Das notwendige monotektische Verhalten findet man z. B. zwischen Silizium und geschmolzenem Blei. Zu diesem Zweck wurde flüssiges Blei in ein Graphitschiffchen so eingefüllt, daß seine Oberfläche leicht oberhalb des Containerrandes lag. Dieses System befand sich in einem Rohrofen, dessen Zentralteil auf 1420 °C und dessen Randgebiete auf 327° erhitzt wurden. Wurde an einem Ende des Graphitschiffchens polykristallines Silizium kontinuierlich auf die flüssige Bleioberfläche gebracht, so bildete es auf Grund der Benetzung eine flache Schwimmhaut, aus der am anderen Schiffchenende mit Hilfe eines Keimplättchens ein dünnes Kristallband horizontal weggezogen werden konnte. Trotz fehlender mechanischer Spannung zwischen Profilierungselement und Kristallband dürften die Nachteile, wie Bleikontamination und konvektionsbedingte Profilinstabilitäten, überwogen haben.

Chemisch günstigere Bedingungen herrschen beim horizontalen Ziehen von Bändern aus Oberflächen der arteigenen Schmelze. Von Bleil [188, 189] wurde dazu ein flaches Keimplättchen an einer örtlichen Wärmesenke horizontal mit der Schmelzoberfläche in Kontakt gebracht und knapp über dem Tiegelrand abgezogen. Voraussetzung war eine präzise Einstellung des Schmelzspiegels auf die Tiegelrandhöhe. Das geschah mit einem beheizten Tauchkolben. Kristallisationsfront und Bänderdicke wurden durch einen Flächenkühler knapp über dem Tiegelrand kontrolliert. Dieses Verfahren wurde zu einer sehr aussichtsreichen Variante perfektioniert und in jüngster Zeit für ein sehr schnelles Ziehen breiter Siliziumbänder vorgeschlagen (Tokyo Silicon Company, Japan) [190]. Die wesentlichste Maßnahme besteht in der Schaffung einer definierten Unterkühlungsschicht an der Schmelzoberfläche. Eine intensive Kühlung der kristallisierenden Bändersektion wird durch Inertgasströmungen senkrecht zur Oberfläche gewährleistet. Das Kristallband wird mittels einer Vorrichtung aus Führungsrollen entweder in Höhe der Schmelzoberfläche oder unter einem spitzen Winkel zu ihr abgezogen. Die Prozeßkontinuität wird durch das Nachführen einer polykristallinen Siliziumstange in den Tiegel gewährleistet. Das vorgeschlagene Züchtungsprinzip ist auf Abb. 30 dargestellt. Es wird berichtet, daß es gelang, 40 mm breite Siliziumbänder mit Geschwindigkeiten bis zu 300 mm min^{-1} völlig spannungs- und nahezu versetzungsfrei mit einer sehr glatten Oberfläche zu ziehen. Der wesentlichste Vorteil liegt im Verzicht auf verunreinigende Formgeberkörper. Sollten sich diese Superlative alsbald im großtechnischen Maßstab bestätigen, so dürfte nicht nur eine billige Solarzellenproduktion gelöst, sondern auch ein beträchtlicher Schritt für die Anwendung von Siliziumbändern in der Mikroelektronik getan sein.

Ebenfalls mit sehr hohen Ziehgeschwindigkeiten (100···150 mm min^{-1}) lassen sich dendritische Bänder aus einer unterkühlten Schmelze ziehen. Bereits in Abschn. 2.1.4. haben wir die kristallmorphologischen und wachstumskinetischen Profilierungsspezifika diskutiert und darauf hingewiesen, daß sich dafür besonders Halbleitersubstanzen mit Diamant- oder Zinkblendestruktur eignen. Mit den Wachstumsbesonderheiten und technischen Realisierungsmöglichkeiten dendri-

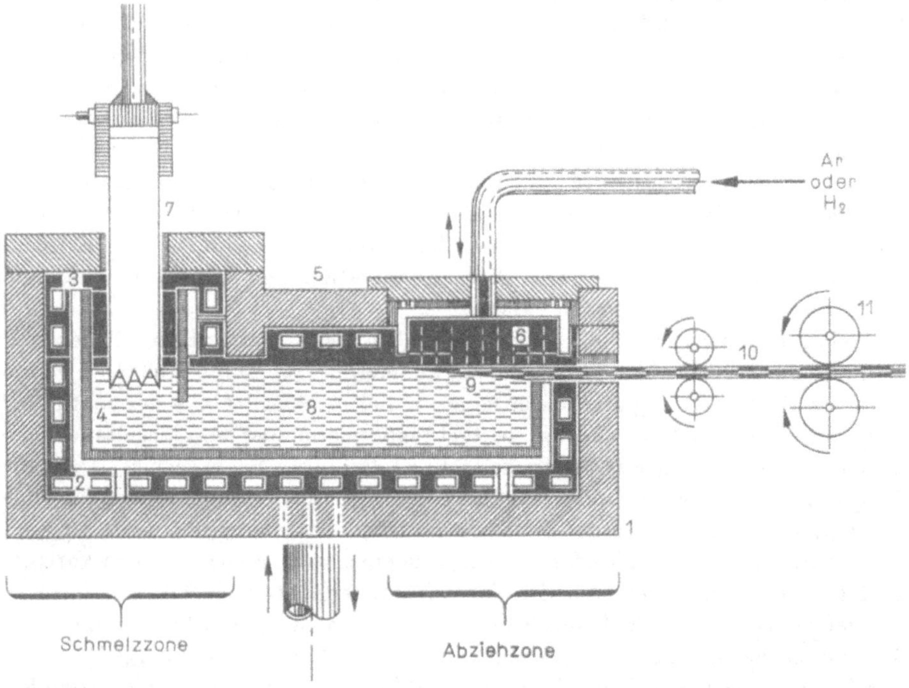

Abb. 30.
Siliziumbänderzüchtung durch horizontales Abziehen eines Keimplättchens von einer Schmelzoberfläche [190].

1 — Behälter, 2 — Heizer, 3 — oberseitiges Heizelement, 4 — Quarzglastiegel mit Graphithülle, 5 — Deckel, 6 — Kühlvorrichtung, 7 — polykristalliner Nachfüllstab, 8 — Schmelze, 9 — Abzugszone, 10 — Bandkristall, 10 — Führungsrolle

tischer Bänder beschäftigen sich zahlreiche Arbeiten, die in [1, 69, 191] zusammengefaßt sind und ausführlich diskutiert werden. Für eine detaillierte Analyse sei auf diese Quellen verwiesen. Im folgenden wollen wir uns deshalb auf die wesentlichsten technologischen Merkmale einer Dendritenbänderzucht konzentrieren.

Die Ausarbeitung eines industriellen Züchtungsverfahrens dendritischer Bänder für die Halbleiterbauelementeindustrie begann mit den gezielten Untersuchungen von Bennett und Longini [64] an Germanium im Jahre 1959. Die dafür notwendigen Züchtungsanlagen unterscheiden sich im Grundaufbau nicht von einer CZOCHRALSKI-Apparatur. Jedoch ist eine spezielle Temperaturführung über den Tiegelquerschnitt notwendig, um das erforderliche Unterkühlungsniveau im Zentrum einzustellen. An den Tiegelwandungen darf die Temperatur nicht den Schmelzpunkt unterschreiten, damit eine heterogene Fremdkeimbildung ausgeschlossen ist. Außerdem muß für eine Züchtung langer Bänder ein oxidfreier Austritt durch eine Öffnung im Deckel der Züchtungskammer garantiert sein, weshalb diese mit einer Inertgas-Überdruckatmosphäre gefüllt wird. Zur Aufnahme der Bänder an Luft dient eine Trommel. In der Startphase wird die Temperatur im Tiegel etwas oberhalb der Schmelztemperatur gehalten und ist im Zentrum 2···3 K überhitzt. Ein Keimplättchen mit 2 bis 3 Zwillingsebenen wird, wie auf Abb. 8 gezeigt, bis etwa 6 mm tief in die Schmelze eingetaucht. Jetzt wird die Heizleistung schnell gesenkt, bis sich in der Keimumgebung eine Unterkühlung von 8 bis 10 K einstellt. Vom Keim beginnen drei Dendriten in die ⟨211⟩-Vorzugsrichtungen zu wachsen. Jedoch zeigt nur ein Dendrit in die Ziehrichtung. Die beiden anderen Dendriten wachsen in Winkeln von jeweils 120° zu diesem in Richtung Schmelzoberfläche und werden hier aufgehalten. Das Formierungsstadium ist damit abgeschlossen — es benötigt etwa 15 s —, und der Keim kann nun schnell nach oben gezogen werden. Die Ziehgeschwindigkeit wird so gewählt, daß der einzige wachstumsbedingte Dendrit das kleinstmögliche Volumen bei größtmöglicher Oberfläche aufweist. Ein solcher bandförmiger Querschnitt wird durch die Dissipation des sehr geringen Betrages an freiwerdender Kristallisationswärme in der unterkühlten Schmelze aufrechterhalten. Typische Querschnitte des dendritischen Bandes sind $0{,}15 \times 8\ \mathrm{mm}^2$.

Eine örtliche Fixierung des Unterkühlungsbereiches im Zentrum des Schmelztiegels wird über eine intensive Wärmeabstrahlung von der Schmelzoberfläche durch eine zentrale Öffnung in einem unmittelbar darüber angeordneten Reflektor erreicht, die gleichzeitig zum Bänderdurchlauf dient. Die Temperaturkonstanz ist die wichtigste Bedingung für eine Profilstabilität des Kristalls. An sie sind hohe Anforderungen gestellt, da bereits geringe Schwankungen der Unterkühlungswerte merkliche Breitenänderungen des Bändchens bedingen. Bei Unterkühlungsabweichungen von nur 0,4 bis 0,8 K wurden Änderungen der Bandbreite von 1,6 mm beobachtet [192]. Gleichfalls ist der Einfluß von Verunreinigungen der Schmelze auf die wachstumskinetischen Prozesse zu berücksichtigen, da sie bei erhöhter Konzentration einen Stabilitätsverlust des gewünschten Kristallprofils hervorrufen. Diese Merkmale gestalten den Züchtungsprozeß von dendritischen Bändern kompliziert.

Da geringe Schwankungen der Unterkühlungsbeträge bereits durch eine Lageänderung des Dendriten zur Ziehachse hervorgerufen werden können, ist seine genaue Zentrierung notwendig. Von MASLOW u. a. [1, 193] wird zu diesem Zweck der Dendrit aus einem nichtbenetzenden Tauchrohr gezogen. Die Oberflächenspannung des darin entstehenden Meniskus zwingt den Dendriten in eine zentrale Lage. Die Züchtungsanordnung ist auf Abb. 31 dargestellt.

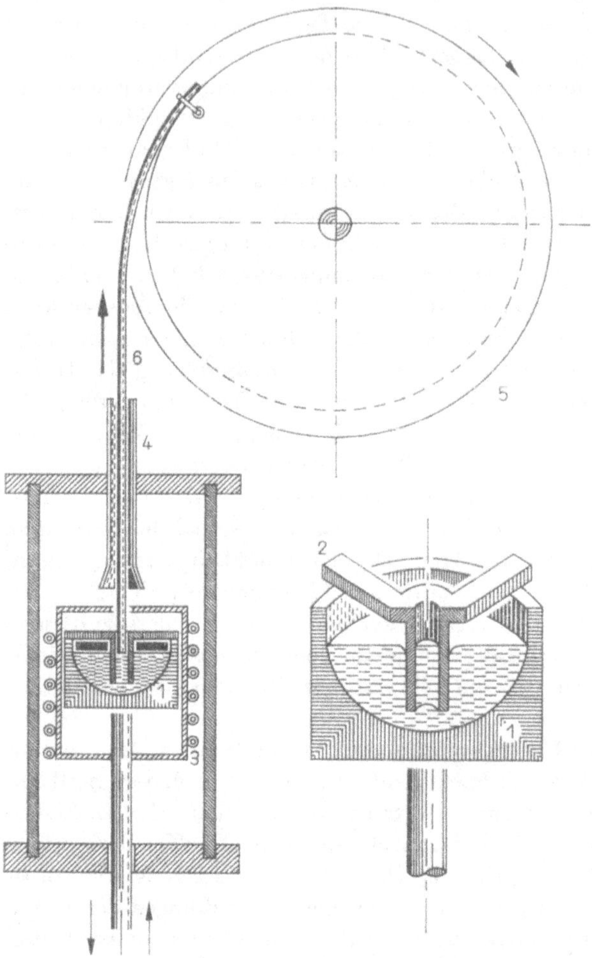

Abb. 31.
Züchtungsanordnung für die Herstellung langer Dendriten-Bänder [193]

1 — Tiegel, 2 — nichtbenetzendes Tauchrohr zur Dendritenzentrierung, 3 — Heizspule, 4 — Quarzglasrohr, 5 — Trommel, 6 — Dendritenband

Dendritische Bänder aus Ge und Si besitzen gewöhnlich sehr glatte Oberflächen mit niedrigen Ätzgrubendichten ($10^2 \cdots 10^3$ cm^{-2}). Jedoch bewirkt die Flächenkeimbildung eine feine Stufung der Oberflächen mit Stufenhöhen bis zu 600 Å. Alle auf diese Weise gezüchteten Bänder beinhalten die für das Dendritenwachstum notwendigen Zwillingsebenen und eine inhomogene Dotierungsverteilung. Diese realstrukturellen Konsequenzen schränken ihre Einsatzmöglichkeiten in

Halbleiterbauelementen ein. Die Entwicklungen wurden daher ungeachtet einiger Anwendungen dendritischer Siliziumscheiben als Solarzellenträger in Satelliten Mitte der 60er Jahre vorerst eingestellt [194]. Versuche an anderen Halbleitersubstanzen, wie z. B. InSb [195, 196], GaAs [196, 197] und $InGeAs_2$ [198], fanden ebenfalls noch keine großtechnische Verbreitung und lieferten vorrangig Daten zum Wachstumsmechanismus.

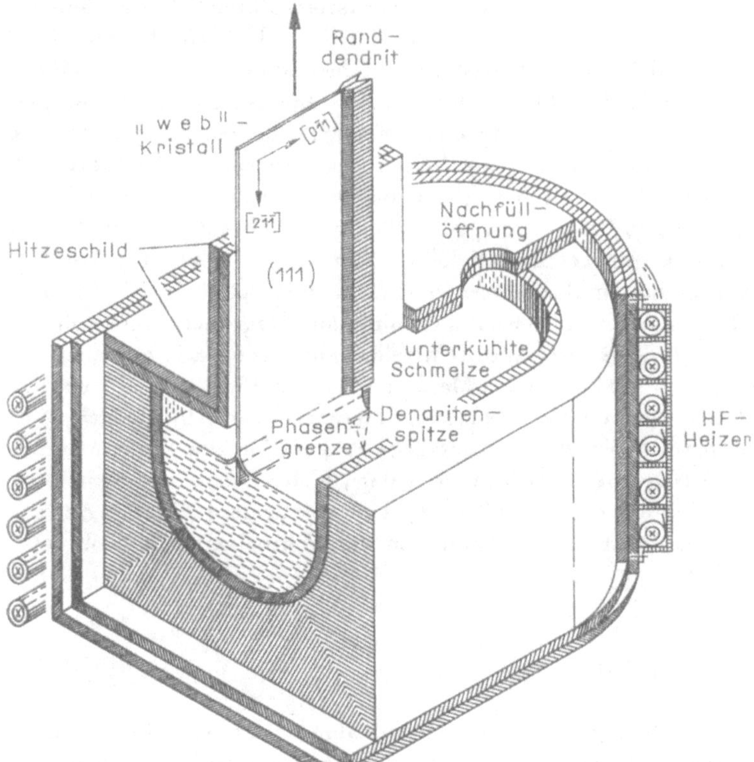

Abb. 32.
Apparatur zur Züchtung bandförmiger „web"-Kristalle [202]

Mit dem wachsenden Interesse an umweltfreundlichen Energieträgern, insbesondere an Siliziumsolarzellen, wurden die Arbeiten zur Dendritenbänderzüchtung Mitte der 70er Jahre wieder aufgenommen („Westinghouse Electric Corporation") [10, 194, 199]. Jedoch wurden jetzt die Entwicklungen auf ein modifiziertes Verfahren konzentriert, das schnelle Ziehgeschwindigkeiten mit größeren Bänderbreiten vereint und auf Untersuchungen von Dermatis und Faust [200] sowie O'Hara [201] aus dem Jahre 1963 zurückgreift — das Ziehen dünner Kristallhäutchen zwischen zwei koplanaren Dendriten („web-growth"). Taucht man einen dendritischen Keim in eine unterkühlte Oberflächenregion eines Schmelzreservoirs und läßt ihn kurze Zeit stehen, so bildet sich unter Wirkung einer lateralen Wachstumskomponente ein langgestreckter „Knauf". Aus diesem „Knauf" wachsen beim Abziehen nach oben oft wieder zwei parallele Randdendriten heraus. Bei geeigneter Prozeßführung bildet sich zwischen diesen Randdendriten eine Schwimmhaut, und diese Schwimmhaut kann man mit den Dendriten zusammen „quasiendlos" lange aus der unterkühlten Schmelze herausziehen [66]. Da das Häutchen unmittelbar an der Schmelzoberfläche nach dem thermodynamischen Gleichgewicht kristallisiert, bedingt durch den negativen Temperaturgradienten in Richtung Schmelze, ist eine Keimbildung auf den Bänderflächen und somit ihre Stufung nicht möglich. Eine von SEIDENSTICKER [194, 202] für die kontinuierliche „web"-Züchtung verwendete Apparatur ist auf Abb. 32 zu sehen. Die erzielten Ergebnisse sind beachtlich. Bei einer Dicke des zwischendendritischen Bandes von 100···200 μm und einer Breite von 20···50 mm werden maximale Ziehgeschwindigkeiten von 50 mm min^{-1} erreicht [8]. Bänderlängen von mehreren Dezimetern sind nicht ungewöhnlich. Die Bänderoberflächen sind spiegelnd und weisen eine minimale Ätzgrubendichte von 10^3 cm^{-2} auf. Die Effektivitätswerte von Solarzellen auf ihrer Basis erreichen im Mittel 10,7% [194]. Es wird sogar ein Maximalwert von 15,8% angegeben, der bereits die Spitzenwerte von CZOCHRALSKI-Wafern erreicht [10]. Jedoch muß berücksichtigt werden, daß mitunter zusätzliche Präparation zum Abtrennen der Randgebiete anfällt. Des weiteren beinhaltet der „Web"-Bereich bei symmetrischer Lage zu den Randdendriten die Zwillingslamellen beider [203]. Die Anwendung zwischendendritischer Siliziumbänder in der Mikroelektronik bleibt also nach wie vor fraglich.

3.6. Dünne Einkristallplatten

Neben dem freien Ziehen großflächiger einkristalliner Bänder (Abschn. 3.5.), die sich selbstverständlich jederzeit in plattenförmiges Material zerlegen lassen, werden gleichzeitig die Möglichkeiten einer Einzelstückanfertigung in festen Profilcontainern untersucht. Containerverfahren zeichnen sich durch eine weit höhere Maßhaltigkeit der Kristallprofile und geringere Störanfälligkeit der geometrischen und chemischen Stabilität aus, vorausgesetzt, es werden die passenden chemisch resistenten Containermaterialien gefunden. Bei einer Züchtung aus der Schmelze wird in den meisten Fällen auf eine Gießtechnik zurückgegriffen und diese mit der gerichteten Erstarrung kombiniert. Die Schmelze wird in einen schmalen Spalt zwischen zwei planparallelen Profilierungsplatten gegossen, deren Abstand durch Distanzstücke präzise vorgegeben wird und anschließend von einem Keim aus gerichtet erstarrt. Der von den Profilierungsplatten gebildete Züchtungscontainer ist mehrteilig ausgeführt, so daß der Kristallkörper nach dem

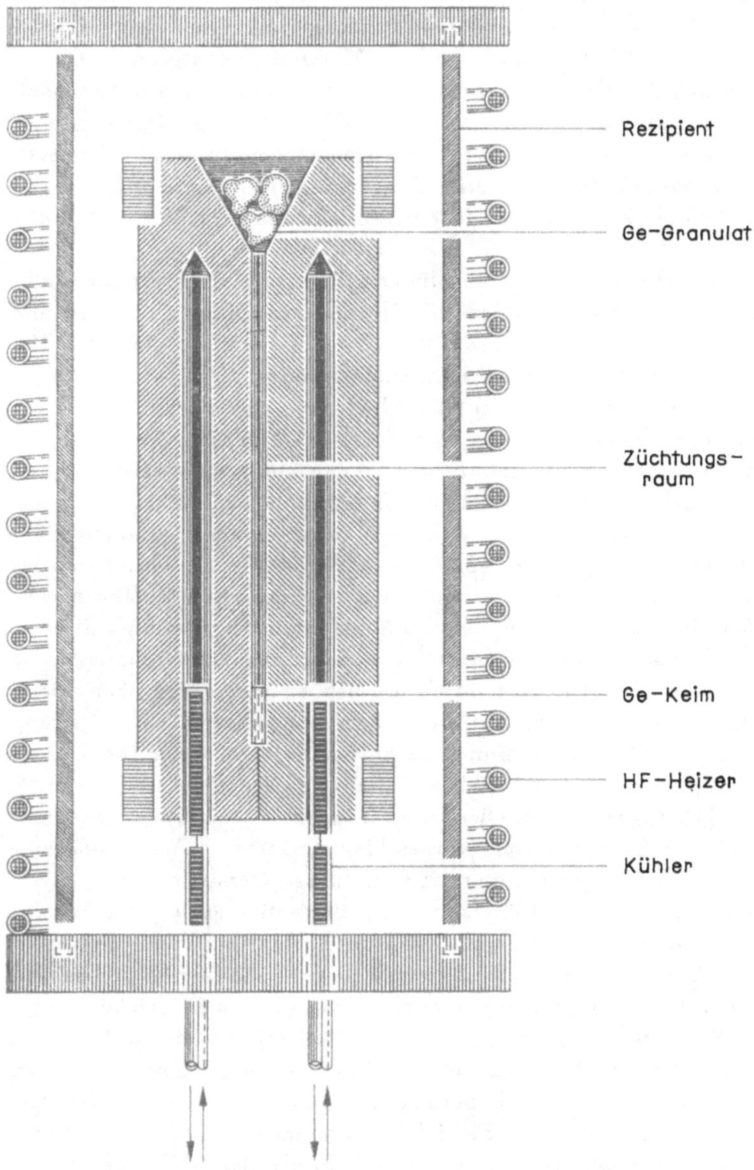

Abb. 33.
Normalerstarrung dünner langgestreckter Germanium-Platten in einer Gießform [204]

Kristallisationsprozeß durch Auseinandernehmen der einzelnen Formteile freigelegt werden kann. Die Vorrichtung kann damit in unveränderter Form wiederholt eingesetzt werden. Die Einzelteile des Züchtungscontainers, besonders die profilprägenden Flächen, sind aus hochwertigem Material (Reinstgraphit, Quarzglas) und mit spiegelnden Oberflächen gefertigt und werden durch unterschiedliche mechanische Spannvorrichtungen zu einem dichten Paket zusammengefügt. Es ist immer günstig, ein mit der Schmelze nichtbenetzendes und mit dem Kristall nichtadhärierendes Containermaterial einzusetzen, um Fremdkeimbildungen an den Wänden und ein Zerspringen von Kristall oder Form bei der Abkühlung zu verhindern.

Mit dem Ziel der Herstellung einkristalliner Halbleiterplatten für die Halbleiter-Bauelementebauproduktion wurde die Normalerstarrung von Germanium in festen Containern erstmals von Bösenberg [204, 205] angewendet (Abb. 33). Das Ausgangsmaterial wird in einem Trichter am oberen Ende der vertikal angeordneten Form aufgeschmolzen, gelangt von dort ohne weitere Vorbehandlung in einen großflächigen Züchtungsraum, der durch planparallele Graphit- oder Quarzglasplatten begrenzt wird, und benetzt einen unteren, wassergekühlten Keim. Die Oberflächenspannung des flüssigen Germaniums hat am Schmelzpunkt einen Wert von etwa $6 \cdot 10^{-3}$ kp cm^{-1}. Um diese zu überwinden, muß entweder ein Druck über einen Stempel oder ein hydrostatischer Druck von etwa 3 bis 5 cm Germanium-Säule ausgeübt werden. Nach Ausfüllen der Gießform mit flüssigem Germanium wird diese langsam bei konstanter HF-Heizung mit einer Geschwindigkeit zwischen 1 und 10 cm h^{-1} abgesenkt. Die kristallographische Orientierung der Kristallplatte wird durch die des Keimes vorgegeben. Beim Einsatz von Quarzglasformen werden bei einer einwandfreien Graphitierung spiegelnde Oberflächen der Germanium-Platten beobachtet, deren Dicke etwa 200···600 μm beträgt. Die Ätzgrubendichte schwankt zwischen 10^3 und 10^4 cm^{-2}.

Von Authier [113] wird das Gießen großflächiger 100×100 mm^2-Siliziumplatten zwischen zwei Graphitflächen vorgeschlagen, das bei „Wacker-Chemitronic" eine großtechnische Verwendung für die billige Herstellung von Solarzellen mit Wirkungsgraden über 10% fand [112]. Beide Begrenzungsflächen der Form befinden sich auf Temperaturen unterhalb des Schmelzpunktes, weisen aber gegeneinander noch eine Temperaturdifferenz von ca. 400···500 K auf, so daß die Erstarrung der Schmelze gerichtet senkrecht zur Plattenoberfläche erfolgt. Die nach diesem Verfahren hergestellten Siliziumkristalle weisen eine in Richtung der kürzesten Achse ausgebildete Kolumnarstruktur aus einkristallinen Blöcken mit kristallographischer Vorzugsorientierung auf und haben gute Halbleitereigenschaften. Dotierungen, vor dem Eingießen der Schmelze zugesetzt, verteilen sich außerordentlich homogen über das gesamte Volumen der Siliziumplatten.

Zur Erzielung höherer Reinheiten wird vorgeschlagen, als Erstarrungsmethode das Multizonenverfahren einzusetzen [207, 208]. Beispielsweise [208] werden in einer horizontal angeordneten Kassette aus Graphit, in die mehrere rechtwinklige Pässe zur Aufnahme von Distanzstücken eingefräst sind, gleichzeitig mehrere

Kristallstreifen aus einem gemeinsamen Keim zonengezüchtet. Das Ausgangsmaterial wird pulverförmig eingegeben. Die Anordnung ist durch eine freie Oberfläche der Streifenschmalseiten gekennzeichnet und erlaubt damit eine Dotierung aus der Gasphase.

Von SCHMIDT u. a. [209] werden großflächige Einkristallfolien aus Cd-dotiertem AgCl zwischen zwei Quarzglasplatten aus einer vorher eingegossenen und eingeschmolzenen polykristallinen Schicht gezüchtet. Zur Einkristallzucht fährt ein Schmelzofen mit der Geschwindigkeit von 20 cm h^{-1} unter einem rechteckigen Quarzglasrohr, das zur Aufnahme der sandwichförmigen Züchtungsanordnung dient, durch. Ausgehend von der Stirnkante einer Quarzglasdeckplatte wachsen an der Kristallisationsfront Einkristallkörner in Ziehrichtung. Durch eine konvexe Krümmung der Schmelzzone in Kristallisationsrichtung wachsen diese jedoch schnell an den seitlichen Kanten der Platten aus, so daß der Kristall nach einer gewissen Strecke korngrenzenfrei wächst. Der fertiggezogene Einkristall klebt zunächst noch an beiden Quarzglasplatten, löst sich aber durch Lagern in hochreinem Wasser nach etwa einem Tag ab. Die Flächenabmessungen der Kristallfolien betragen 250×50 mm² bei einer Dicke von 200 µm. Sie dienen zur Herstellung hochempfindlicher Festkörperdetektoren für eine photolytische Aufzeichnung von Bahnspuren ionisierender Teilchen.

Die bisher angeführten Verfahren besitzen drei wesentliche Nachteile, die sich ungünstig auf die Qualität der Kristallstruktur auswirken. Erstens wird die Schmelze nicht in einem vom Züchtungsraum abgrenzbaren Ausgangscontainer hinreichend vorbehandelt, wie zum Beispiel homogenisiert oder von Oxidresten gereinigt. Eine Homogenisierung der Schmelze ist für die Züchtung von Verbindungen und Mischkristallen vorteilhaft. Zweitens gelangt die Schmelze direkt in den Züchtungsraum und wird nicht durch einen gesonderten Einfüllkanal eingegossen. Dadurch werden Verunreinigungspartikel und Gasblasen in den Züchtungsraum eingebaut. Drittens wird keine strenge Keimauslese verfolgt, die das Auswachsen von Korngrenzen und Versetzungen gewährleistet. Es ist deshalb vorteilhaft, nach der Keimbenetzung die Kristallisationsfront zunächst durch einen mehrfach geknickten Keimauslesekanal zu führen. Die von uns eingesetzten Gießverfahren, vorrangig zur Züchtung von Mischkristallen und Verbindungshalbleitern ausgelegt, eliminieren diese Nachteile und ermöglichen die Herstellung langgestreckter Einkristallplatten ohne Korngrenzen hoher Reinheit und Homogenität sowie geringer Versetzungsdichten [210 bis 213].

Für die Züchtung dünner einkristalliner $Bi_{1-x}Sb_x$-Platten wird eine Quarzglasform aus aufeinandergeschichteten, optisch polierten Platten mit Endmaßcharakter zusammengesetzt. Zwischen zwei planparallele Deckplatten werden zwei koplanare Distanzplatten gelegt. Dadurch läßt sich ein Spalt mit definiertem Querschnitt einstellen. Bei vertikaler Anordnung (s. Abb. 34) gelangt die Schmelze über einen dünnen Einlaufkanal in diesen Raum. Zuvor wird sie in einem auf dem Einfüllkanal aufsitzenden externen und verschließbaren Quarzglasbehälter aufgeschmolzen und vor dem Eingießen in die vorgeheizte thermisch

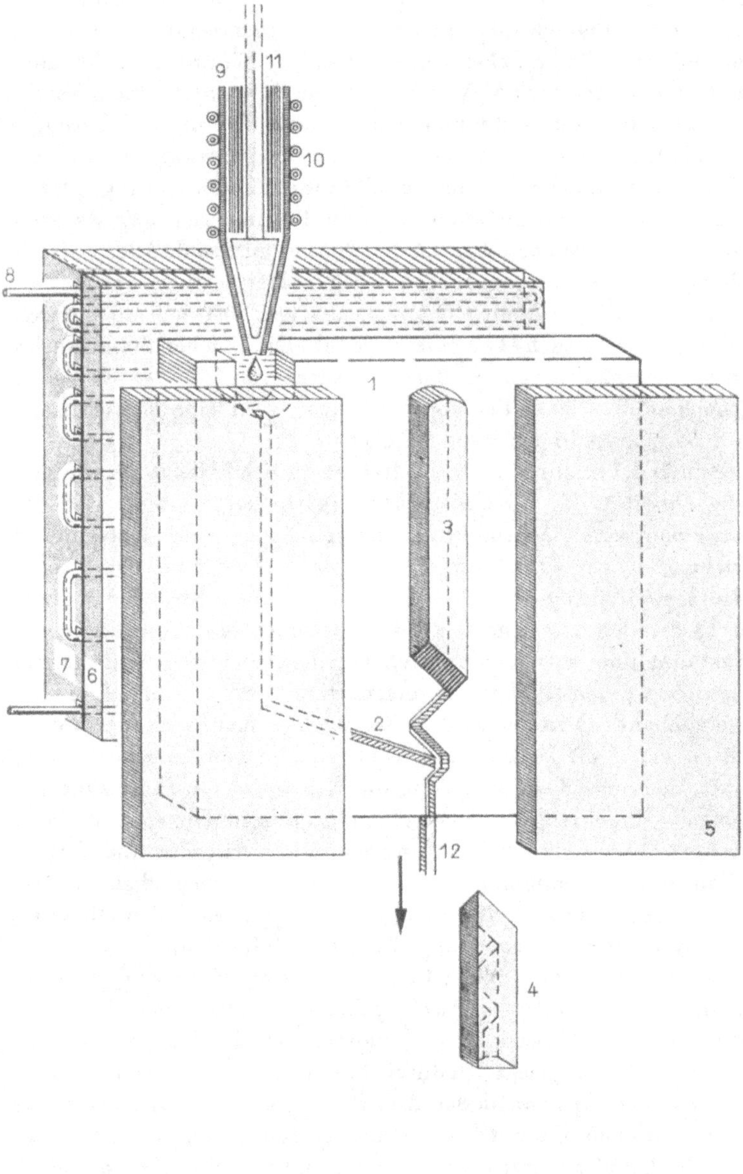
9
11
10
8
1
3
7
6
2
5
12
4

stationierte Form homogenisiert. Das untere Ende des Züchtungsraumes wird durch einen maßhaltigen orientierten Keim verschlossen. Darüber befindet sich ein Quarzeinsatz mit mehrfach geknickter Kapillare zum Auswachsen von Versetzungen des Keimes. In beiden äußeren Abdeckplatten sind parallele Nuten zur Aufnahme einer Heizdrahtwicklung eingefräst. Um einen positiven Temperaturgradienten mit linearem Verlauf zwischen Keim und oberem Ende des Züchtungskanals einzustellen, wächst die Schrittweite der Heizwicklungsnuten um den Faktor 1,25 von oben nach unten. Dieses Schichtpaket wird in einen Vakuum-Rezipienten so eingebracht, daß es erschütterungsfrei sowie wärmeleitungs- und strahlungsisoliert ist. Die gerichtete Erstarrung verläuft nach dem Prinzip des „gradient-freezing". Bei zeitlich konstantem Temperaturgradienten wird die Heizleistung programmiert verringert, so daß sich die Schmelzpunktisotherme, beginnend vom Keim, in Richtung oberes Ende des Züchtungskanals bewegt. Nach der Kristallisation wird die profilierte Kristallplatte durch Freilegen der Anordnung entnommen und von Einfüll- und Keimansatz durch Abspalten getrennt. Eine zusätzliche Oberflächenbearbeitung entfällt auf Grund der von den Formplatten vorgegebenen hohen Qualität. Die Gefahr einer Adhäsion zwischen Kristall und Quarzglasplatten wird durch ein pyrolytisches Aufbringen sehr dünner und fester Kohlenstoffschichten auf die Forminnenflächen ausgeschlossen. Wismutkristalle, gezüchtet in einer solchen Anordnung, weisen eine Versetzungsdichte von $\approx 10^3\ cm^{-2}$ auf. Das Restwiderstandsverhältnis solcher Proben erreicht Werte von R (2,0 K)/R (300 K) = 2540, was mit bisherigen anderen konventionellen Züchtungsverfahren international nicht erreicht wurde (s. Abschn. 5.5.). Aus $Bi_{1-x}Sb_x$-Platten wurden rechteckige Plättchen gespaltet und auf Grund ihrer hohen Oberflächengüte und Planparallelität in der Zyklotronresonanzanalyse eingesetzt [214].

Ein modifiziertes Züchtungssystem für die Herstellung kristalliner Platten, zeigt die Abb. 35 [210]. Die eigentliche Profilzüchtungsvorrichtung befindet sich in einem rohrförmigen Quarzglasrezipienten, der sowohl für die Arbeit unter Hochvakuum als auch für einen Inertgasüberdruck ausgelegt ist. Die mittels planparalleler, rechtwinkliger, optisch polierter Quarzglasplatten zusammengefügte Züchtungsform wird vertikal zwischen zwei konzentrischen Graphit-

←

Abb. 34.
Züchtung bändchenförmiger $Bi_{1-x}Sb_x$-Einkristallplatten in einer zusammengesetzten Form aus Quarzglasendmaßen (eine Containerhälfte).

1 — Profilierungsplatte mit Einfüllkanal, 2 — Einfüllkanal, 3 — Kristall, 4 — Quarzglaseinsatz mit geknickter Kapillare, 5 — Distanzplatte zur Dickeneinstellung, 6 — Zwischenplatte, 7 — äußere Abdeckplatte mit parallelen Nuten zur Aufnahme der Heizwicklung, 8 — Heizdraht, 9 — Behälter für die Ausgangsschmelze, 10 — externer Heizer, 11 — Öffner, 12 — Keim

VORDER-ANSICHT

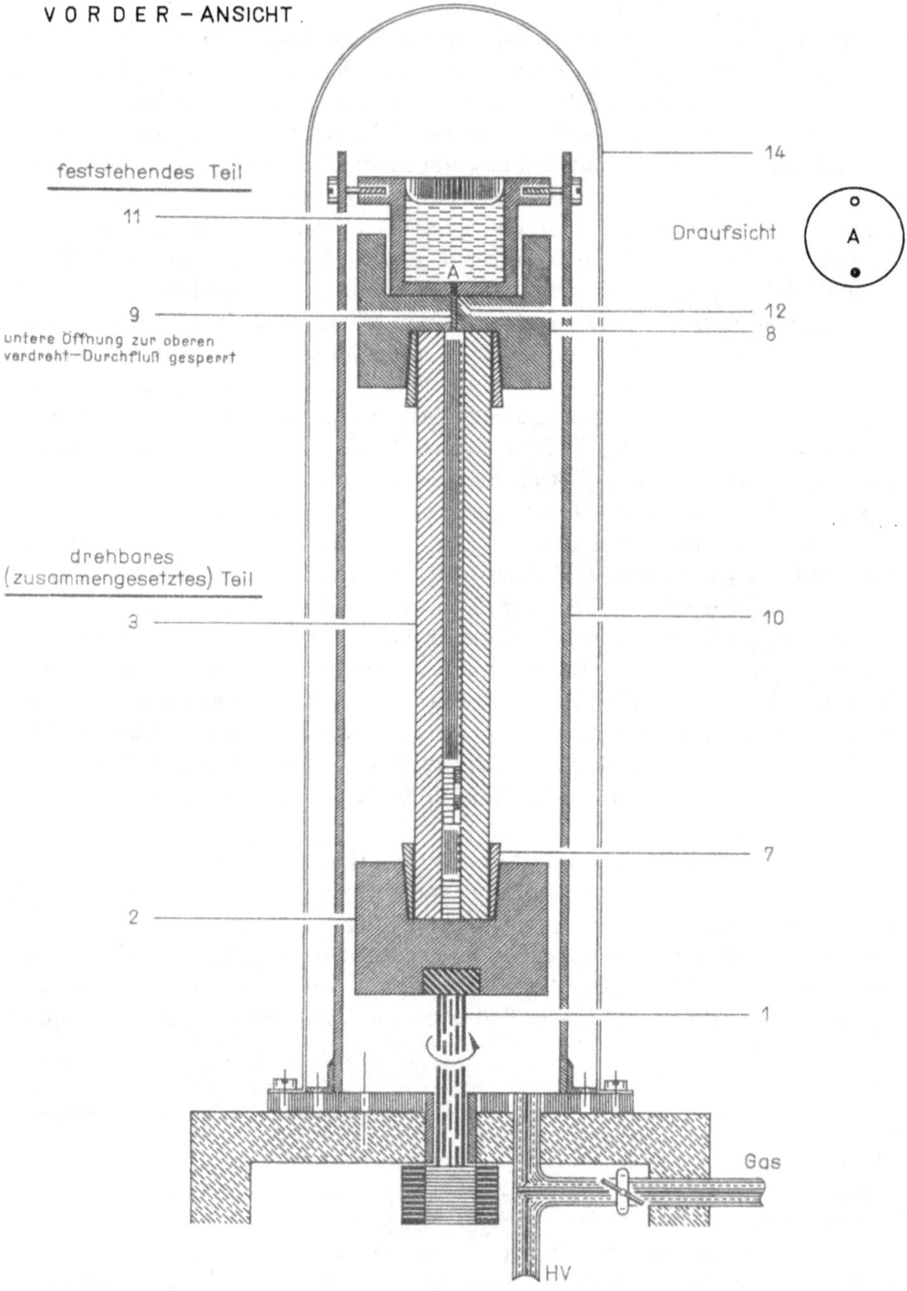

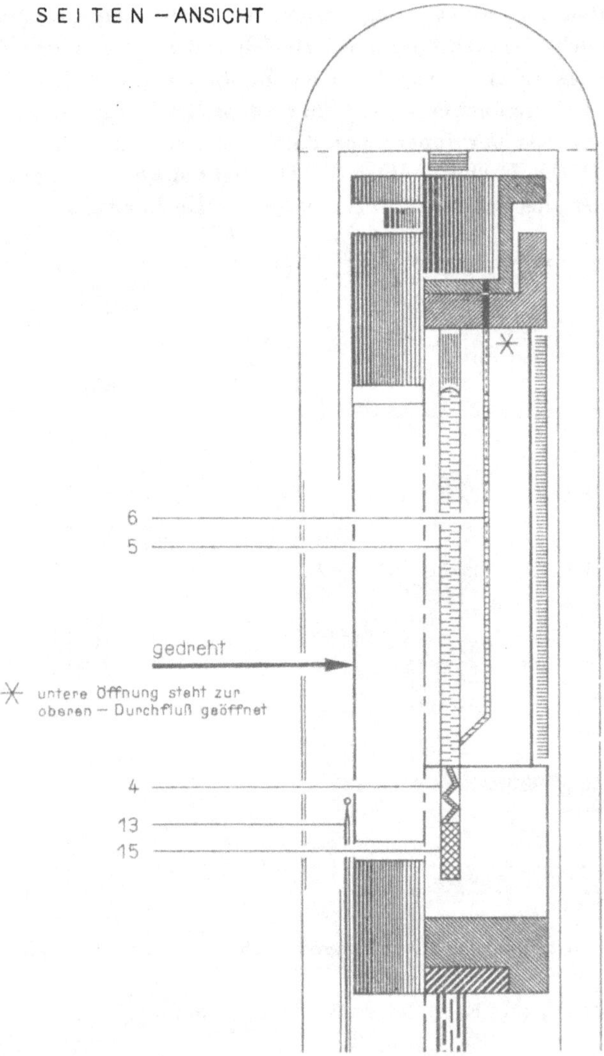

Abb. 35.
Vorrichtung zur Herstellung profilierter Einkristalle aus der Schmelze.

a — Stellung I zur Vorbehandlung der Schmelze
b — Stellung II zum Eingießen der Schmelze in den Züchtungsraum.

1 — Drehstange, 2 — Graphithalter, 3 — Form, 4 — Keimauslesekanal, 5 — Züchtungsraum, 6 — Einfüllkanal, 7 — Keil, 8 — Graphithalter, 9 — Bohrung, 10 — Cr-Ni-Stahlrohr, 11 — Graphittopf, 12 — Einfüllort, 13 — Thermoelement, 14 — Quarzglasrezipient, 15 — Keim

körpern mit konischen Nuten oben und unten gehaltert, wobei der obere Graphitkörper zur Aufnahme des geschmolzenen Ausgangsmaterials und ggf. als Syntheseraum für eine Stöchiometriekorrektur ausgeführt ist. Zu diesem Zweck besteht dieser Graphitkörper aus zwei ineinandergesteckten, eingepaßten, gegeneinander drehbaren Graphittöpfen, wobei der innere zur Aufnahme von granuliertem Ausgangsmaterial dient. Durch Drehung eines Topfes fließt nach Beendigung des Vorbehandlungprozesses die Schmelze durch zwei zur Deckung gebrachte

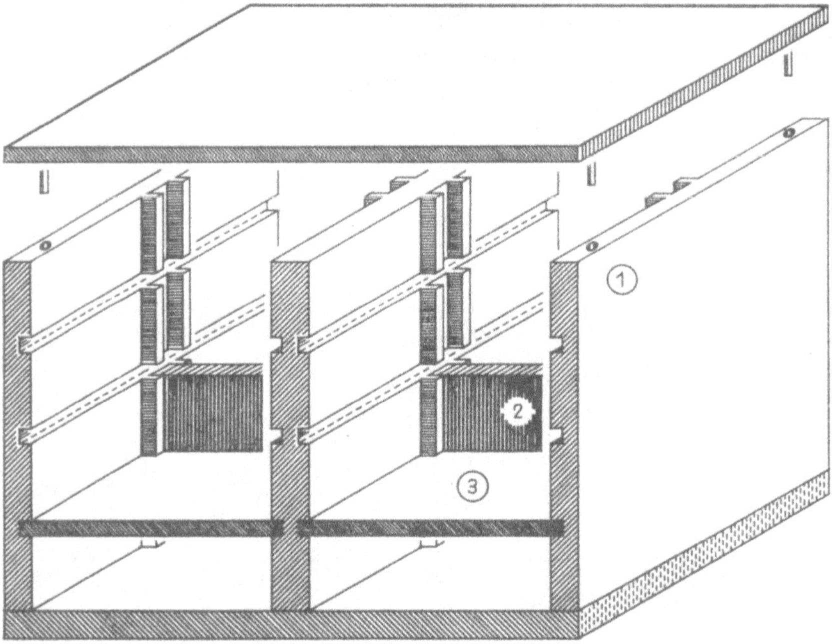

Abb. 36.

Züchtung von Seignettesalz-Kristallplatten aus Lösungen nach dem Kammerverfahren [215].

1 — Trägerrahmen aus Kunststoff, 2 — Keimplatten, 3 — Glasdeckel

Bohrungen im Boden der Graphittöpfe in den darunterliegenden Einlaufkanal der Kristallisationsform. Nachdem der Züchtungsraum mit Schmelze angefüllt und der Initialkeim benetzt ist, beginnt die Normalerstarrung durch Translation des Rohrheizers oder programmiertes Herabregeln des linearen Temperaturgradienten. Wiederum sorgt ein dünner pyrolytisch aufgebrachter Kohlenstoffilm für ein komplikationsloses Ablösen der Kristallplatte von den Quarzglasbegrenzungsflächen. Der gesamte Innenaufbau des Züchtungsraumes ist patronenmäßig ausgeführt und läßt sich ohne weiteres durch identische, substanzvariierende Anordnungen austauschen.

Die Containerzüchtung großflächiger rechteckiger Kristallplatten ist auch von der Lösungszüchtung her bekannt. So werden beispielsweise Seignettesalz-Kristalle (Kaliumnatriumtartrat) nach dem Temperatursenkverfahren in sandwichartig angeordneten Kammern aus Glas oder Kunststoffen gezüchtet, in welche [001]-Keimplatten eingelegt werden. Dieses Kammerzüchtungsverfahren, dargestellt nach NEUHAUS [215] auf Abb. 36, läßt bei Wachstumsgeschwindigkeiten von 4,5 mm d^{-1} in [001]-Richtung mehrere Kristallplatten mit {100}-Begrenzungsflächen entstehen, die sich ohne Materialverluste zu piezoelektrischen Bauelementen weiterverarbeiten lassen. Wir haben es hier mit einer dem natürlichen Kristallhabitus angepaßten Profilzüchtung zu tun.

3.7. Freitragende Scheiben und Plättchen

Scheiben- und Plättchenkristalle bilden das Basisprofil vielzähliger Bauelemente, insbesondere in der Halbleiterindustrie und Analysetechnik. Alle bisher unter 3.1.···3.7. behandelten Profilzüchtungsverfahren liefern einkristalline Halbfabrikate, die zur Herstellung plättchenförmiger Bauelementekörper noch ein gewisses Maß an Präparation erfordern. Die vollendete Stufe der Profilzüchtung erreichen erst solche Verfahren, die den Kristall in der benötigten Anwendungsgeometrie produzieren und eine Präparation völlig ausschließen. Wir zeigten jedoch unter 1.6. die wichtigsten Probleme auf, die mit einer Probeneinzelzüchtung erwachsen: Prozeßdiskontinuität, Parameterschwankungen zwischen den Proben, Verteilungsinhomogenitäten, relativ geringe Produktivität —, so daß für einen großtechnischen Einsatz bänderförmige Halbfabrikate sicher das Optimum der Profilzüchtung darstellen. Für spezielle Substanzen und Bauelemente geringer Stückzahlen und vor allem für festkörperphysikalische Grundlagenuntersuchungen sind jedoch Profilzüchtungsverfahren mit Einzelprobenfertigung mitunter entscheidend bevorteilt. Deshalb werden wir im folgenden die bisherigen Verfahren einer monolithischen Scheiben- und Plättchenzüchtung behandeln, die für diese Zwecke zweifellos noch nicht voll ausgeschöpft werden.

Die bisher praktizierten Verfahren sind noch vorrangig auf Metalle und Halbleitersubstanzen eingeschränkt. Sie lassen sich in drei Testrichtungen unterscheiden:

— Gießen in vertikal angeordnete Formen mit anschließender gerichteter Kristallisation
— Kristallisation gepreßter Schmelztropfen zwischen zwei horizontalen planparallelen Flächen
— Habituskristallisation aus dispersen Phasen.

KAPITZA [216, 217] berichtete bereits 1929 von einem Mikrogießverfahren in kleinen Festkörperräumen zur Herstellung leichtschmelzender Metalle (In, Pb, Zn, Bi), die auf diese Weise für physikalische Messungen in geeigneten Geometrien ohne Präparation erhalten wurden. Von SHARVIN u. a. [218] wurde dieses Verfahren weiterentwickelt und zur Züchtung runder einkristalliner Wismut-Scheibchen benutzt (Abb. 37). Die Erstarrung erfolgte ausgehend von einem orientierten Keim durch „gradient-freezing". Die Proben eigneten sich auf Grund ihrer hohen Oberflächengüte und Planparallelität besonders für die Mikrowellenspektroskopie. Es wurden Relaxationszeiten der schweren Elektronen und Löcher ermittelt, die höher als in Meßproben, erhalten durch Vereinzelung massiver Wismuteinkristalle, lagen [219, 220].

Eine Perfektionierung erfuhr diese Methode durch VOGEL [221], HERRMANN u. a. [222] und KUHL [223]. Das Ziel dieser Arbeiten bestand in der Züchtung hochperfekter $Bi_{1-x}Sb_x$-Mischkristalle verschiedener Zusammensetzung und Dotierung.

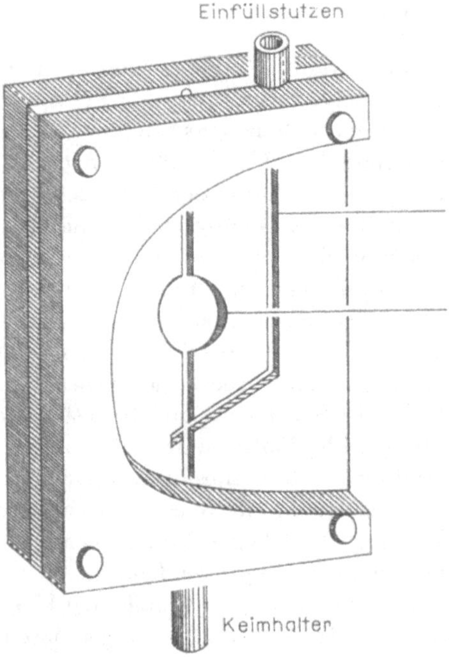

Abb. 37.
Formzüchtung von Einkristallscheibchen nach dem Gießverfahren [218]

Eine höhere Konstanz und Linearität des axialen Temperaturgradienten wurde durch eine verbesserte Heizanordnung erreicht. Der Heizdraht wurde direkt mit den Formplatten aus Quarzglas in Kontakt gebracht. Um eine höhere makroskopische Homogenität der Antimon-Verteilung zu erhalten, wurden die Proben in Keilform gezüchtet [223]. Die dadurch erreichte stetige Verbreiterung der Kristallisationsfront während des Wachstumsprozesses führte zu einer Ausdehnung des homogenen Mittelbereiches der Normalerstarrungsfunktion.

Von BATE und TAYLOR [224, 225] wurde versucht, freitragende dünne InSb-Folien für optische Untersuchungszwecke durch Pressen eines Schmelztropfens zwischen zwei planparallelen Isolatorplatten und anschließendes Abkühlen zu gewinnen. Die von ihnen benutzte Anordnung ist schematisch auf Abb. 38 zu sehen. Eine gerichtete Kristallisation erfolgte auf Grund der Wärmeableitung durch das obere kalte Substrat, das an einer Stempelvorrichtung befestigt war. Nach der Abkühlung ließen sich die Isolatorplatten leicht von der InSb-Schicht

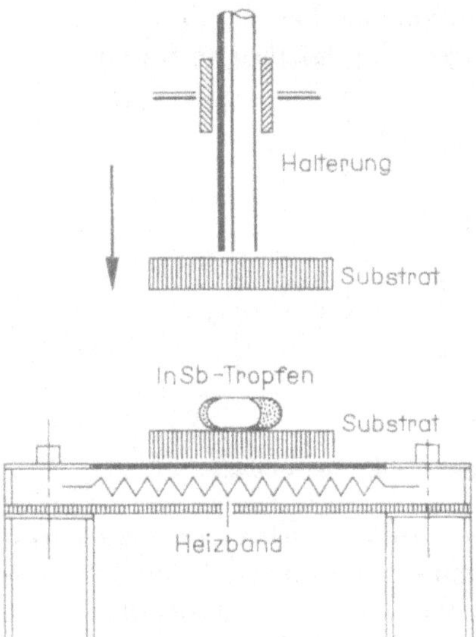

Abb. 38.
Folienkristallisation zwischen zwei parallelen Substraten [224]

lösen. Mehrere Makrodefekte im Kristall wurden auf den unkontrollierten Abkühlvorgang zurückgeführt. Ein ähnliches Verfahren wurde von BOHNE [226] zur Herstellung von CdS-Plättchen zwischen CaF_2-, Al_2O_3- und Quarzplatten beschrieben.

Verbesserungen in der Kristallstruktur, bei gleichzeitiger Verringerung der Foliendicke (5 μm), wurden in InSb-Proben erreicht, die zwischen nichtbenetzenden Glimmerplatten gepreßt wurden [227]. Einkristallines Wachstum ohne äußeren Initialkeim ist nur dann möglich, wenn die Schicht aus einem einzigen Keimbildungszentrum wächst und schneller verfestigt als die Bildungszeit weiterer Keime [1]. Dieses Kriterium wird erfüllt, wenn Scheibchendurchmesser und Unterkühlung gering sind. MASLOW u. a. [1, 228, 229] benutzten diesen Mechanismus gezielt zur Herstellung einkristalliner „Tabletten" aus Ge, Si, InSb, GaAs und Ge-Si. Zwischen zwei konzentrischen Platten aus Graphit oder Quarzglas wurden 30···100 Granulate in Schmelztröpfchen überführt und zu Tabletten der Dicke

0,15···1,5 mm gepreßt (Abb. 39a). Danach wurde mit einer Geschwindigkeit von 1,0···2,5 K s^{-1} abgekühlt. Die Verfestigungsanomalie erwies sich als unkritisch, da eine Volumenvergrößerung ungehindert radial stattfinden konnte. Die höchste Ausbeute an einkristallinen Tabletten (55% bei Ge, 40% bei InSb) wurde mit graphitierten Quarzglasplatten erreicht. Als dominierende Strukturfehler wurden Zwillingsbildungen festgestellt. Eine merkliche Resultatsverbesserung wurde beim Einsatz heteroepitaktischer Formgeber erzielt. Hier betrug die Einkristallausbeute 90%. Dabei durfte die Kontaktzeit zwischen Schmelztröpfchen und Keimplatte nicht 40 s überschreiten, um eine Lösungsbildung zu verhindern und ein leichtes Abtrennen zu garantieren. Eine lokalisierte Keimbildung

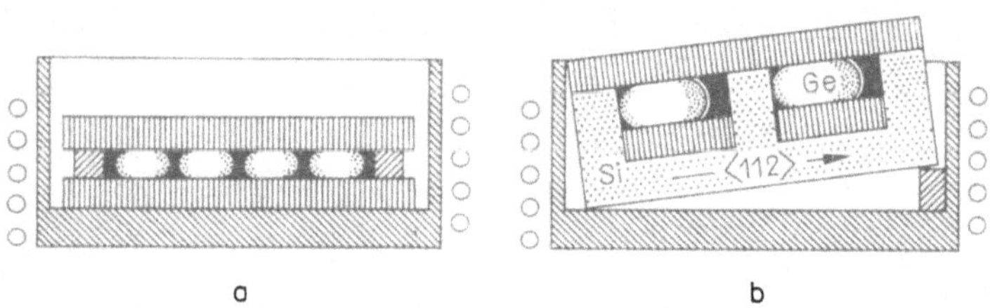

Abb. 39.
Kristallisation von Halbleiter-„Tabletten“ [228, 229].
a — ohne heterogene Keimbildung, b — mit heterogener Keimbildung

ist dann durchführbar, wenn die Züchtungsanordnung leicht angekippt wird (Abb. 39b), so daß z. B. die Germanium-Tröpfchen den Innenrand einer Siliziumkontur nur in einem Punkt berühren. Bei einer 100%igen Einkristallausbeute wurden Ätzgrubendichten von $10^2 \cdots 10^3$ cm^{-2} gemessen.

Die Habituskristallisation von plättchenförmigen Kristallen aus Schmelzlösungen und Dampfphasen stützt sich bis heute noch vorrangig auf empirische Werte. Es liegt ein außerordentlich umfangreiches statistisches Material vor, das zwar eine Selektion der wichtigsten Einflußfaktoren auf die Bildung eines plättchenförmigen Habitus gestattet, aber noch nicht zu einer exakten Beschreibung des Wachstumsprozesses führte. Ursache für die Bildung von Plättchenkristallen ist die Anisotropie der Wachstumsgeschwindigkeiten einzelner kristallographischer Flächen. Bereits unter Abschn. 2.2.1. charakterisierten wir ausführlich die unterschiedlichen Einflußfaktoren und erläuterten ein kristallchemisches Wachstumskonzept von Stroitelew [2], das sich gut an die experimentellen Beobachtungen anpassen läßt.

Faust und John [230] ermittelten die Wachstumsbedingungen für einige Halbleiterplättchen aus der Schmelzlösung. So werden z. B. Siliziumplättchen mit einem Verhältnis der Randlängen zur Dicke von 10,8 durch langsames Abkühlen (0,7 K min^{-1}) einr Schmelzlösung aus 30% Silizium und 70 %Gallium erhalten. GaAs-Plättchen bilden sich bei Abkühlraten von 1,3 K min^{-1} aus einer Lösung mit 80% Galliumüberschuß. Besonders günstige Wachstumsbedingungen für eine Plättchenbildung besitzen Kristallite mit Zwillingslamellen. Um die Ausbeute solcher Kristallisationsvorgänge zu erhöhen, werden die Methoden der „Massenkristallisation“ angewendet. Eine ständige Durchmischung der Lösung soll eine schnelle und homogene Reaktionsgeschwindigkeit gewährleisten. Besonders gut geeignet ist die Massenkristallisation für GaP-Plättchenzüchtungen aus GaP-Ga-Lösungen. Es entstehen nach einer Stunde Kristalle mit identischen Abmessungen von $5 \times 5 \times 0{,}2$ mm³ [231]. Auf Abb. 40 ist die Evolution von GaP-Plättchen nach der Lösungszüchtung dargestellt [1, 232]. Die Kristallstruktur der Plättchen wird im hohen Maße von der Genauigkeit des Abkühl-

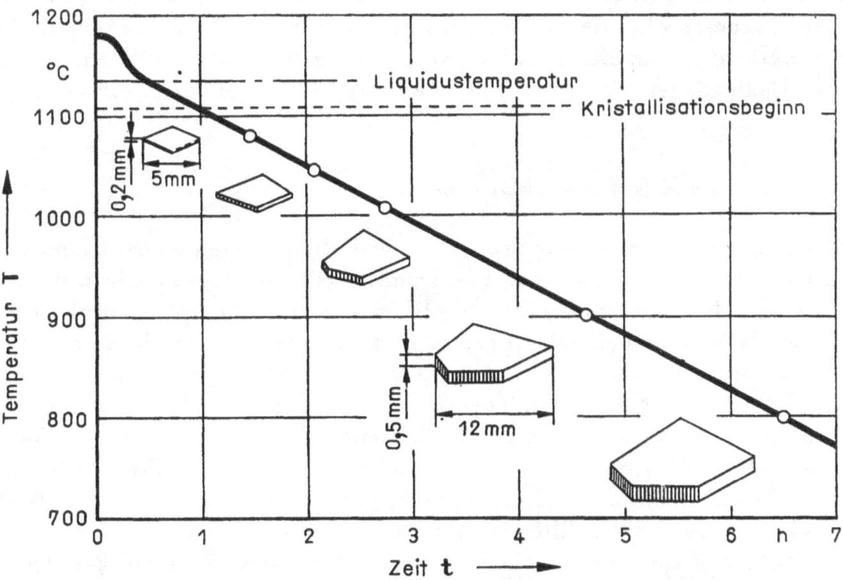

Abb. 40.
Evolution von GaP-Plättchen in Ga-P-Schmelzlösungen [232]

programms bestimmt. Oftmals sind jedoch die Hauptflächen der Plättchen nicht völlig glatt, sondern weisen eine „Skelettstruktur“ auf, was sie für eine Anwendung nicht sonderlich attraktiv macht.

Plättchen aus dem Dampf bilden sich zumeist im Ensemble mit anderen morphologischen Wachstumsformen. Häufen sie sich an Orten, die durch andere Übersättigungswerte als zum Beispiel die Wachstumsstellen von Nadelkristallen gekennzeichnet sind, so läßt sich für sie das kristallchemische Wachstumsmodell nach STROITELEW (Abschn. 2.2.1.) vermuten. Entstehen sie jedoch zusammen mit Nadelkristallen an einem Ort, so sind genauere Untersuchungen dazu notwendig, ob nicht ein VLS-Mechanismus an der Plättchenformierung teilnimmt. Untersuchungen an CdS-Plättchen im Elektronenmikroskop zeigten

[234], daß sich im Anfangsstadium ein induzierender Whisker mit $\langle 10\bar{1}0\rangle$-Orientierung ausbildet, der dann seitlich zu einem Plättchen auswächst. DIERSEN und GABOR [233] fanden, daß mehrere Whiskers unter Bildung von Zwischenhäuten zusammenwachsen können. Mehrere Autoren bestätigen die Existenz von VLS-Whiskern an den Seitenrändern der senkrecht zum Substrat gebildeten Plättchen [234 bis 236]. Damit ist vielleicht eine präzise Steuermethode zur Plättchenherstellung aus dem Dampf gegeben, da die gezielte Formierung von VLS-Whiskers bereits beherrscht wird.

Plättchenförmige Kristalle bilden sich auch bevorzugt auf polykristallinen Bodenkörpern, wo offensichtlich viele Zwillingsgrenzen existieren [70]. Erlauben die Anwendungsaspekte das Vorhandensein von Zwillingsebenen innerhalb der Plättchenkristalle, so müßten als Steuerfaktoren für eine solche Plättchenerzeugung die Bedingungen von Keimen mit Zwillingsgrenzen gefunden werden [237].

3.8. Folien auf Isolatorsubstraten

Vorrangig in der Mikroelektronik steigt der Bedarf an einkristallinen Halbleiterschichten auf Isolatorsubstraten. Die Dünnschichtepitaxie aus der Gasphase scheitert oftmals am zu großen Gittermisfit oder an einer amorphen Struktur des Substrates. Es wird deshalb seit längerer Zeit nach Auswegen gesucht. Neben dem vielversprechenden Verfahren der „Graphoepitaxie“ [60, 238] und den Versuchen einer Rekristallisation polykristalliner Aufdampfschichten mit Hilfe von Mikroschmelzzonen [239] werden auch die Möglichkeiten der Kristallisation von Folien auf amorphen Isolatorunterlagen aus der Schmelze untersucht. Dabei wird auf typische Profilierungsmaßnahmen zurückgegriffen. Ähnlich dem von BATE und TAYLOR [224] vorgestellten Verfahren wird ein Schmelztropfen zu einer dünnen Folie gepreßt und anschließend gerichtet erstarrt. Bei fehlender Benetzung zwischen Schmelzfilm und amorphem Substrat kommt es zu keiner parasitären Fremdkeimbildung, so daß Bedingungen für kornwinkelfreies Wachstum gewährleistet sind.

ALEXANDROW u. a. [240 bis 243] beschreiben das „Aufdrücken“ von Ge-, Si-, Ge-Si- und anderen Halbleiterschichten auf keramische Unterlagen. Dazu befindet sich auf einem Heizband die amorphe Unterlage zusammen mit einem Schmelztröpfchen der Halbleitersubstanz. Aus einer bestimmten Höhe fällt ein vorgeheiztes orientiertes Substrat auf den Tropfen herab und preßt diesen zu einer dünnen Schmelzschicht. Die Kristallisation beginnt am oberen kühleren einkristallinen Substrat, wobei sich die Kristallisationsfront parallel zur Schichtfläche in Richtung Isolatorsubstanz bewegt. Bei unterschiedlichen thermischen Ausdehnungskoeffizienten zwischen Schicht und Orientierungssubstrat trennen sich beide während des Abkühlprozesses auf Zimmertemperatur. Die stark verminderten physikalischen Eigenschaften werden auf die Defektbildung während dieses Vorganges zurückgeführt.

Eine Resultatverbesserung wird erreicht, wenn eine lokale Keimspitze ins Zentrum einer Schmelzschicht mit freier Oberfläche eingeführt wird. Zur Formierung einer solchen Schmelzschicht sind benetzende Unterlagen, die jedoch die Gefahr der Fremdkeimbildung mit sich bringen, oder aber das Spreiten eines Schmelztröpfchens mit einer benetzenden Kontur, z. B. einer Drahtschlaufe, anwendbar. Die Verteilung von Dotierungen entspricht der PFANNschen Normalerstarrungsfunktion mit Start- und Endgebieten im Probenzentrum bzw. an der Peripherie. Sie sind deshalb inhomogen [244].

Um eine höhere Oberflächenperfektion der kristallisierten Folie zu erhalten, ist es günstig, sie durch Normalerstarrung zwischen zwei unterschiedlichen plan-

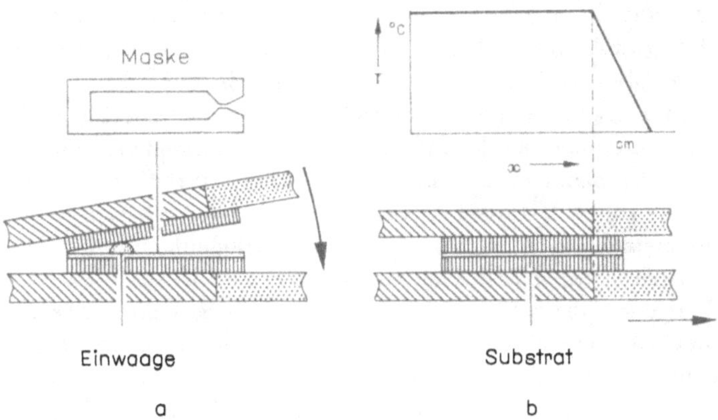

Abb. 41.

Gerichtete Kristallisation von Schmelzfilmen zwischen parallelen Isolator-Begrenzungsflächen.

a — Profilierungsvorgang, b — Normalerstarrung

parallelen Plättchen mit hoher Oberflächenpolitur, von denen eine als amorphe Isolatorunterlage dient, herzustellen. Bei geeigneter Wahl zweier Plättchen mit unterschiedlichem Haftungsverhalten läßt sich eines nach der Kristallisation abheben. Die Normalerstarrung erfolgt nach einem „miniaturisierten" BRIDGMAN-Prinzip mit autogener Keimauslese [245 bis 250]. Abb. 41 zeigt die wichtigsten Arbeitsgänge der Folienkristallisation zwischen parallelen Begrenzungsplättchen. Zwischen zwei massiven Heizplatten wird das aufgeschmolzene Ausgangsgranulat durch Verringerung eines Keilwinkels in eine Profilierungsmaske gepreßt. Diese besteht z. B. aus Glimmer und fungiert gleichzeitig als Distanzstück zur Dickeneinstellung. Sie ist so beschaffen, daß in einem dünnen Kanal eine Keimauslese stattfinden kann. Dazu ist es notwendig, daß die Schmelze beim Austritt aus diesem Kanal während des Preßvorganges in ein stark unterkühltes Gebiet gelangt, damit sich sofort eine feste Initialphase bilden kann. Eine gerichtete Kristallisation wird durch programmiertes Abschalten der Heizleistung oder das Herausziehen der Schichtkomposition aus der Heizanordnung eingeleitet. In den neuesten Arbeiten zu diesem Verfahren [251 bis 253] wird die aus dem Schichtpaket heraustretende Schmelzkugel mit einem Nadelkeim kontaktiert und der Heizofen relativ dazu bewegt.

Die Folien lassen sich definiert dotieren, wenn das Dotierungsmaterial vorher auf die Innenfläche eines der Substrate aufgedampft wird [248, 254]. Es läßt sich ein direkter Zusammenhang zwischen der Dicke der Dotierungsschicht und der Ladungsträgerkonzentration der Folien ermitteln.

Die Halbleiterfolien besitzen nach Entfernen des oberen Abdeckplättchens und Abtrennung des Keimauslesekanals optisch glatte Oberflächen und eine rechteckige Geometrie. Die auf diese Weise gezüchteten einkristallinen Folien auf Quarzglas, Glas und Keramik unterscheiden sich nur wenig in ihren physikalischen Eigenschaften von Massivkristallen. Erprobt wurden bisher die Substanzen InSb, GaSb, Te, CdSb, Cd_3As_2 und einige eutektische Materialien (Abschn. 3.10.). Auf der Grundlage des entwickelten Verfahrens werden verschiedene spezielle Halbleiterbauelemente vorgeschlagen und in die Praxis überführt [255]. Gleichfalls gelingt es damit, abrupte Heteroübergänge aus Halbleitersubstanzen mit unterschiedlichen Schmelzpunkten herzustellen. Gute Diodenkennlinien und hohe Fotoempfindlichkeiten zeigen Te-Folien auf Ge- oder CdS-Unterlagen [256]. Je nach Beschaffenheit der Substratflächen lassen sich auch bestimmte Rasterprofile in die Folienoberflächen einprägen [257]. Weitere Untersuchungsergebnisse diskutieren wir unter 5.6.

3.9. Nadelkristalle

Nadelkristalle entstehen statistisch häufig beim Phasenübergang „gasförmig-fest" und bilden neben plättchenförmigen Gebilden den typischsten Habitus. Sie lassen sich über einen VLS-Mechanismus relativ gut steuern (vgl. Abschn. 2.2.2.). Giwargisow [4] faßt die Entwicklungsetappen einer kontrollierten Whiskerzüchtung zusammen:

- Beherrschung bestimmter Substanzen
- Einstellung bestimmter kristallographischer Whiskerorientierungen auf bestimmten Substraten („orientierte Whiskersysteme")
- Erzielung bestimmter Whiskeranordnungen auf dem Substrat („Reguläre Whiskersysteme").

Der Schwierigkeitsgrad dieser Aufgabenstellung nimmt in der gleichen Reihenfolge zu. Zum jetzigen Zeitpunkt ist die zweite Etappe abgeschlossen. Definiert kristallographisch orientierte Whiskers finden bereits als Individuen technische Anwendung in Druckgebern, Temperaturfühlern und Hallgeneratoren [4]. Damit ist ihr Anwendungsfeld in der Technik bei weitem noch nicht erschöpft (Tabelle 1). Für die Mikroelektronik erlangen Whiskers jedoch erst als „reguläre

Systeme“ eine wichtige Bedeutung. Sie können im Ensemble Träger einer hohen Informationszahl sein. Deshalb sind die weiteren Untersuchungen vorrangig auf die Erreichung dieses Zieles ausgerichtet.

Die wichtigsten allgemeinen Bedingungen (Profilierungskriterien) einer kontrollierten Whiskerzüchtung über den VLS-Mechanismus lassen sich auf der Grundlage theoretischer und zahlreicher praktischer Ergebnisse wie folgt zusammenfassen [258]: Das Lösungsmittel soll so ausgewählt werden, daß es bei einer Kristallisationstemperatur eine flüssige Phase mit der Züchtungssubstanz bildet. Der Bereich der optimalen Löslichkeit liegt zwischen 10 und 50% [4]. Um eine möglichst geringe Dotierung des Whiskers mit Atomen des Lösungsmittels zu erhalten, sollte sich der Gleichgewichtsverteilungskoeffizient stark von 1 unterscheiden. Der Gleichgewichtsdampfdruck des Lösungsmittels soll gering sein, damit das Volumen des Lösungstropfens nicht im Laufe des Kristallisationsvorganges schwindet. Zwischen Lösungsmittel und den Komponenten der Gasphae dürfen chemische Reaktionen nur dann auftreten, wenn der Lösungsstoff in eine zu züchtende Verbindung als Bestandteil eingeht. Zwischen Substrat und Lösungstropfen soll sich ein hoher Kontaktwinkel einstellen, um eine gute örtliche Fixierung des Whisker-Startplatzes zu garantieren. Profilstabilität wird bei Winkeln zwischen 95 und 120° beobachtet [258]. Für die Züchtung von Halbleiterwhiskers, die am weitesten gereift ist, erfüllen diese Bedingungen die meisten Elemente der 1. Hauptgruppe (Au, Ag, Cu) und Übergangsgruppe (Fe, Co, Ni, Pt, Pd).

Die höchste Reproduzierbarkeit wird bis jetzt durch einen chemischen Transport als Züchtungsmethode erreicht. Die chemische Reaktion kann so gewählt werden, daß sie thermodynamisch möglich ist, aber nur zu einer Abscheidung auf dem Lösungströpfchen führt, da auf der festen Substratfläche die kinetischen Keimbildungsbedingungen noch nicht existieren. So erweist sich z. B. für eine Siliziumwhiskerzüchtung die Reduktion des Siliziumchlorids als besonders günstig, die ja bereits thermodynamisch hinreichend effektiv bei 850 °C verläuft, obwohl die Wachstumskinetik auf einer kristallinen Siliziumfläche erst ab 1100 °C einsetzt [259].

Die Übersättigung muß hoch sein. Die Temperatur soll so gewählt werden, daß stets eine flüssige Phase garantiert ist. Sie wird aber möglichst niedrig gehalten, um hohe Übersättigungen und Benetzungswinkel zu garantieren. Die kristallographische Orientierung des Substrates bestimmt den Winkel der Whiskerwachstumsrichtung. Perpendikulares Wachstum setzt zumeist dann ein, wenn die Orientierung der Substratfläche mit der einer singulären Fläche übereinstimmt [4].

Zur Herstellung „regulärer Whiskersysteme“ mit einer strengen Ausrichtung der Whiskers zueinander ist eine rasterförmige Anordnung der Lösungsmittel-Tröpfchen auf der Unterlage notwendig. Für das Aufbringen von Lösungsmittelpunkten in großer Dichte werden komplizierte Masken benötigt. Die Bewältigung dieser Etappe hängt deshalb in hohem Maße von der technologischen Ausreifung der Prozeßführung und Erstellung perfekter, speziell präparierter Substrate ab.

3.10. Profilzüchtung periodischer eutektischer „Heterokristalle“

Als Heterokristall soll ein Festkörper verstanden werden, in dem mindestens zwei Einkristalle einander durchdringen, bzw. der aus periodisch alternierenden und gesetzmäßig orientierten kristallinen Subbereichen aufgebaut ist. Die einzelnen kristallinen Phasen haben eigene Eigenschaften. Ihre Subbereiche können damit einzeln oder im Ensemble Träger von Funktionsgrößen sein.

Das Interesse an solchen Kristallverbänden ist steigend, da prinzipiell neue physikalische Wirkprinzipien zu erwarten sind. Das läßt sich aus den folgenden allgemeinen Charakteristika ableiten [260]:

1. Summen-Eigenschaften ergeben sich direkt, additiv aus dem Verhalten der Komponenten — bezogen auf ein und dieselbe Eigenschaft —, wobei Orientierung und Anisotropie zusätzliche Effekte ergeben. Die allgemeinste Darstellung dieses Verhaltens ist:

$$E = x_A \cdot E_A + (1 - x_A)\, E_B \tag{35}$$

x bedeutet den Molenbruch, A und B die einzelnen Phasen und E den Effekt. Im Sinne dieser Charakterisierung sind bereits Anwendungsbeispiele bekannt, wie z. B. Verbundmaterialien mit erhöhter mechanischer Festigkeit in Form von Gasturbinenschaufeln [261], thermoelektrische Wandler aus InSb—Sb-Eutektika [262] oder Magnetoresistoren aus InSb—NiSb-Eutektika („Weiss“-sche Feldplatten) [263].

2. Produkt-Eigenschaften [264] ergeben sich aus der Wechselwirkung der Komponenten bzw. der Kombination unterschiedlicher Eigenschaften. Eine Eingangsgröße X erzeugt in Phase A die Veränderung Y, die in Phase B eingekoppelt und dort ihrerseits als Eingabe fungiert und Effekt Z erzeugt:

$$E = \frac{\mathrm{d}Y}{\mathrm{d}X} \cdot \frac{\mathrm{d}Z}{\mathrm{d}Y} = k_1 \cdot k_2 \cdot A \cdot B, \tag{36}$$

wobei k_1 und k_2 einen strukturellen und energetischen Wirkungsgrad darstellen. Als anschauliches Beispiel sei die Kombination einer magneto-striktiven Phase mit einer piezo-elektrischen genannt. Eine Magnetfeldstärke (X) erzeugt eine Striktion (Y) in Phase A, die ihrerseits in B einen elektrischen Potentialunterschied (Z) hervorruft, der als Ausgangsgröße abgegriffen werden kann.

3. Die mikroskopischen Abmaße der Subbereiche können zu „size“-Effekten oder Interferrenzen mit physikalischen Minimallängen, zu erhöhten Feldstärken oder Grenzflächen-Volumen-Relationen führen. Praktische Belege sind von Kaltkathoden [265] und Lichtpolarisatoren aus parallelen CrSb-, FeSb-Nadeln in einer InSb-Matrix [266] bekannt.

4. Die Periodizität des Verbandes erzeugt alternierende Eigenschaften, die in Form wechselnder pn-Übergänge und Breiten der verbotenen Zone für die Halbleitertechnik [267] oder alternierender Berechnungsindizes für die nichtlineare Optik [268, 269] relavant sind.

Zentrales Problem der Herstellung streng geordneter Überstrukturen ist die Herstellungstechnologie. *Eine* Realisierungsmöglichkeit von Heterokristallen sind eutektische Strukturen. Bei einer eutektischen Kristallisation scheiden sich aus der Schmelze mindestens zwei im festen Zustand nicht mischbare kristalline Phasen nebeneinander aus. Gerichtete Erstarrung führt dabei zu einer Ausrichtung der Subbereiche. In der Regel ergeben sich charakteristische Strukturen, deren wichtigste die lamellaren und bacularen sind.

Von entscheidender Bedeutung für die Verfahrensentwicklung ist die kinetische Determinierung der Abmessungen der Subbereiche und Perioden λ des „Übergitters" [270]:

$$\lambda^c \cdot v = \text{const}, \tag{37}$$

worin v die Kristallisationsgeschwindigkeit und c eine materialspezifische Exponentialkonstante bedeuten.

Für eine stabile Kristallisation eutektischer Lamellarstrukturen ist der erhöhten Tendenz zur Konzentrationsunterkühlung eutektischer Schmelzen durch sehr steile Temperaturgradienten entgegenzuwirken, zumal gemäß (37) die Ziehgeschwindigkeiten für sehr kleine Periodizitäten sehr hoch gewählt werden müssen. Des weiteren müssen makroskopisch ebene Phasengrenzen und eindimensionale Wärmeflüsse parallel zur Orientierungsrichtung der Lamellen eingestellt werden, um Korngrenzenbildung und irreguläre Strukturen zu vermeiden. Schließlich sollten in der Schmelze keine Temperaturfluktuationen und Konvektion auftreten, um das Regime diffusionskontrolliert zu führen. Diese Konsequenzen sind konventionellen Massivzüchtungsverfahren abträglich. Fast alle Massivzüchtungsmethoden sind rotationssymmetrisch und verleihen somit der Ausrichtung der Subbereiche einen unerwünschten azimutalen Freiheitsgrad. Infolge dessen bildet sich eine kornmäßige Lamellenanordnung, aus der es schwierig ist, kristalline Körper mit streng parallel angeordneten Lamellen zu einer Bezugsfläche herauszupräparieren (Abb. 42a).

Zwangsläufig ist für höhere Strukturansprüche vom rotationssymmetrischen Fall Abstand zu nehmen und auf solche Züchtungsverfahren zurückzugreifen, die eine definierte zweidimensionale Richtungsvorgabe ermöglichen (Abb. 42b). Hier bieten sich als Alternativentscheidung die Profilzüchtungsverfahren von Bändern, langgestreckten Platten und Folien an (Abschn. 3.5. bis 3.9.). Sie zeichnen sich zusätzlich durch hohe Temperaturgradientendurchgriffe und ebene Schmelzpunktisothermen aus (vgl. 4.3.). Wir haben es demnach hier mit der bereits unter 1.5. postulierten Dialektik zwischen „äußerer" und „innerer" Profilierung zu tun — nur über eine bestimmte Zwangsführung des äußeren Kristallprofils ist eine perfekte innere eutektische Strukturierung möglich. Von einigen Autoren wird dieser Zusammenhang bereits zielgerichtet verfolgt.

Albers und van Hoof [271] züchten eutektische Folien mit streng paralleler Bacular- und Lamellenstruktur über das gesamte Kristallvolumen eines dünnen Bändchens, das sich zwischen einer Quarzglasgabel, die mit konstanter Geschwindigkeit aus einem Schmelzreservoire gezogen wird, aufspannt. Als Modellsubstanzen werden die Eutektika Cd—Zn, CuCl—$PbCl_2$, InSb—NiSb, Bi—Au, In—Ag, Sn—Zn und MnSb—Sb verwendet.

Pollock und Stormont [272] setzen die EFG-Technik zur Züchtung eutektischer Bänderkristalle der Substanzkombinationen LiF—CaF_2 und LiF—NaCl ein. Zur Profilierung dient ein Formgeber aus Nickel, zur Keimführung ein dünnes

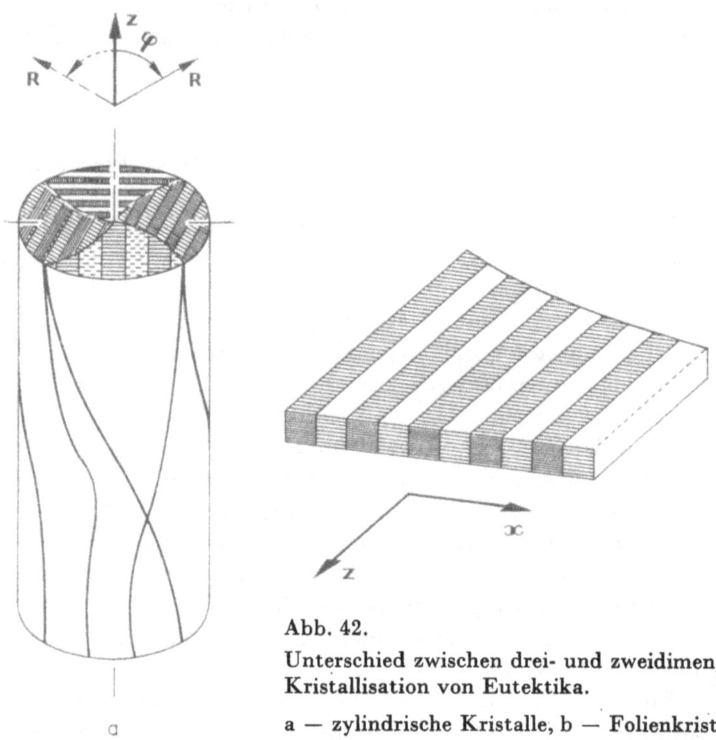

Abb. 42.
Unterschied zwischen drei- und zweidimensionaler Kristallisation von Eutektika.
a — zylindrische Kristalle, b — Folienkristalle

[001]-orientiertes LiF-Plättchen. Die Bänder sind 1,5 mm dick und 6 mm breit. Die Ziehgeschwindigkeit beträgt maximal 4 mm min^{-1}. Es wird eine strenge Ausrichtung von LiF—CaF_2-Lamellen und LiF-Stäbchen in der NaCl-Matrix in Ziehrichtung beobachtet. Die Periodizität ist gut über die Ziehgeschwindigkeit steuerbar, wobei ein Zusammenhang von $\lambda \sim v^{(-0,55)}$ für beide Systeme gefunden wird. Oberhalb der maximalen Ziehgeschwindigkeit von 4 mm min^{-1} stellt sich eine irreguläre Überstruktur ein, was auf das Einsetzen der Konzentrationsunterkühlung zurückgeführt wird. Durch die konstanten Bedingungen der EFG-Technik mit quasieindimensionaler Wärmeführung an der Kristallisationsfront wird eine reguläre Struktur über die gesamte Bänderlänge gesichert.

Von ROGALSKI u. a. [273] werden NaF—NaCl- und LiF—NaCl-Stäbe mit Durchmessern von 1 und 3,5 mm, je nachdem, ob die Kapillar- oder Formgeberaußenkante zur Profilierung benutzt wird, ebenfalls nach der EFG-Technik gezogen. Besonderes Augenmerk wird auf die Auswahl eines chemisch resistenten Formgebermaterials gelegt. Als günstigste Substanz erweist sich eine Eisenmodifikation. Es werden baculare Strukturen mit paralleler Ausrichtung zur Ziehachse beobachtet. Allerdings ergeben sich hier keine wesentlichen Besonderheiten im Vergleich zur CZOCHRALSKI-Züchtung, da eine Bacularstruktur keine Zweidimensionalität in ihrer Anordnung erfordert. Die eutektischen Kristallstäbe finden Anwendung als Lichtleiter für einen breiten Wellenbereich (0,2···15 μm). Auf Grund des höheren Brechungsindexes der NaCl-Matrix erfolgt die Lichtleitung in dieser Phase. Die eingelagerten LiF- bzw. NaF-Stäbe fungieren als Kollimatoren.

Von uns [274] wurde die bereits unter 3.8. beschriebene Folienkristallisation zwischen zwei Isolatorplättchen eingesetzt. Da die Testung des technologischen Prinzips im Vordergrund stand, wurden gut bekannte eutektische Modellsubstanzen mit niedrigen Schmelzpunkten ausgewählt — Pb—Sn, Cd—Zn, InSb—Sb und SnSe—$SnSe_2$. Linearisierung der Isothermeverläufe und ein steiler Temperaturgradient wurden durch eine anisotrope Gestaltung der Wärmeleitverhältnisse in den Heizplatten erzielt. Die Foliengeometrie wurde durch eine Glimmermaske der Dicke 2···100 μm und mit einer Fläche von 20×5 mm^2 vorgegeben. Als Deckplättchen wurden planparallele Glas-, Glimmer- oder flammenpolierte Keramikscheiben verwendet. Ergänzt wurde dieses Verfahren durch ein Mikrozonenschmelzen der Eutektika $AgNO_3$—KNO_3 und $NaNO_3$—KNO_3 zwischen zwei Glasplatten mit kinematischer Aufzeichnung der Wachstumsbesonderheiten [275]. Bei einem Temperaturgradienten an der Kristallisationsfront von 40 K · cm^{-1} und Züchtungsgeschwindigkeiten von 0,5 mm min^{-1} wurden Folien aus Pb—Sn-Eutektika mit perfekter lamellarer Heterostruktur über die gesamte Folienlänge und -breite erhalten. Eine mögliche Anwendung finden solche Strukturen in der Grundlagenforschung supraleitender Zustände [276].

Ähnliche Resultate wurden an SnSe—$SnSe_2$-Eutektika erzielt. Da beide Phasen halbleitend sind und sich im Ladungstyp unterscheiden, lassen sich die Lamellengrenzen mit pn-Übergängen gleichsetzen.

Streng parallele baculare Strukturen wurden an InSb—Sb-Folien gefunden, die als thermoelektrische Wandler oder Magnetoresistoren mit erhöhtem Innenwiderstand Anwendung finden [262, 277].

Die Untersuchungen zur Profilzüchtung bänder- oder folienförmiger Eutektika befinden sich noch in ihrem Anfangsstadium. Die bisherigen Ergebnisse lassen jedoch bereits jetzt eine gute Perspektive voraussagen. So werden schon heute mittels Profilzüchtung komplizierte Formen eutektischer Kompositenstoffe für spezielle Anwendungen mit erhöhten Festigkeitsanforderungen hergestellt [6]. Für die Mikroelektronik allerdings sind Anwendungsgrenzen durch die beschränkte Auswahl passender Substanzkombinationen und hohe Löslichkeit der Komponenten ineinander gesetzt.

4. Besonderheiten der Transportprozesse und ihr Einfluß auf die Realstruktur bei der Profilzüchtung aus der Schmelze

4.1. Zur Phänomenologie des Wachstumsprozesses

Der Kristallwachstumsprozeß ist von komplexer Natur. Eine Diskussion einzelner Phänomene, wie in den folgenden Unterpunkten praktiziert, bewährt sich nur im Sinne einer besseren Überschaubarkeit, führt aber als solche stets zu einer Verabsolutierung, da jeder Einkristall mit seinen Parametern grundsätzlich ein Produkt sich gegenseitig beeinflussender und bedingender Wachstumsvorgänge, eben eines ganzen Prozesses, darstellt. Nehmen wird als Beispiel den Transport in der Ausgangsphase. Masse- und Wärmetransport sind zwar theoretisch in ihre Teilprozesse (Diffusion, Konvektion, Leitung) zerlegbar und damit analytisch zugänglich, in praxi jedoch von enger Wechselwirkung. Jedoch kann der Einwirkungsgrad der einzelnen Phänomene, ihr teilspezifischer Beitrag zum Wachstumsprozeß und deren Auswirkungen auf die Realstruktur der Kristalle unterschiedlich ausgeprägt sein. Verantwortlich hierfür sind die Verfahrensspezifika, insbesondere die geometrischen Verhältnisse des Kristallisationsmittel und des Kristalls. Beim Übergang von herkömmlichen konzentrischen Züchtungsräumen und Kristallquerschnitten zu rechteckbezogenen bzw. dünnwandigen Profilen ergeben sich bisweilen beträchtliche Veränderungen im Mechanismus einiger wachstumsbestimmender Teilprozesse, so daß profilbezogene Realstrukturkonsequenzen eintreten. Diese können hinsichtlich Kristallqualität positiver und negativer Natur sein. Negative Folgen erfordern dabei eine erhöhte Aufmerksamkeit und Analyse, da erst ihre Eindämmung zum endgültigen Durchbruch der technologischen Realisierungsvariante verhilft.

Zwischen geometrischen Faktoren und den Transportprozessen in Schmelze und Kristall existiert ein enger funktionaler Zusammenhang. Wärme wird durch Leitung, Strahlung und in fluiden Phasen zusätzlich durch Konvektion transportiert, Masse durch Konvektion, Diffusion und unter bestimmten Versuchsbedingungen über Elektromigration. Neben den gravitationsabhängigen Konvektionsarten, wie thermische und Dichte-Konvektion, treten gravitationsunabhängige, wie Kapillar- und Oberflächenkonvektion, auf. Die Komplexität des Masse- und Wärmetransports zeigt sich in zahlreichen überlagernden Koppelmechanismen, wie z. B. Thermodiffusion oder Konvektionsdiffusion. Die Wärmeableitung von einer kristallisierenden Phasengrenze hängt entscheidend vom Querschnitt-Oberfläche-Verhältnis des wachsenden Kristalls, aber auch von den Abmessungen des Schmelzvolumens und dessen Grenzbedingungen ab. Konvektiver Massentransport setzt in einem Schmelzvolumen erst bei einer bestimmten charakteristischen Abmessung ein. Das Strömungsbild, das einen Einfluß auf die Homogenität der Zusammensetzung des wachsenden Kristalls ausübt, ist ebenfalls von der

Geometrie des Schmelzreservoirs und seinem Höhe-Durchmesser-Verhältnis abhängig. Analoge Überlegungen lassen sich auf Konvektionen übertragen die durch Oberflächenspannungsgradienten auf freien Schmelzoberflächen hervorrufen werden.

Ein funktionaler Zusammenhang zwischen geometrischen Verhältnissen der Züchtungsanordnung und der Grenzflächenkinetik ist dagegen kaum zu erwarten. Wir werden deshalb die Grenzflächenkinetik, als ein weiterer, neben den Transportprozessen bestimmender Wachstumsteilvorgang, nicht näher ausführen. Wir sollten lediglich beachten, daß geringe Querschnitte einer Phasengrenze weniger Versetzungen pro Phasengrenzfläche als große beinhalten können.

4.2. Massentransport

Konvektive Transportprozesse in der Schmelze spielen in der Kristallzüchtung eine wesentliche Rolle. Die Entstehung dissipativer Strömungsstrukturen und deren prinzipiell instabiler Charakter gegenüber infinitesimalen Störungen bewirken örtliche Temperaturschwankungen, die unter bestimmten Bedingungen einen oszillierenden Charakter annehmen können („oberstabile" Systeme). Rhythmische Transportänderungen führen zu Schwankungen der Wachstumsgeschwindigkeit und in mehrkomponentigen Systemen zu Konzentratsschwankungen der Diffusionsgrenzschicht beziehungsweise der effektiven Verteilungskoeffizienten. Die Konsequenz ist eine mikroskopische Inhomogenität („Konzentrationsstreifung") in der kristallinen Phase, die in der Mehrzahl der Zielstellungen nicht erwünscht ist. Das Übergangskriterium von einer stationären (laminaren) Nachströmung der Schmelze an die Phasengrenze eines Ziehkristalls zu einer instationären Strömungsform wird, wie unter 4.1. erwähnt, entscheidend vom Profil des Schmelzreservoirs bestimmt. Deshalb ist bei den Profilzüchtungsverfahren mit kapillarattraktiven Formgebern ein spezifisches konvektives Strömungsbild zu erwarten, das sich wesentlich von den konventionellen Massivziehverfahren, wie Czochralski- oder „zone-floating"-Techniken, unterscheidet. Da die Kapillarquerschnitte zumeist einen geringeren Durchmesser bzw. eine andere Geometrie als der profilgebende Schmelzmeniskus auf dem oberen Formgeberrand aufweisen (vgl. Abb. 26), durchläuft der Schmelznachschub während seines Transportes zur Phasengrenze mehrere unterschiedliche Profilkonfigurationen, die nicht nur unterschiedliche thermische Konvektionszustände bedingen, sondern auch die Nachströmungsgeschw indigkeitder Schmelze ändern. So existiert in einer vertikalen Kapillare eine höhere Strömungsgeschwindigkeit als in dem darüber befindlichen horizontalen Spreitungs- und Meniskusgebiet, in dem es bei konstanter Kristallziehgeschwindigkeit und ebener horizontaler Phasengrenzfläche zur Ausbildung eines Geschwindigkeitsgradienten in lateraler Richtung kommt. Hieraus lassen sich Modellvorstellungen für eine makroskopische Umverteilung von Beimischungen über den Kristallquerschnitt (bei Bändern die Bandbreite) ableiten. Im folgenden wollen wir diese Besonderheiten der verschiedenen Profilzüchtungsvarianten aus der Schmelze näher betrachten.

Die theoretischen Grundlagen der Hydrodynamik von Schmelzen setzen wir im wesentlichen als bekannt voraus [279 bis 282]. Darüber hinaus sei auf einige Übersichtsarbeiten zu den Spezifika in der Kristallzüchtung verwiesen [283 bis 287]. Allerdings liegt das Gewicht der bisherigen theoretischen und praktischen Analysen auf den konventionellen massiven Züchtungstechniken. Theoretische Abschätzungen zur Hydrodynamik in Profilzüchtungsvarianten wurden erst in letzter Zeit für den Spezialfall der Bänderzüchtung nach dem EFG-Verfahren begonnen [288].

Eine klassische BENARD-Anordnung [282] ist durch eine horizontale Flüssigkeitsschicht mit einer freien Oberfläche und quasiunendlichen Radialausdehnung, die von unten erwärmt wird, charakterisiert. Unterhalb einer kritischen Temperaturdifferenz über die Schichtdicke wirken Wärmeleitung und Viskosität dem Einsetzen einer Konvektion entgegen. Überwiegen die Auftriebskräfte, so wird die Flüssigkeitsschicht instabil. Es setzt eine Laminarströmung unter Ausbildung einer Hexagonalzellenstruktur ein, mit Aufwärtsströmung im Zellkern und Abwärtsströmung an der Zellenwandung. Der Übergang vom ruhenden Fluid zur Laminarströmung und schließlich zur Turbulenz ist anhand der RAYLEIGH-Zahl abschätzbar:

$$R_a = \frac{\beta \cdot g \cdot \Delta T \cdot l^3}{\nu \cdot \varkappa}, \tag{38}$$

wobei β den thermischen Volumenausdehnungskoeffizienten der Schmelze, g die Fallbeschleunigung, ΔT die Temperaturdifferenz, ν die kinematische Viskosität, $\varkappa$ die Temperaturleitzahl und l die charakteristische Abmessung (Schichtdicke) bedeuten. Bei $R_a \gtrsim 1700$ setzt laminare Strömung ein, bei $R_a > 10^5$ Turbulenz.

An einer freien Oberfläche eines Schmelzvolumens mit lateralen Temperaturdifferenzen ruft die Temperaturunabhängigkeit der Oberflächenspannung $\partial\sigma/\partial T < 0$ (sowie Konzentrationsabhängigkeit in Gemischen $\partial\sigma/\partial C \gtrless 0$) ebenfalls eine Konvektionsströmung hervor, die auf der Oberfläche zur kältesten Stelle hingerichtet ist und auf Grund der Massenkontinuität im Volumen rückläufig ist. Dieser Konvektionstyp, der ausschließlich auf Kapillarwirkung beruht und gravitationsunabhängig ist, wird über die MARANGONI-Zahl charakterisiert,

$$\mathrm{Ma} = \frac{-\partial\sigma/\partial T \cdot \Delta T}{\varrho \cdot \nu \cdot \varkappa}, \tag{39}$$

in die neben den bereits unter Gl. (38) bezeichneten Größen mit ϱ die Dichte der Flüssigkeit eingeht.

In der Praxis sind in einer BENARD-Anordnung Gravitations- und MARANGONI-Konvektionen eng miteinander gekoppelt und gegenseitig verstärkend [282]. Der

Umschlag der Ursache für eine Dichte-Temperaturgradient-Konvektion im Volumen zu einer zusätzlichen Oberflächenspannungs-Gradientenkonvektion findet bei einer kritischen MARANGONI-Zahl Ma* > 80 statt. Während bei größeren Schichtdicken die Konvektion vorrangig durch Auftriebskräfte hervorgerufen wird, da Ra $\sim l^3$, ist in dünneren hingegen die MARANGONI-Konvektion (Ma $\sim l$) überwiegend. Auch hier zeigt sich eine empfindliche Abhängigkeit von der charakteristischen Abmessung, die auf den für die Diskussion interessierenden funktionalen Zusammenhang zwischen Konvektion und Geometrie der Schmelze hindeutet. Im konkreten Fall der EFG-Technik wird der Profilkristall aus einer sehr dünnen Schmelzzone gezogen, über die in der Regel sehr hohe Temperaturgradienten aufgeprägt sind, so daß die MARANGONI-Konvektion einen merklichen Einfluß auf den Verlauf der Nachschubströmung ausüben kann. Hierzu existieren jedoch bisher nur Annahmen [288], und es fehlt noch der praktische Nachweis.

Eine auf die einzelnen Züchtungsvarianten bezogene Diskussion erfordert die Berücksichtigung spezifischer hydrodynamischer Grenzzustände. Es ist zu beachten, daß ein reines BENARD-Problem in der Kristallzüchtung nicht vorliegt. Zumeist wird die Schmelze von zwei horizontalen Festkörper-Grenzflächen, wobei eine die Phasengrenze bildet, begrenzt. Gleichfalls ist die Radialausdehnung endlich und wird durch die Angrenzung an Containerwandungen oder ein Gasmedium festgelegt. Das gilt für das freie Profilziehen aus nichtbenetzenden und benetzenden Formgebern sowie für alle Varianten einer Folienkristallisation zwischen planparallelen Formgeberplatten. Die Form der seitlichen Begrenzung bestimmt das Muster der Konvektionszellen. Rechteckige Begrenzungen rufen beispielsweise rechteckige Strukturen hervor. An die Stelle der Hexagone treten Rollzellen, deren Anzahl und Anordnung vom Höhe-Querschnitt-Verhältnis des Schmelzvolumens abhängig sind. Bleibt das betrachtete Schmelzvolumen während des Züchtungsprozesses konstant, so ändert sich auch nicht das Strömungsbild. Hier lassen sich alle Profilzüchtungsverfahren aus einer konstanten Schmelzschicht, wie zum Beispiel die EFG-Technik, einordnen. Ändert sich jedoch das Schmelzvolumen, wie im Falle der Normalerstarrung in Profilcontainern, so verringert sich mit fortschreitender Phasengrenze die Anzahl der Rollzellen. Mit fortschreitender Phasengrenze können beträchtliche Temperaturschwankungen und demzufolge auch Verteilungsinhomogenitäten beim Übergang von einer Rollzelle zur benachbarten auftreten. Dabei stellt eine gerade Rollzellenzahl stets einen instabilen Zustand dar [289].

Voraussetzung für eine thermische Volumenkonvektion ist natrülich ein Winkel kleiner 180° zwischen Temperaturgradient und Fallbeschleunigung, wie wir sie bei den Ziehverfahren nach oben vorfinden, sofern keine Dendritenzucht aus negativen Temperaturgradienten vorliegt. Horizontale Temperaturgradienten stellen einen zusätzlichen Destabilisierungsfaktor dar, da neben den Rollzellen sich eine großräumige Grundströmung mit fallender Strömungsrichtung an der vertikalen Phasengrenze ausbildet. Ein solches Bild liegt bei einer horizontalen Normalerstarrung in Profilcontainern vor. Dagegen herrscht bei Züchtungsanordnungen mit inversen Temperaturgradienten parallel zur Fallbeschleunigung, wie zum Beispiel der vertikalen Profilnormalerstarrung in geschlossenen Hohlräumen von unten nach oben oder der inversen STEPANOW-Technik, ein hydrodynamisch stabiles Regime, das eine schleichende Konvektion nur bei horizontalen Temperaturinhomogenitäten zuläßt. Zur Einstellung reiner Diffusionsregime ist deshalb die Linearisierung der Isothermen von wesentlicher Bedeutung.

Eine Oberflächenkonvektion ist nur in solchen Züchtungsanordnungen möglich, in denen das Schmelzreservoir eine freie Oberfläche besitzt. Hierzu zählen alle Profilziehverfahren aus einer Meniskusschicht über einem Formgeber und aus freien horizontalen Oberflächen ohne Formgeber. Das Verhältnis der RAYLEIGH- zur MARANGONI-Zahl bestimmt dabei die Intensität des Einflusses von Gravitations- und Kapillarkräften auf die Formierung der Konvektionsströmung:

$$\frac{\mathrm{Ra}}{\mathrm{Ma}} = \frac{g \cdot \beta \cdot l^2}{\partial \sigma / \partial T}. \tag{40}$$

SCHWABE u. a. [290] zeigten, daß bereits bei Schmelzschichthöhen unter $l = 5$ mm die Oberflächenkonvektion dominiert. Die Meniskusschichten beim kantendefinierten Ziehverfahren aus Formgebern sind gewöhnlich noch geringerer Höhe, so daß mit einem wesentlichen Einfluß der Oberflächenkonvektion auf das Strömungsbild zu rechnen ist. Da die Kristallisationsfront das kälteste Gebiet darstellt, wird sich an der Meniskusoberfläche eine Strömung in ihre Richtung und im Zentrum von ihr weg einstellen. Der dabei entstehende Kapillardruckgradient ist dem Gravitationsdruck entgegengesetzt, was bei hohen Strömungsgeschwindigkeiten von $10 \cdots 10^2$ cm s^{-1} zur Konvexität des Meniskus und bei oszillierendem Charakter zu Profilinstabilitäten des Kristalls führen kann. Jedoch lassen die in der Praxis eingestellten geringen Schmelzschichtdicken über dem oberen Formgeberrand kaum Geschwindigkeiten der Oberflächenströmung größer als 1 cm s^{-1} zu, so daß der Einfluß auf das Meniskusprofil vernachlässigbar ist [33, 290]. Beachtet werden sollten dagegen die relativen Strömungsrichtungen der MARANGONI-Konvektion und der Nachschubströmung der Schmelze lateral zur Phasengrenze. Sie sind bei zentraler Anordnung des vertikalen Kapillarspaltes (Abb. 26a) entgegengesetzt und bei Führung der Kapillarspalte am Außenrand des Formgebers (Abb. 26b) gleichgerichtet. Das beeinflußt den Verlauf der hydrodynamischen und diffusiven Grenzschicht und somit folglich die Radial- bzw. Horizontalverteilung im Profilkristall. Denkansätze werden hierzu von KALEJS [288] vermittelt.

Die kritische RAYLEIGH-Zahl für den Übergang von ruhender Schmelze zu thermischer Volumenkonvektion ist vom Höhe-Durchmesser-Verhältnis des Schmelzreservoirs abhängig. Auf Abb. 43 ist dieser funktionale Zusammenhang dargestellt [283]. Somit wird der Einsatzpunkt für eine Konvektion über die Geometrie der Schmelze steuerbar. Während bei den massiven Kristallzüchtungsverfahren, wie CZOCHRALSKI- und inverse BRIDGMAN-Techniken, ein hohes RAYLEIGH-Übergangskriterium zu erwarten ist (Abb. 43), ordnen sich die Profilzüchtungsverfahren zylindrischer und polyedrischer Kristalle aus dünnen Schmelzschichten in der Nähe des Benard-Problems mit h/D-Verhältnissen $\ll 1$ und demzufolge mit

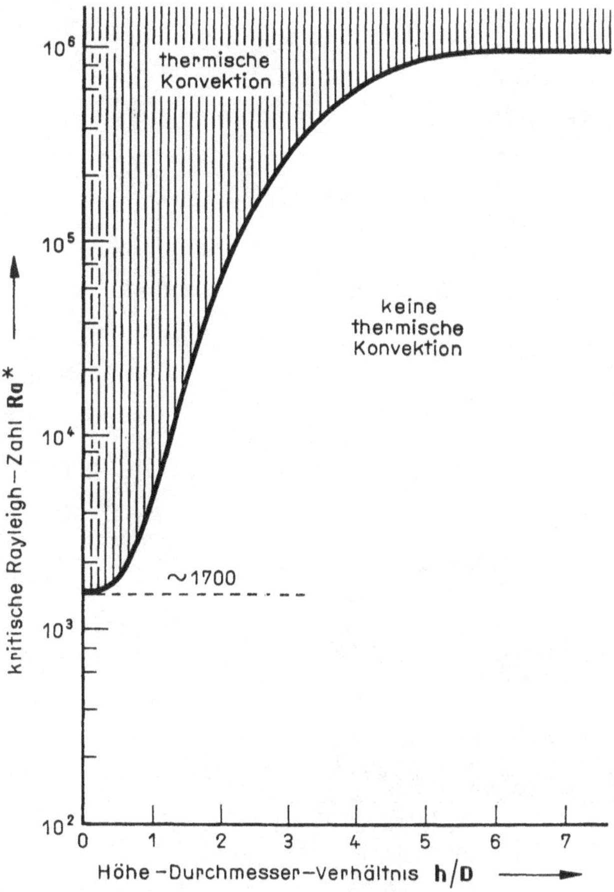

Abb. 43.
Geometrieabhängigkeit der kritischen RAYLEIGH-Zahl Ra* [283].
h – Höhe der Schmelzsäule, D – Durchmesser der Schmelzsäule

den niedrigsten Ra*-Werten ein. Auf Abb. 44 ist der abgeschätzte Zusammenhang zwischen kritischer Höhe (l^*) der Schmelzschicht und Temperaturdifferenz (ΔT) dargestellt. Wir sehen, daß l^* bei hohen Temperaturdifferenzen beträchtlich abnimmt und im konkreten Fall, z. B. dem freien Ziehen von Kristallzylindern aus benetzenden Formgebern, Werte annimmt, die mit den Meniskushöhen vergleichbar sind. Bei der Verwendung nichtbenetzender Formgeber entspricht der Meniskusquerschnitt etwa dem Querschnitt der Kapillare (geringe Durchmesser) oder Schablone (große Durchmesser), so daß in die charakteristische Höhe die Kapillarspalthöhe bzw. Containerhöhe einzubeziehen ist.

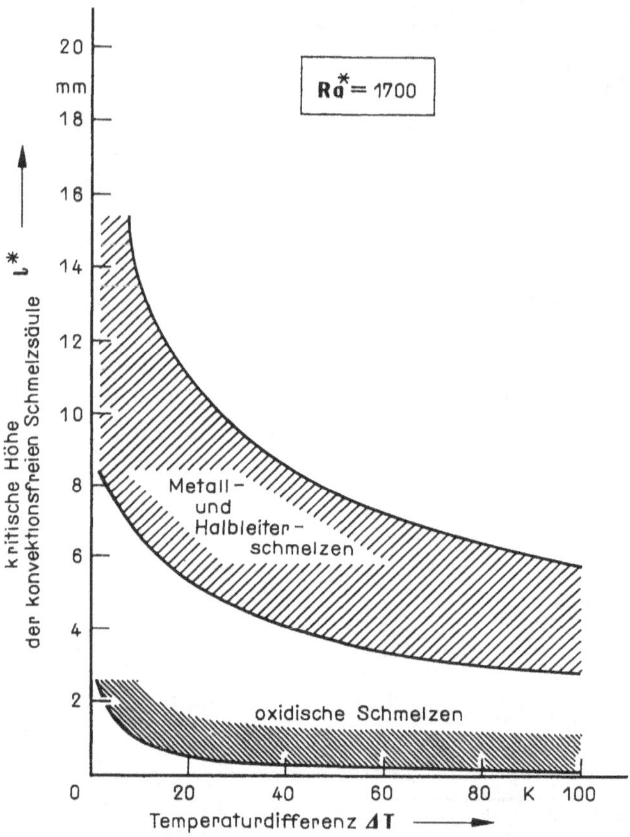

Abb. 44.
Abhängigkeit der kritischen Höhe einer Schmelzschicht l^* von der Temperaturdifferenz beim BENARD-Problem

Der Vergleich zwischen kritischer Höhe l^* im RAYLEIGH-Kriterium und hydrostatisch maximaler Meniskushöhe h_{max} bei der EFG-Züchtung zylindrischer Kristallstäbe ermöglicht die Entwicklung eines Kriteriums, das den Einsatzpunkt gravitationsabhängiger Konvektion charakterisiert. Die kritische hydrodynamische Höhe ermitteln wir durch Umstellung der Gl. (38):

$$l^* = [\mathrm{Ra}^* \cdot \nu \cdot \varkappa \cdot (g \cdot \beta \cdot \Delta T)^{-1}]^{1/3}, \tag{41}$$

wobei der Wert für Ra* vom Höhe-Durchmesser-Verhältnis der Meniskusschicht abhängig ist und bei $h/D < 1$ annähernd 1700 beträgt. Die maximale Meniskushöhe ermitteln wir aus Gl. (18). Setzt man diesen Wert mit der kritischen hydrodynamischen Höhe gleich,

$$h_{max} = l^*, \tag{42}$$

so läßt sich eine kritische Temperaturdifferenz formulieren, die nicht überschritten werden darf, um gravitationsabhängige thermische Konvektion auszuschliessen:

$$\Delta T < 1700 \frac{\nu \cdot \varkappa \cdot g^2}{\beta} \left(\frac{H \cdot \varrho}{\sigma \cdot \cos \theta}\right)^3. \tag{43}$$

Führen wir eine praxisbezogene Abschätzung dieser Größe für die Züchtung von Siliziumkristallzylindern nach der EFG-Technik aus Graphitformgebern durch ($\nu = 3{,}5 \cdot 10^{-3}$ cm^2 s^{-1}, $\varkappa = 10^{-1}$ cm^2 s^{-1} $\beta = 10^{-4}$ K^{-1}, $g = 9{,}8 \cdot 10^2$ cm s^{-2}, $\varrho = 2{,}53$ g cm^{-3}, $\sigma = 7{,}2 \cdot 10^2$ g s^{-2}, $\cos\theta = 0{,}87$, $H = 1$ cm). Die „zulässige" Temperaturdifferenz über die Meniskushöhe dürfte sodann 375 K nicht überschreiten. Solche Temperaturdifferenzen werden beim Ziehen massiver Halbleiterkristallbarren in der Meniskusschicht sicherlich nicht erreicht, so daß von einer fehlenden gravitationsabhängigen Volumenkonvektion ausgegangen werden kann. Dagegen ist bei der Züchtung von Substanzen mit weit geringeren Temperaturleitzahlen in der Schmelze, wie z. B. Oxiden ($\varkappa \approx 10^{-3}$ cm^2 s^{-1}), eine Volumenkonvektion in der Meniskusschicht sehr wahrscheinlich, da die kritischen Temperaturdifferenzen nach (43) bis zu zwei Größenordnungen geringer ausfallen können und weit unter den apparatespezifischen Werten liegen. Auch bei einer Bänderzüchtung können die ΔT-Werte in der Meniskusschicht durchaus 10^2 überschreiten. Verantwortlich hierfür ist die intensive Abstrahlung einer sehr großen Wärmemenge von den Bänderoberflächen. Unmittelbar an der Phasengrenze wird der Temperaturgradient in der Schmelze sogar auf etwa 1000 K cm^{-1} geschätzt [288]. Die Ausbildung einer Volumenkonvektion ist hier also durchaus möglich. Jedoch muß berücksichtigt werden, daß nicht mehr vom Benard-Fall ausgegangen werden kann, da die horizontale Ausdehnung des Meniskus nicht mehr allseitig quasiunendlich ist. Es ist höchstwahrscheinlich, daß die kritische Rayleigh-Zahl für solche Schmelzschichten weit höher als 1700 liegt. Damit wird die Oberflächenkonvektion als einziger thermischer Konvektionsmechanismus verbleiben. In [291 bis 293] wird über Konzentrationsstreifung in Bänderkristallen berichtet, die auf ein oszillierendes Verhalten solcher Konvektionsrollen in der Meniskusschicht hindeuten.

Die Verteilung von Dotierungs- und Verunreinigungskomponenten über die Bänderbreite wird bei der EFG-Züchtung von der lateralen Geschwindigkeitsverteilung der Nachschubströmung bestimmt [288]. Vernachlässigt man eine thermische Konvektion, so wirken in der Meniskusschicht zwei Massetransportprozesse — die Nachschubströmung und Diffusion. Der im senkrechten Kapillarspalt normal zur Phasengrenze gerichtete Schmelzstrom spaltet sich nach Austritt aus der Kapillare, bedingt durch den Spreitungseffekt auf der oberen benetzenden Formgeberfläche oder in einer vorhandenen Meniskusführungsrinne, in laterale Flußkomponenten auf. Nach dem Massenkontinuitätsgesetz muß die Geschwindigkeit dieser Flußkomponente mit wachsendem Abstand von der Kapillaraustrittskante abnehmen. Die Folge ist eine inhomogene Flußgeschwindigkeit

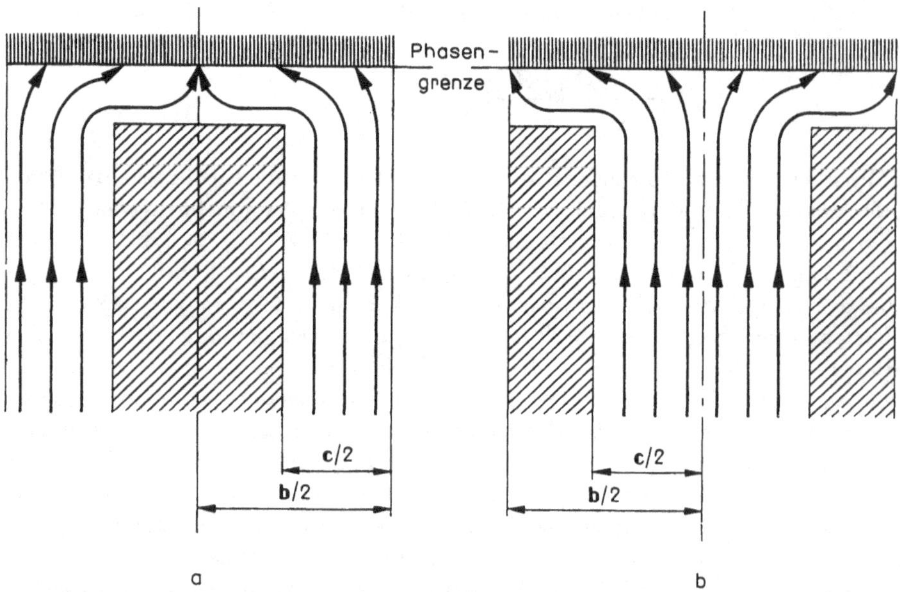

Abb. 45.
Strömungsfeld in Formgeberkapillare und Meniskus
a — zwei Randkapillaren, b — eine Zentralkapillare

über die radiale Meniskusausdehnung. Die hydrodynamische Grenzschicht, in der bekanntlich die Flußgeschwindigkeit exponentiell auf den Wert Null absinkt, wird dementsprechend eine inhomogene Dicke aufweisen, was wiederum den Diffusionstransport in der überlagerten Diffusionsgrenzschicht zwischen flüssiger und fester Phase beeinflußt. In den Bereichen mit den höchsten Strömungsgeschwindigkeiten werden sich die schmalsten Diffusionsgrenzschichten ausbilden. Das läßt eine entsprechende Dotantenumverteilung über den Querschnitt der Bänder erwarten. Auf der Grundlage dieses Modells führt Kalejs [288] eine numerische Berechnung des Dotantentransportes in Abhängigkeit vom Geschwindigkeits- und Konzentrationsfeld in der horizontalen Schmelzschicht unterhalb der Phasengrenze für eine Siliziumbänderzüchtung durch. Auf Grund der Bändergeometrie, mit großem Breite-Dicke-Verhältnis ($b/d \gg 1$) kann von einem zweidimensionalen Modell ausgegangen werden. Über die Meniskusbreite b wird die Strömung der bestimmende Transportmechanismus sein, und die Diffusion kann in dieser Dimension vernachlässigt werden. Das folgt aus dem großen Wert der PECLET-Zahl, $Pe = v_b \cdot b/D \gg 1$, die das Transportverhältnis der Strömung mit einer Geschwindigkeit v_b zur Diffusion mit einem Diffusionskoeffizienten D angibt. Dagegen ist über die Meniskusdicke der Strömungstransport vernachlässigbar, da auf Grund der geringen Abmessung d nach dem PECLET-Verhältnis $Pe = v_d \cdot d/D \ll 1$ die Diffusion dominiert.

In Abb. 45a und b sind die Strömungsmuster in Kapillare und Meniskus zweier Formgebervarianten skizziert. Sie unterscheiden sich durch die Anordnung der vertikalen Kapillarspalten. Beide Varianten sind bei vertikaler Halbierung spiegelsymmetrisch und damit mathematisch identisch. Die Berechnung der Geschwindigkeitswerte erfolgt über ein Differenzenschema mit Randwertvorgaben [288]. Dazu ist die Lösung der zeitunabhängigen zweidimensionalen Bewegungsgleichung und Kontinuitätsgleichung in Flüssigkeiten notwendig. Ebenfalls über ein Differenzenschema wird die zeitunabhängige zweidimensionale Diffusionsgleichung zur Bestimmung des Konzentrationsfeldes in der Meniskusschicht unter Einbeziehung der Strömungsgeschwindigkeitswerte gelöst. Auf der Grundlage der ermittelten Konzentrationswerte unmittelbar an der Phasengrenze C_L, wird die Konzentration in der festen Phase C_s über den Gleichgewichtsverteilungskoeffizienten $k_0 = C_s/C_L$ erhalten. Schließlich wird das Verhältnis C_s/C_0 ermittelt, wobei C_0 die Ausgangskonzentration der Dotierung im vertikalen Kapillarspalt ist. Formgeber- zu Kapillarspaltbreite b/c, Gleichgewichtsverteilungskoeffizient k_0, Diffusionskoeffizient in der Schmelze D und Ziehgeschwindigkeit v_z gehen als Variable in die Berechnung ein. Auf Abb. 46 sind einige Konzentrationsverläufe C_s/C_0 über die Hälfte einer Bänderbreite für konstante Werte von k_0 in Abhängigkeit von b/c, D und v_z dargestellt. Ihnen wird die berechnete ortsabhängige Strömungsgeschwindigkeit u über die Meniskusbreite für ein Verhältnis $b/c = 20$ überlagert. Wir sehen, daß die Strömungsrate über der Kapillaraustrittskante ihren Maximalwert erreicht, der an diesem Ort mit den geringsten Konzentrationswerten im Kristall zusammenfällt. Hier befindet sich der Schnittpunkt zwischen Diffusionsgrenzschicht und hydrodynamischer Schicht am nächsten an der Phasengrenze und folglich auch die geringste Anreicherung von Dotierungsmaterial. Aus Abb. 46 ist weiterhin ersichtlich, daß die Verteilungsinhomogenität über die Bänderbreite mit anwachsendem Diffusionskoeffizienten zurückgeht. Die gleiche Aussage ergibt sich aus steigenden k_0- und v_z-Werten. Laterale Verteilungsinhomogenitäten werden vernachlässigbar gering bei Verteilungskoeffizienten $k_0 > 10^{-2}$ und Diffusionskoeffizienten $D > 10^{-4}\ cm^2\ s^{-1}$. Hierzu zählt das für die Herstellung von Solarzellen wichtige Dotierungselement Bor und der als Verunreinigungselement des Formgebers vorliegende Kohlenstoff. Für diese Elemente ist eine Umverteilung zwischen Bandzentrum und -rändern von weniger als 3% zu erwarten. Die praktische Verteilungsmessung von Bor über die Bandbreite bestätigt diese Aussage [294]. Dagegen ist bei gleichen

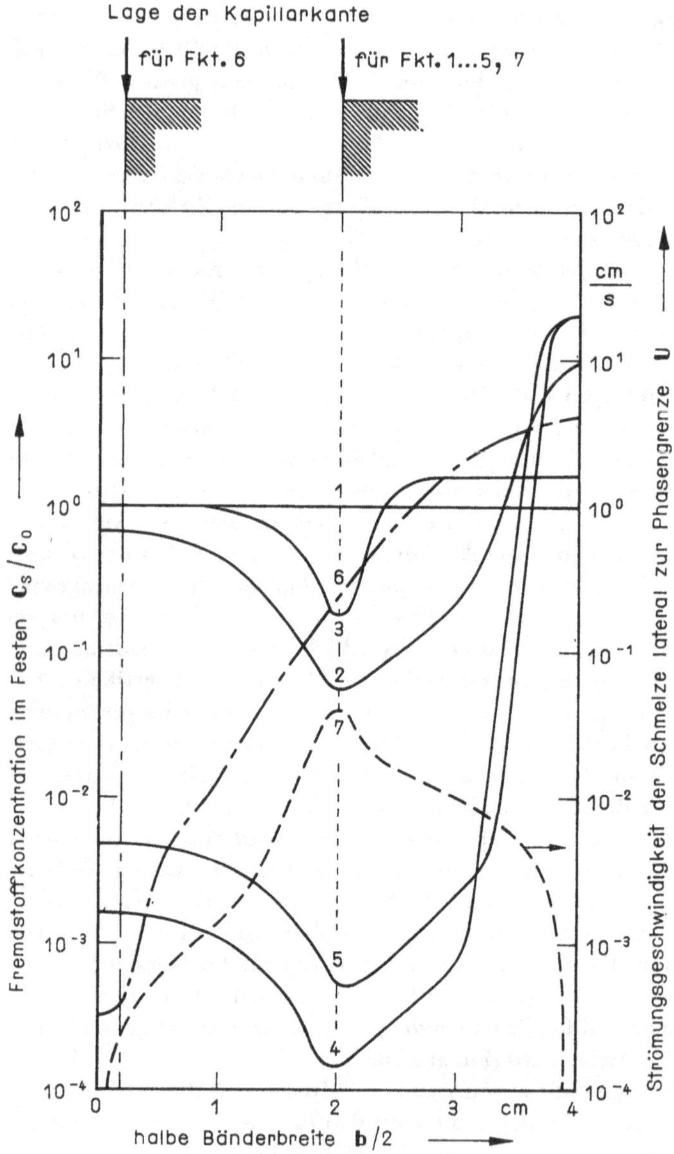

Abb. 46.

Berechnete Konzentrationsverläufe uber die Hälfte einer Bandbreite C_s/C_0 für $k_0 = 10^{-5}$, $b/c = 2$ (Kurven 1·· 5) und $b/c = 20$ (Kurve 6), sowie horizontale Strömungsgeschwindigkeit u (Kurve 7) (zusammengefaßt nach [288]).

1 – $v_z = 0{,}042$ und $0{,}125$ cm s^{-1}, $D = 10^{-5}$ cm^2 s^{-1},
2; 6 – $v_z = 0{,}042$ cm s^{-1}, $D = 10^{-4}$ cm^2 s^{-1},
3 – $v_z = 0{,}125$ cm s^{-1}, $D = 10^{-4}$ cm^2 s^{-1}, 4 – $v_z = 0{,}042$ cm s^{-1}, $D = 10^{-3}$ cm^2 s^{-1},
5 – $v_z = 0{,}125$ cm s^{-1}, $D = 10^{-3}$ cm^2 s^{-1}, 7 – $b/c = 2$

Züchtungsbedingungen die Umverteilung von Aluminium mit $k_0 = 2 \cdot 10^{-3}$ und $D = 3 \cdots 10 \cdot 10^4\ \mathrm{cm^2 \cdot s^{-1}}$ beträchtlich [294]. Während im Bänderzentrum eine Konzentration von $1{,}2 \cdot 10^{16}\ \mathrm{cm^{-3}}$ gemessen wurde, lag sie an beiden Rändern unterhalb der Nachweisgrenze von $1 \cdot 10^{15}\ \mathrm{cm^{-3}}$. Diese praktischen Werte wurden bei der Verwendung von Formgebern mit zwei seitlichen Kapillarspalten (Abb. 45b) erhalten, die in guter Übereinstimmung mit dem Modell die geringste Strömungsgeschwindigkeit und damit die höchste Konzentrationsanreicherung im Meniskuszentrum bedingen. Es ist zu beachten, daß in dieser Variante die Richtung der MARANGONI-Strömung unmittelbar an der Phasengrenze mit der Richtung der Nachschubströmung zusammenfällt und den Umverteilungseffekt zusätzlich verstärken kann. Bei zentralem Kapillarspalt ist sie der Nachschubströmung entgegengesetzt. Über einen daraus zu erwartenden möglichen Homogenisierungseffekt fehlen jedoch bis heute praktische Belege.

Bei der Züchtung von langgestreckten Kristallfolien oder -chips in geschlossenen harten Profilgebungsräumen oder zwischen planparallelen Substratflächen lassen die geringen Abstände der Festkörperflächen kaum eine thermische Konvektion zu, auch wenn instabile Bedingungen in Form horizontaler Wärmeflüsse vorliegen sollten. Eine MARANGONI-Konvektion ist ohnehin ausgeschlossen. Aus den Grundlagen der Hydrodynamik ist bekannt [281], daß in der Nähe von Festkörperwänden die Geschwindigkeit einer realen Flüssigkeit innerhalb der hydrodynamischen Grenzschicht auf Null zurückgeht. Je geringer der Abstand zwischen zwei gegenüberliegenden Begrenzungsflächen, desto stärker überlagern sich die hydrodynamischen Grenzschichten, und eine Konvektion wird unterdrückt. BATCHLOR [295] zeigte, daß der kritische Abstand zweier vertikaler paralleler Begrenzungsplatten mit eindimensionalem seitlichen Wärmefluß bei 3···5 mm liegt. Die unter Abschn. 3.6. vorgestellten Profilzüchtungsanordnungen besitzen in der Regel geringere Abmessungen der Schmelzschichtdicke und stabile vertikale Wärmeflüsse. Gleiches gilt für die horizontale Folienkristallisation zwischen zwei Substratplättchen (Abschn. 3.7.), die bei den praktizierten Schmelzfilmdicken $< 500\ \mu\mathrm{m}$ trotz horizontaler Wärmeflüsse keine Konvektion zuläßt. Die fehlende Konvektion ist somit eine wichtige Besonderheit der Züchtung sehr flacher Kristallprofile in Endmaß-Formen. In diesen Kristallisationsanordnungen wird die Diffusion zum allein bestimmenden Massetransportprozeß mit all seinen Konsequenzen auf die Konzentrationsverteilung in Wachstumsrichtung. Für den Fall, daß der Konzentrationsausgleich in der Schmelze nur durch Diffusion erfolgt, sind von mehreren Autoren Lösungen der hierbei gültigen Differentialgleichungen unter mehr oder weniger starken Vereinfachungen vorgeschlagen worden [296 bis 299]. Wir beschränken uns auf die von SMITH u. a. [297] erhaltene Lösung. Unter Vernachlässigung der Diffusion im Kristall wird von der zeitabhängigen Diffusionsgleichung für die in der Schmelze ablaufenden Prozesse ausgegangen:

$$D \frac{\partial^2 C_L}{\partial x^2} + v \frac{\partial C_L}{\partial x} = \frac{\partial C_L}{\partial t}, \tag{44}$$

in der C_L die Konzentration in der Schmelze, D der Diffusionskoeffizient in der Schmelze, v die Kristallisationsgeschwindigkeit, t die Zeit und x die sich mitbewegende Ortskoordinate mit einem Koordinatenursprung an der Phasengrenze bedeuten. Bei konstantem Querschnitt von Kristall und Schmelze lassen sich folgende Randbedingungen formulieren:

$$C_L = C_0, \quad t \lesseqgtr 0; \quad x > 0,$$

$$\frac{\partial C_L}{\partial x} = (1 - k_0) \cdot \frac{v}{D} C_L, \quad t = 0; \quad x = 0.$$

Für das Anfangsgebiet des erstarrten Kristalls wird folgende Konzentrationsverteilung gefunden:

$$C_s(x_1) = \frac{C_0}{2} \left\{ 1 + \operatorname{erf} \left(\frac{\sqrt{v/D \cdot x_1}}{2} \right) + [2k_0(1 - k_0)(v/D \cdot x_1)] \operatorname{erf} c \left[\frac{(2k_0 - 1)}{2} \sqrt{v/D \cdot x_1} \right] \right\}, \tag{45}$$

worin x_1 die Ortskoordinate mit Ursprung im Kristallanfang bezeichnet. Für das Endgebiet ergibt sich folgende Konzentrationsverteilung:

$$C_s(x_2) = C_0 \left\{ 1 + \sum_{n=1}^{\infty} (2n + 1) \left[\prod_1^n (m - k_0) \Big/ \prod_1^n (m + k_0) \right] \times \exp[-n(n + 1)\, v/D \cdot x_2] \right\} \tag{46}$$

mit x_2 als Ortskoordinate, beginnend vom Kristallende, und m als ganzzahligen Multiplikationsindex. Untersuchungen zur axialen Sb-Verteilung in $Bi_{1-x}Sb_x$-Mischkristallfolien unterschiedlichster Längenausdehnung, erhalten durch Normalerstarrung in festen Profilräumen, zeigen eine hinreichend gute Übereinstimmung mit diesem auf reiner Diffusion basierenden Segregationsmodell [212, 222, 223].

Unter solchen konvektionslosen Bedingungen in der Schmelze kann in mehrkomponentigen Systemen die Thermodiffusion eine wichtige Rolle spielen. Je nachdem, ob der Thermodiffusionskoeffizient negativ oder positive ist, bewegt sich die schwere Komponente entsprechend zur wärmsten oder kältesten Stelle der Schmelze. Folglich ist eine geringfügige Korrektur der Verteilungsfunktionen für das reine Diffusionsregime durchzuführen. Der Effekt der Thermodiffusion wird besonders dann interessieren, wenn lange Kristallprofile gezüchtet werden, die nach dem SMITHschen Verteilungsmodell (45) und (46) im Mittelbereich geringe Konzentrationsgradienten aufweisen. Die Thermodiffusion kann dann dazu beitragen, diese kleinen Gradienten völlig zu kompensieren und somit homogene Einkristalle über eine längere Zentraldistanz zu erhalten.

Nach DE GROOT [363] läßt sich für den Fall sehr kleiner Konzentrationen eine zeitabhängige Verteilungsfunktion in der Schmelze mit aufgeprägter Temperaturdifferenz ΔT definieren:

$$C_L(x) = C_0 + \left[1 - \exp\left(-\frac{\pi^2}{l^2} Dt\right)\right] \times \left[C_0 \cdot s \cdot \Delta T \frac{\exp\left(-s \cdot \Delta T \frac{x}{l}\right)}{\left(1 - \exp\left(-s \cdot \Delta T\right)\right)} - C_0\right]. \tag{47}$$

l bedeutet die Länge des Temperaturgradienten mit der Differenz ΔT und s der Thermodiffusions- bzw. SORET Koeffizient. Am Beispiel von sehr langsam kristallisierten $Bi_{0,97}Sb_{0,03}$-Kristallbändchen konnte theoretisch und experimentell eine durch Thermodiffusion hervorgerufene relative Sb-Konzentrationsänderung über die Länge der Schmelzsäule von 13,5% ermittelt werden. Eine Berücksichtigung dieses Effektes in der Verteilungskurve nach SMITH ergab eine gute qualitative und quantitative Übereinstimmung mit den gemessenen Konzentrationsverläufen [212].

4.3. Wärmetransport

Für den Wärmetransport in der Schmelze gelten ebenfalls die als bekannt vorausgesetzten hydrodynamischen Gesetzmäßigkeiten [279 bis 282]. Halbleiter- und Metallschmelzen unterscheiden sich auf Grund ihrer höheren Wärmeleitzahl $\varkappa$ durch eine niedrigere PRANDTL-Zahl Pr von oxidischen Schmelzen,

$$\mathrm{Pr} = \frac{\nu}{\varkappa}, \tag{48}$$

worin ν die kinematische Viskosität der Schmelze bedeutet. Flüssigkeiten mit PRANDTL-Zahlen $\ll 1$ neigen stärker zu Konvektionsinstabilitäten oberhalb der kritischen RAYLEIGH-Zahl, da die erhöhte Wärmeleitfähigkeit den Einsatzpunkt für turbulente Strömungen herabsetzt.

Die wesentlichsten geometrieabhängigen Züchtungsbesonderheiten und Realstrukturfolgen ergeben sich jedoch aus den Wärmetransportverhältnissen in der kristallinen Phase. Die Änderung der Geometrie des Kristallquerschnittes führt zu spezifischen Temperaturfeldern und Kristallisationsgeschwindigkeiten. Während bei der Bänderzüchtung die möglichen hohen Ziehgeschwindigkeiten einen beachtlichen ökonomischen Effekt ergeben, rufen die inhomogeneren Temperaturfelder erhöhte thermische Verspannung hervor, die hauptverantwortlich für die beobachtete intensive Versetzungsgeneration sind.

4.3.1. Temperaturverläufe in rechteckigen und bandförmigen Profilkristallen

Konzentrische Kristalle beinhalten in der Regel radiale Temperaturdifferenzen, die mit zunehmenden Radius anwachsen. Die Schmelzpunktisotherme kann je nach Züchtungsverfahren konvex, konkav oder konkav—konvex verlaufen. Gewölbte Phasengrenzflächen sind die Ursache für Konzentrationsverteilungen von Beimischungen über den Kristalldurchmesser. Die Profilzüchtung rechtecki-

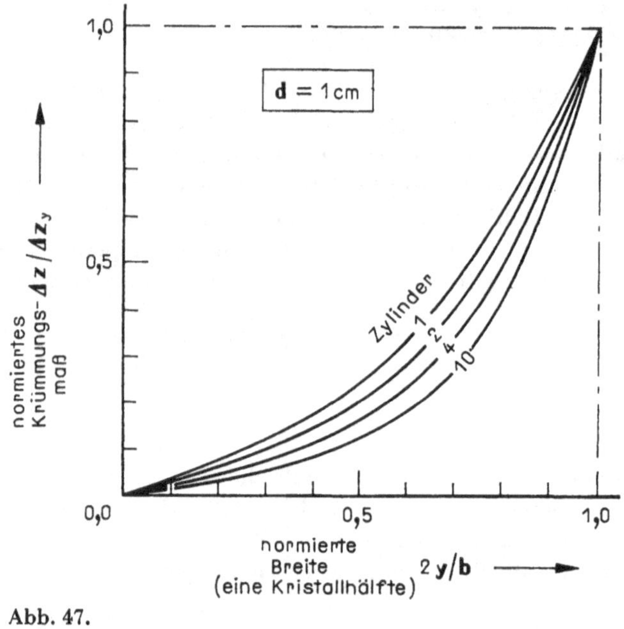

Abb. 47.

Verläufe der Schmelzpunktisothermen bei einer Normalerstarrung in konzentrischen und rechteckigen Ampullen [300].
$\Delta z/\Delta z_y$ — normiertes Krümmungsmaß, $2y/b$ — normierte Breite der Ampullenhälfte, b — Breite, d — Dicke. (Die Kurvenzahlen bezeichnen das b/d-Verhältnis).

ger Kristallquerschnitte ermöglicht durch Variation des Breite-Dicke-Verhältnisses eine Linearisierung der Schmelzpunktisotherme im Zentralteil des Züchtungsquerschnittes. Abweichend von der konzentrischen Form der Ampullen schlagen Abduragimow u. a. [300] die Züchtung von Bridgman-Kristallen in entsprechend umgestalteten Ampullen mit quadratischen bzw. bänderförmigen Querschnitten vor. Unter Annahme modellmäßiger Randbedingungen, wie Gleichheit der Wärmeleitzahlen zwischen Schmelze und Kristall, Vernachlässigung der Konvektion in der Schmelze und der latenten Kristallisationswärme, Quasiunendlichkeit der axialen Ampullenabmessung, thermisches Gleichgewicht, Newtonscher Wärmeaustausch zwischen Ampullenaußenwandung und umgebendem Medium und einer Temperatursprungfunktion zwischen heißer und kalter Zone, ist die dynamische Wärmeleitungsgleichung relativ unkompliziert lösbar. Aus den ermittelten ortsabhängigen Temperaturwerten lassen sich die Proportionen der Isothermekrümmung zwischen Ampulleninnenwandung und Kristallzentrum ΔZ angeben. Diese betragen für konzentrische Profile

$$\Delta Z \sim R \cdot \ln R \tag{49}$$

und für rechteckige

$$\Delta Z \sim \ln b\,, \tag{50}$$

$$\Delta Z \sim 2d \ln d\,, \tag{51}$$

wobei R den Kristallradius, b die Kristallbreite und d die Kristalldicke bezeichnen. Bei einem angenommenen, praxisnahen Verhältnis zwischen Wärmeleitfähigkeit und Wärmeübergangszahl von 0,5 cm ergeben sich die auf Abb. 47 dargestellten Verläufe der Schmelzpunktisotherme über die jeweilige Probenhälfte. Wir sehen, daß mit anwachsendem Breite-Dicke-Verhältnis die Schmelzpunktisotherme in Zentralteil rechteckiger Proben linearisiert wird. Dieser Effekt wird noch stärker in Bänder- oder Folienprofilen, wo das b/d-Verhältnis $> 10^3$ betragen kann, ausgeprägt sein. Jedoch ist zu beachten, daß der Krümmungsbereich gegenüber konzentrischen Profilen in die Randgebiete verschoben und hier deutlicher ausgeprägt wird. Das kann eine nicht zu übersehende nachteilige Gegenwirkung der Geometriemanipulation sein, da die hohen Krümmungswerte in einem schmalen Randgebiet zu wesentlich stärkeren thermischen Verspannungen führen.

Ähnliche Aussagen ergibt eine Berechnung der Temperaturfelder in Kristallen mit rechteckigem Querschnitt, die frei aus einer Schmelze gezogen werden. Analog zu rechteckbezogenen Ampullengeometrien in Containerzüchtungsverfahren wird von der dynamischen Wärmeleitungsgleichung im kartesischen Koordinatensystem mit Koordinatenursprung im Zentrum der Phasengrenzfläche ausgegangen:

$$v \cdot C_p \cdot \varrho_s \frac{dT}{dz} + \frac{d\left(\lambda \frac{dT}{dx}\right)}{dx} + \frac{d\left(\lambda \frac{dT}{dy}\right)}{dy} + \frac{d\left(\lambda \frac{dT}{dz}\right)}{dz} = 0\,, \tag{52}$$

worin T die Temperatur, x, y, z die Koordinaten über die Kristalldicke $d(x)$, Kristallbreite $b(y)$ und Kristallänge l in Ziehrichtung z, λ die Wärmeleitfähigkeit, C_p die Wärmekapazität, ϱ die Dichte der festen Phase (s) und v die Ziehgeschwindigkeit bedeuten. Bei den Halbleitersubstanzen Germanium und Silizium wird in der Regel eine indirekt proportionale Temperaturabhängigkeit der Wärmeleitfähigkeit angenommen [23, 301, 302]:

$$\lambda_s = \frac{\lambda_E \cdot T_E}{T}, \tag{53}$$

wobei λ_E die Wärmeleitfähigkeit am Schmelzpunkt T_E bedeutet. Interessiert nur das Temperaturfeld in einem relativ schmalen Gebiet hinter der Phasengrenze, z. B. für die Abschätzung der thermischen Spannungen, ist auch die Annahme $\lambda_s = \text{const}$ zulässig, da die Temperaturabhängigkeit der Wärmeleitfähigkeit im Bereich der Kristallisationstemperatur sehr gering werden kann [303].

Die Randbedingungen zur Lösung von Gl. (52) ergeben sich aus den Wärmeaustauschverhältnissen an den Oberflächen des wachsenden Kristallkörpers. Die Fläche der Phasengrenze ($z = 0$) wird als isotherm angenommen und mit der Temperatur $T = T_E$ versehen. Die gegenüberliegende kälteste Fläche des Kristalls wird im halbunendlichen Fall ($z \to \infty$) auf einen konstanten Temperaturwert in Nähe der Zimmertemperatur gesetzt. Der Wärmeaustausch über die Seitenflächen des Kristalls erfolgt durch Abstrahlung nach dem STEFAN-BOLTZMANN-Gesetz. Bei der Bänderzüchtung kann die Abstrahlung von den Bänderschmalseiten vernachlässigt werden, so daß sich aus dem Wärmestrom normal zur Breitseite folgende Randbedingung ergibt:

$$\left.\frac{dT}{dx}\right|_{x=\pm\frac{d}{2}} = \varepsilon \cdot \sigma(T^4 - T_0^4) \tag{54}$$

mit σ als Emissionsvermögen eines absolut schwarzen Körpers und ε als relativem Emissionsvermögen. Schwierig ist eine mathematisch exakte Formulierung der Temperatur T_0. Sie beschreibt den Wärmezustand des kristallumgebenden Milieus und gibt den thermischen „Effektivwert" aus abgestrahlten, reflektierten und adsorbierten Anteilen zwischen Kristalloberfläche, Formgeber, Nachheizflächen und Züchtungsraumwänden an. Er wird am sinnvollsten über praktische Temperaturmessungen dem theoretischen Modell angepaßt [23, 303]. Befindet sich in unmittelbarer Nähe des Kristallmantels ein Flächennachheizer, so kann mit hinreichender Genauigkeit für T_0 die Temperatur des Nachheizers T_H gesetzt werden [303]. Erfolgt dagegen die Abstrahlung an ein kaltes Medium, so kann für $T_0 = 0$ gesetzt werden [62, 302, 304]. T_0 hat einen entscheidenden Einfluß auf das Krümmungsmaß des Temperaturgradienten dT/dz und somit auf den Grad der thermischen Verspannung.

Gl. (52) kann über ein numerisches Iterationsverfahren mit Differenzentafeln gelöst werden. Unter Annahme stark vereinfachter Randbedingungen ($T_0 = 0$) und des stationären Falles ($v \to 0$) wird ein phänomenologisches Bild des Temperaturfeldes über den Querschnitt und die Mantelhöhe rechteckiger Kristalle erhalten [304], aus dem sich im Vergleich zu den Temperaturfeldberechnungen an Zylinderkristallen [304, 305] die Änderung der Isothermenverläufe und Temperaturgradienten beim Übergang von konzentrischen zu quadratischen oder bandförmigen Kristallprofilen ableiten läßt (Abb. 48). Aus dem profilspezifischen Isothermenverlauf läßt sich schlußfolgern, daß in den Eckregionen quadratischer Kristallquerschnitte eine Verzerrung der Kreissymmetrie einsetzt. Diese Kristallgebiete unterliegen folglich einer erhöhten thermischen Verspannung. Das Ätzbild an einem solchen Querschnitt [304] zeigt ein starkes Anwachsen

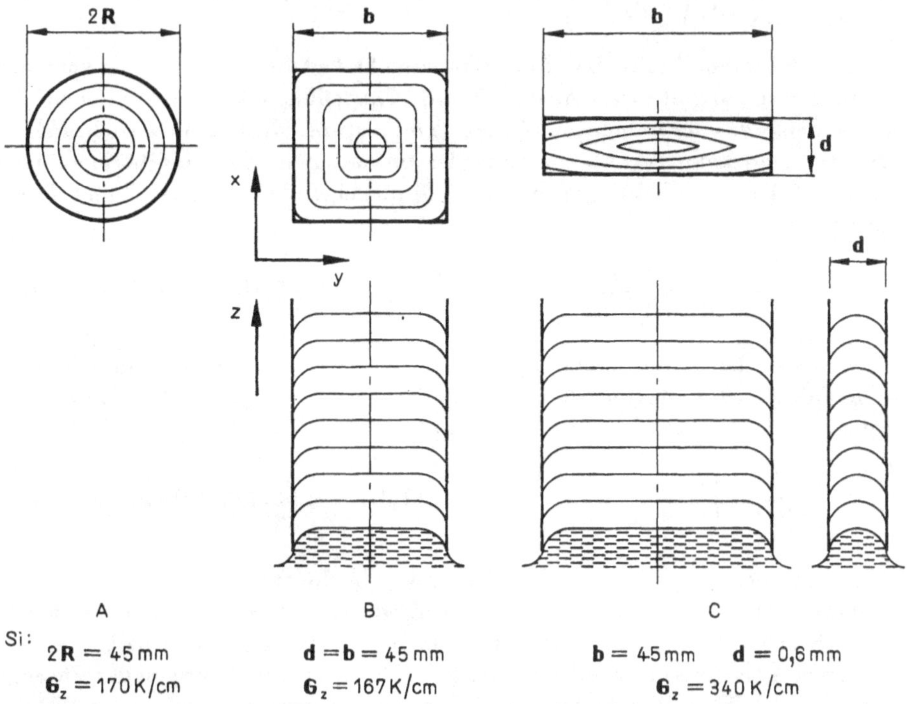

Abb. 48.
Berechnete Temperaturverläufe in Silizium-Kristallen unterschiedlicher Querschnittsprofile (G_z-Temperaturgradient)

der Ätzgruben in den Ecken. Die thermisch bedingte Versetzungsgeneration ist hier besonders heftig. In Bänderkristallen werden die Isothermen über die Bandbreite linearisiert, jedoch über die Banddicke sehr stark gekrümmt. Mit Verringerung der Banddicke werden die Krümmungsgebiete in die Kantenregionen verschoben. Gleichzeitig nimmt der Temperaturgradient in Ziehrichtung gegenüber konzentrischen und quadratischen Kristallquerschnitten stark zu. Unter 4.4.1. wird gezeigt, daß auch seine Nichtlinearität in z-Richtung zunimmt und der entscheidenste Grund für die höhere Versetzungsdichte als beispielsweise in konzentrischen Kristallen ist.

Der Temperaturverlauf in Ziehrichtung eines Kristalls hängt vom Verhältnis zwischen Querschnitt und Oberfläche ab. Vernachlässigt man geringfügige Temperaturdifferenzen über die Breite und eine Abstrahlung von den Kanten eines Bandkristalls, so ist die Bilanz der stationären Wärmeflüsse in einem infinitesimalen Volumenelement $b \cdot d \cdot \mathrm{d}z$

$$b \cdot d \cdot \frac{\mathrm{d}}{\mathrm{d}z}\left(\lambda_\mathrm{s} \frac{\mathrm{d}T}{\mathrm{d}z}\right) = 2(b + d)\,\sigma \cdot \varepsilon(T^4 - T_0^4), \tag{55}$$

worin b die Bänderbreite und d die Bänderdicke bedeuten. Wird λ_s als konstant angenommen, so gibt dieser Ausdruck nach Umstellung aller Konstanten auf die rechte Seite das Krümmungsmaß des Temperaturgradienten in z-Richtung an ($\mathrm{d}^2T/\mathrm{d}z^2$) und kann zur Abschätzung der thermischen Spannung herangezogen werden (4.4.1.). Nach Integration von (55) zwischen den Grenzen T und T_0 erhalten wir:

$$\left(\frac{\mathrm{d}\ln T}{\mathrm{d}z}\right)^2 = \left(\frac{\mathrm{d}\ln T}{\mathrm{d}z}\right)_0 + \frac{(b + d)\,\sigma \cdot \varepsilon}{b \cdot d \cdot \lambda_\mathrm{s} \cdot T_\mathrm{E}}\,\{T^4 - T_0^4[1 + 4\ln(T/T_0)]\}. \tag{56}$$

Es ist hinreichend, die Größe T_0 als einzige Variable zu belassen und deshalb $(\mathrm{d}\ln T/\mathrm{d}z)_0 = 0$ zu setzen [23], so daß der Temperaturgradient in Bänderkristallen wie folgt angegeben werden kann:

$$\frac{\mathrm{d}T}{\mathrm{d}z} = \left[\frac{(b + d)\,\sigma \cdot \varepsilon}{b \cdot d \cdot \lambda_\mathrm{s} \cdot T_\mathrm{E}}\right]^{1/2} \{T^6 - T^2T_0^4[1 + 4\ln(T/T_0)]\}^{1/2}. \tag{57}$$

Dieser Temperaturgradient in Ziehrichtung ist nicht ohne weiteres auf Bänderkristalle optisch transparenter Materialien, wie z. B. Leukosaphir, übertragbar [306]. Hier spielt auch der Strahlungstransport der Wärme innerhalb des Kristallkörpers eine wesentliche Rolle. Ein beträchtlicher Anteil der von der Phasengrenze in den Kristall eingekoppelten Wärmemenge wird an seiner Oberfläche in das Volumen zurückreflektiert und breitet sich hier nach dem Prinzip eines Lichtleiters aus. Besonders gute Lichtleitbedingungen existieren in Bänderkristallen. Hier beträgt dieser Anteil etwa 80% der Gesamtabstrahlung gegenüber 70% in Zylinderkristallen [306]. Folglich wird sich das kalte Kristallende stärker erwärmen als in optisch undurchlässigen Substanzen. Aktive Nachheizer besitzen nicht die gleiche Effektivität, da ein beträchtlicher Strahlungsanteil nicht vom Kristall adsorbiert, sondern an der Oberfläche reflektiert wird. Er muß bei optischen Substanzen weit höher aufgeheizt werden als die Schmelztemperatur. Vergleichsmessungen der Temperaturverläufe in Ziehrichtung an Bändern aus Leukosaphir [306] zeigen, daß ein zufriedenstellender Linearisierungseffekt erst bei Nachheizwerten von $T_\mathrm{E} + 170$ K erreicht wird. Der Anteil der Lichtleitung in einem Kristallband hängt natürlich von der Qualität der Bänderflächen und der Realstruktur ab. Oberflächenrauhigkeiten, Bedampfungsbeläge und makroskopische Einschlüsse (Bläschen) reduzieren ihn.

Ein Linearisierungseffekt des Temperaturgradienten in Ziehrichtung erfolgt auch bei der Züchtung mehrerer paralleler Bänder zugleich. Bei dichter Führung zueinander ist eine solche Anordnung mit einem Massivkristall großen rechteckigen Querschnitts zu vergleichen. Auf Abb. 49 ist die Abhängigkeit der maximalen Temperaturkrümmung von der Bänderzahl N in den zentralen Bändern eines Verbandes für Bänderdicken von 1 mm dargestellt [307]. Mit wachsendem N wird der Temperaturverlauf in Ziehrichtung merklich linearisiert.

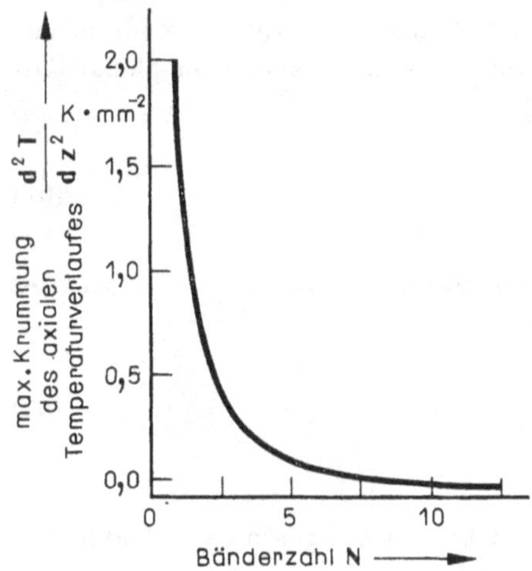

Abb. 49.
Abhängigkeit der maximalen Krümmung des axialen Temperaturverlaufes für die zentralen Bänder in einem Verband aus N-parallelen Bändern [307]

4.3.2. Wärmebilanzierte Ziehgeschwindigkeit von EFG-Bänderkristallen

Die Bilanz der Wärmeflüsse eines stationären Kristallziehprozesses ergibt sich aus der Gleichheit zwischen der von der Phasengrenze durch den Kristall abgeführten Wärmemenge Q_s und der Summe aus der in der Schmelze zur Phasengrenze transportierten Wärmemenge Q_L und der freiwerdenden Kristallisationswärmemenge Q_{Ls}:

$$Q_s = Q_L + Q_{Ls}, \tag{58}$$

$$\lambda_s \left(\frac{dT_s}{dz}\right)_{T_E} = \lambda_L \left(\frac{dT_L}{dz}\right)_{T_E} + \varrho_s \cdot L \cdot v, \tag{59}$$

wobei ϱ_s die Dichte der festen Phase, L die latente Kristallisationswärmemenge und v die Ziehgeschwindigkeit bezeichnen. Den Temperaturgradienten in der festen Phase ermitteln wir aus Gl. (57), für den Temperaturgradienten in der Schmelze setzen wir näherungsweise die Konstante G_L und erhalten nach Umstellung von

(59) die wärmebilanzierte Kristallisationsgeschwindigkeit eines Bandkristalls [23]:

$$v = \frac{1}{\varrho_s \cdot L} \left(\frac{b + d}{b \cdot d} \cdot \alpha \cdot f(\beta) - G_L \cdot \lambda_L \right) \tag{60}$$

mit $\alpha = (\sigma \cdot \varepsilon \cdot \lambda_s \cdot T_E^5)^{1/2}$, $\beta = T_E/T_0$ und $f(\beta) = [1 - \beta^{-4}(1 - 4 \ln \beta)]^{1/2}$. Der größte Durchsatz an Kristallmaterial, d. h. die größte Ziehgeschwindigkeit, wird ohne Berücksichtigung der Realstrukturkonsequenzen dann erreicht, wenn der Strahlungsaustausch von den Bandoberflächen an ein „kaltes" Medium mit $T_0 \approx 0$ erfolgt. Die Funktion $f(\beta)$ wird dann 1 und die maximal mögliche Kristallisationsgeschwindigkeit beträgt [7, 23]:

$$v_{\max(EFG)} = \frac{1}{\varrho_s \cdot L} \left[\frac{(b + d) \cdot \sigma \cdot \varepsilon \cdot \lambda_s \cdot T_E^5}{b \cdot d} \right]^{1/2}. \tag{61}$$

Im Vergleich dazu ist die maximale Kristallisationsgeschwindigkeit zylindrischer CZOCHRALSKI-Kristalle [302]:

$$v_{\max(CZ)} = \frac{1}{\varrho_s \cdot L} \left(\frac{\sigma \cdot \varepsilon \cdot \lambda_s \cdot T_E^5}{R_K} \right)^{1/2} \tag{62}$$

mit R_K als Kristallradius.

Auf Abb. 50 sind die von CISZEK [302] berechneten Ziehgeschwindigkeiten von Siliziumbändern in Abhängigkeit von der Bandbreite und -dicke (als Scharparameter) dargestellt und werden mit den Ziehgeschwindigkeiten von zylindrischen CZOCHRALSKI-Kristallen verschiedener Durchmesser verglichen. Wenn man berücksichtigt, daß die praktischen Ziehgeschwindigkeiten von CZOCHRALSKI-Stäben bei $\approx 0{,}25\, v_{\max}$ und für EFG-Bänder bei $\approx 0{,}3\, v_{\max}$ liegen [165], erhöht sich zusätzlich die Geschwindigkeitsrelation zwischen EFG-Bänder- und CZOCHRALSKI-Zucht.

Die Gl. (61) und (62) werden identisch, wenn das Umfang-Querschnitt-Verhältnis der Kristalle impliziert wird:

$$v_{\max} = \frac{1}{\varrho_s \cdot L} \left(\frac{U \cdot \sigma \cdot \varepsilon \cdot \lambda_s \cdot T_E^5}{2F} \right)^{1/2} \tag{63}$$

mit U als Umfang und F als Querschnitt.

Aus (63) lassen sich ökonomische Faktoren herleiten. CISZEK [302] vergleicht den Oberflächen-Querschnitt-Zuwachs (Durchsatz) während eines Ziehvorganges von 0,05 cm dicken Siliziumbändern mit Silizium-CZOCHRALSKI-Stäben unter der Berücksichtigung, daß letztere nach dem Ziehprozeß in 0,05 cm dicke Rundscheiben mit einer Materialabfallsquote von 50% zerlegt werden (Abb. 51). Es kann geschlußfolgert werden, daß trotz erhöhter Ziehgeschwindigkeit die Ausbeute an verwertbarem Kristallmaterial *eines* Bandes unter der eines CZOCHRAL-

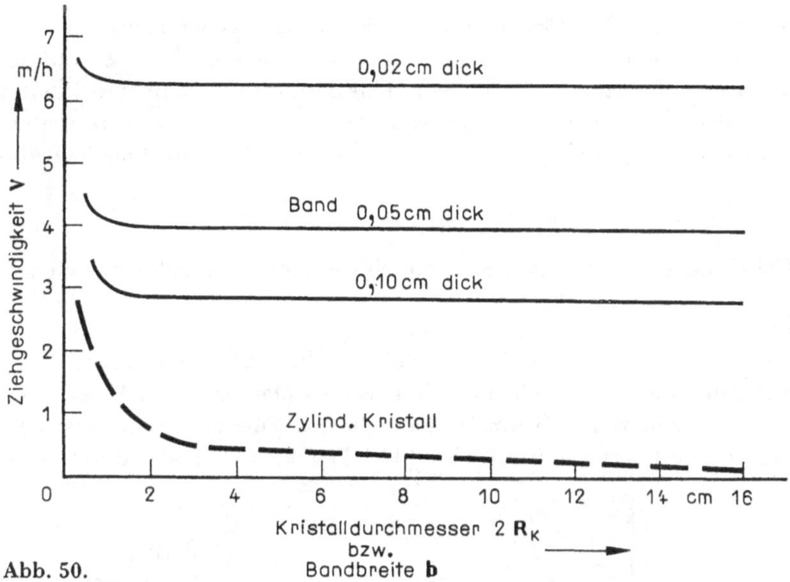

Abb. 50.

Vergleich der theoretischen maximalen Ziehgeschwindigkeiten zylindrischer und bandförmiger Silizium-Kristalle [302]

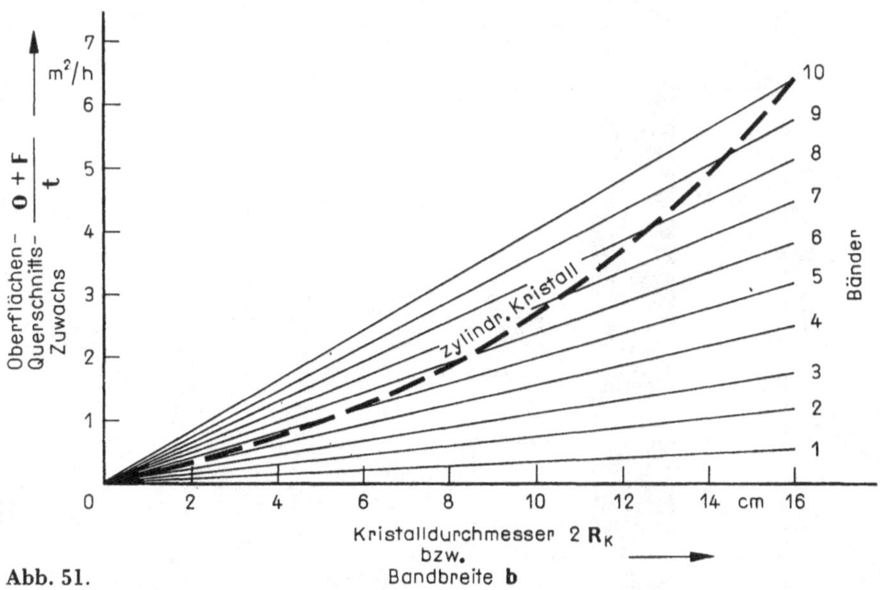

Abb. 51.

Oberflächen-Querschnitt-Zuwachs zylindrischer und bandförmiger Silizium-Kristalle' unter der Berücksichtigung, daß die Czochralski-Kristalle in 0,05 cm dicke Rundscheiben mit einem Materialverlust von 50% zerlegt werden [302].

SKI-Kristalls bleibt. Bei der Züchtung *mehrerer* paralleler Bänder zugleich verschiebt sich die Relation zugunsten der Bänder. Allerdings wächst die Zahl der Bänder bei großen CZOCHRALSKI-Kristalldurchmessern erheblich an. Ein exakter Vergleich ist jedoch erst möglich, wenn Schnitt- und Polierzeiten sowie weitere Materialverluste durch Randsegmente bei der Vereinzelung in Bauelementechips mitberücksichtigt werden.

4.3.3. Wärmebilanzierte Kristallisationsgeschwindigkeit von Schmelzfilmen zwischen parallelen Platten

Die folgenden Aussagen lassen sich auf solche Profilzüchtungsverfahren übertragen, bei denen eine Schmelzschicht zwischen zwei planparallelen Festkörperplatten gerichtet erstarrt. Die Schmelze kann in den Züchtungsspalt entweder durch Gießen in eine Form aus Endmaßen [204, 206, 210, 222] oder durch Pres-

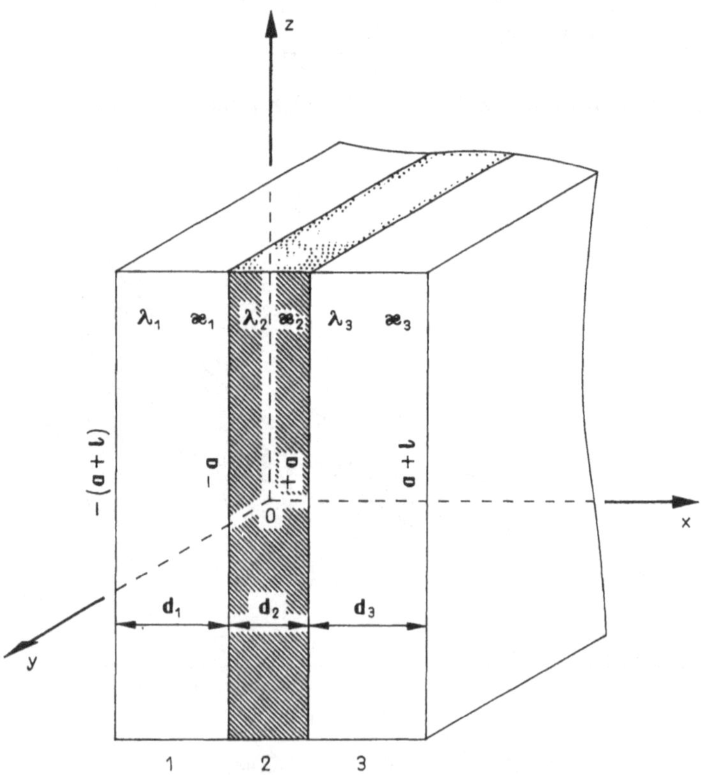

Abb. 52.
Symmetrische Schichtanordnung „Substrat (1)- Schmelzschicht (2)-Substrat(3)“.
d — Dicke, λ — Wärmeleitfähigkeit, $\varkappa$ — Wärmeleitzahl

sen eines Schmelztropfens zwischen zwei horizontalen Festkörperflächen [245 bis 250] gelangen (s. auch die Abschn. 3.6. bis 3.8.). Für die Temperaturfeldanalyse kann von einer symmetrischen Schichtstruktur ausgegangen werden [308], so wie auf Abb. 52 dargestellt. Die Dicke der Schmelzschicht, $d_2 = 2a$, ist entsptechend den praktizierten Verfahren viel geringer als die Dicken der beiden Begrenzungsplatten $d_1 = d_3$. Diese Schichtstruktur wird in einem kartesischen Koordinatensystem mit Ursprung im Zentrum der Mittelschicht (kristallisierende Schicht) betrachtet. Die Ausdehnungen der Anordnung in y- und z-Richtung werden als quasiunendlich angenommen, d. h., Länge und Breite der Kristallprofile bzw. Schmelzschicht sind groß gegen ihre Dicke. Die Wärmeeinkoppelung erfolgt über die äußeren Begrenzungsflächen bei $a + d_1$ und $-(a + d_3)$. Weiterhin wird davon ausgegangen, daß über die Breite der gesamten Anordnung (y-Richtung) parallele Isothermen verlaufen. Eine gerichtete Erstarrung wird entweder bei konstanter Abkühlungsrate einer graduierten Heizwicklung an den beiden Außenflächen oder durch eine Relativbewegung der Schichtstruktur zwischen zwei parallelen Flächenheizern bewirkt.

Um die Wärmeleitungsgleichung auf den eindimensionalen, nichtstationären Fall zu reduzieren, gehen wir von einem konstanten Temperaturgradienten G_z in z-Richtung aus:

$$\frac{\partial T(x, t)}{\partial t} = \varkappa_i \frac{\partial^2 T_i(x, t)}{\partial x^2}, \tag{64}$$

wobei $\varkappa_i = \lambda_i/\varrho_i \cdot C_{pi}$ ist, mit λ_i-Wärmeleitfähigkeit, ϱ_i-Dichte und C_{pi}-Wärmekapazität.

Die Starttemperatur ist über die gesamte Schichtendicke $T = T_0$. Die Abkühlgeschwindigkeiten A und B der Außenflächen sind konstant und ändern sich in den Punkten $a + d_1$ und $-(a + d_3)$ nach den Zeitfunktionen $T_0 - At$ und $T_0 - Bt$. Weitere Randbedingungen seien

$$T_1[-a, t] = T_2[-a, t]; \qquad T_3[a, t] = T_2[a, t],$$

$$\lambda_1 \frac{\partial T_1(-a, t)}{\partial x} = \lambda_2 \frac{\partial T_2(-a, t)}{\partial x}; \quad \lambda_2 \frac{\partial T_2(a, t)}{\partial x} = \lambda_3 \frac{\partial T_3(a, t)}{\partial x}. \tag{65}$$

Die exakte Lösung von Gl. (64) mit den Randbedingungen (65) wird über die LAPLACE-Transformation gefunden [308]. Da in [308] das Problem streng analytisch und für einen allgemeinen Fall (unsymmetrische Wärmeeinkopplung) behandelt wird, gelangt man zu komplizierten Gleichungen, die den Temperaturverlauf in x-Richtung beschreiben. Diese vereinfachen sich beträchtlich, wenn die Abkühlgeschwindigkeiten beider Außenflächen gleich sind ($A = B$) und der Zeitpunkt mit $t > 1$ s seit Beginn des Abkühlvorganges gewählt wird. Unter dieser Bedingung lassen sich die Temperaturverläufe in der jeweiligen Schicht auf folgende praktikable Ausdrücke reduzieren:

Für die linke Begrenzungsplatte in Abb. 51 gilt

$$T_1(x_1, t) = T_0 + Aa^2\left(-\frac{t}{a^2} + \frac{k_l^2 - x_1^2}{2\varkappa_1} + \frac{k_l + x_1}{k_\lambda \cdot \varkappa_2}\right), \tag{66}$$

für die rechte Begrenzungsplatte

$$T_3(x_3, t) = T_0 + Aa^2\left(-\frac{t}{a^2} + \frac{k_l^2 - x_3^2}{2\varkappa_1} + \frac{k_l + x_3}{k_\lambda \cdot \varkappa_2}\right) \tag{67}$$

und für die Kristallisationsschicht

$$T_2(x_2, t) = T_0 + Aa^2\left(-\frac{t}{a^2} + \frac{k_l^2}{2\varkappa_1} + \frac{k_l}{k_\lambda \cdot \varkappa_2} + \frac{1 - x_2^2}{2\varkappa_2}\right) \tag{68}$$

mit $x_1 = 1 + \frac{x}{a}$; $x_2 = \frac{x}{a}$; $x_3 = 1 - \frac{x}{a}$; $k_l = \frac{d_{1,3}}{a}$; $k_\lambda = \frac{\lambda_{1,3}}{\lambda_2}$.

Aus der Lösung der Wärmeleitungsgleichung ist ersichtlich, daß sich während des Abkühlvorganges über die Dicke der Schichtanordnung Temperaturgradienten einstellen, die in der Kristallisationsschicht zusätzlich zur Wärmeleitung in z-Richtung zwei Komponenten in x-Richtung erzeugen. Somit liefern die Begrenzungsplatten einen Beitrag zur Ableitung der latenten Kristallisationswärme. In der Kristallisationsschicht betragen beide Temperaturgradienten in $\pm x$-Richtung

$$G_{\pm x} = -\frac{Ax_2}{\varkappa_2} \tag{69}$$

und erreichen bei $x = \pm a$ ihren größten Wert

$$G_{\pm x(x=a)} = -\frac{A(\pm a)}{\varkappa_2}. \tag{70}$$

Dieser geht in die Wärmebilanz ein:

$$\varrho \cdot \boldsymbol{L} \cdot F_2 \cdot v + \lambda_{2L} \cdot F_2 \cdot G_{zL} = \lambda_{2s} \cdot F_2 \frac{G_{zs}^2 + (2G_{xs})^2}{G_z}, \tag{71}$$

worin F_2 den Querschnitt der Kristallisationsschicht bezeichnet. Unter ausschließlicher Berücksichtigung der Wärmeleitung und vollständiger Vernachlässigung wachstumskinetischer Faktoren ergibt sich daraus die maximale Wachstumsgeschwindigkeit einer flachen Folie zwischen zwei parallelen Begrenzungsplatten.

$$v_{\max} = \frac{1}{\varrho \cdot \boldsymbol{L}}\left(\lambda_{2s}\, G_{zs} - \lambda_{2L} G_{zL} + 4\lambda_{2s} \frac{G_{xs}^2}{G_{zs}}\right) \tag{72}$$

und nach Einsetzen des Maximalwertes des berechneten Temperaturgradienten in x-Richtung (70):

$$v_{\max} = \frac{1}{\varrho \cdot L}\left(\lambda_{2s}G_{zs}\;\lambda_{2L}G_{zL} + 4\lambda_{2s}\frac{A^2a^2}{G_{zs}\cdot \varkappa_2^2}\right). \tag{73}$$

Der Vergleich zeigt, daß die ersten beiden Glieder mit denen der Wärmebilanz bei der Züchtung massiver Einkristalle, beispielsweise nach dem BRIDGMAN-Prinzip, identisch sind, während der letzte Summand in (73) als spezifischer Beitrag der Folienkristallisation anzusehen ist. Substanzbezogene Abschätzungen dieses Betrages [211, 213, 245] zeigen, daß sich bei sehr hohen Abkühlgeschwindigkeiten die Isothermen derart krümmen, daß die Temperaturgradienten in

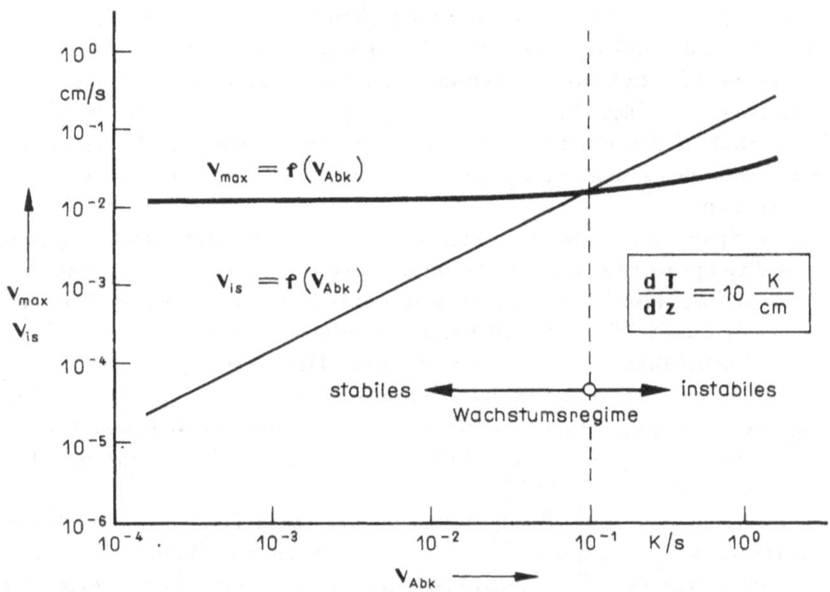

Abb. 53.
Theoretische Ermittlung der maximalen wärmebilanzierten Wachstumsgeschwindigkeiten für ein stabiles Wachstum einer Wismut-Schicht zwischen zwei Isolatorplatten

x-Richtung stark anwachsen und die einsetzenden Wärmeflüsse merklich $v_{\max}$ gegenüber der massiven Kristallzüchtung ändern. Auf Abb. 53 ist der funktionale Zusammenhang zwischen Abkühlrate und $V_{\max}$ für eine 0,05 cm dicke Wismutschicht zwischen 1,2 cm starken Quarzglasplatten dargestellt und mit der Isothermenbewegungsgeschwindigkeit bei einem aktuellen Temperaturgradienten in z-Richtung von 10 K cm^{-1} verglichen. Liegt die Geschwindigkeit der Isothermenbewegung $v_{is} = G_z \cdot A^{-1}$ niedriger als $v_{\max}$, so wird die Phasengrenze stets in Geschwindigkeit und Form der Schmelzpunktisotherme folgen. Wenn jedoch $v_{is} > v_{max}$, so wird die Wärmebilanz und gleichzeitig die Stabilität der Phasengrenze gestört. Vor der Phasengrenze existiert ein unterkühltes Gebiet. Die Folge kann eine unerwünschte Zellular- oder Dendriten-Morphologie der Phasengrenze sein.

4.4. Thermische Spannungen

4.4.1. Stäbe und Bänder, gezogen aus Formgebern

Trotz erheblicher Fortschritte in der Züchtungstechnologie von Bänderkristallen aus verschiedenen Formgebern ist ein wesentliches Problem nach wie vor noch nicht gelöst — die Erzielung solcher Kristalle ohne Versetzungen. Die minimalsten Versetzungsdichten liegen in Germaniumbändern gewöhnlich nicht unter 10^3 cm^{-2} und in Silizium- und Saphirbändern nicht unter $5 \cdot 10^3$ cm^{-2}. Dagegen ist die Züchtung versetzungsfreier zylindrischer Kristallstäbe dieser Substanzen bereits seit längerem gelöst. Was sind die wesentlichsten Gründe für diesen Widerspruch? Sie sind in der Geometrieabhängigkeit der plastischen Deformationsprozesse während des Züchtungsvorganges unter Einwirkung thermischer Spannungen zu suchen.

Thermische Spannungen, als Hauptursache der Versetzungsgeneration während eines Kristallziehprozesses aus der Schmelze, werden nur durch inhomogene Temperaturverläufe, also Krümmungen von Temperaturgradienten, hervorgerufen. Dagegen sind lineare Temperaturverläufe über einen Kristall beliebiger Form ungefährlich hinsichtlich Versetzungsentstehung. Diese Aussagen werden von Indenbom [309, 310] auf der Grundlage der makroskopischen thermoelastischen Theorie der Versetzungsgeneration erhalten. Sie werden in ihrer Richtigkeit durch zahlreiche Berechnungen der thermischen Spannungen und Vergleiche mit dem Experiment bestätigt [310 bis 318].

Der Krümmungswert eines Temperaturverlaufes im Kristall wird durch den Wärmeaustausch zwischen Kristallmantel und umgebendem Medium bestimmt. Ein besonders intensiver Wärmeaustausch findet an breiten Bänderkristallen geringer Dicke statt. Außerdem kann sich ein flächenhafter Spannungszustand einstellen, um so mehr, wenn die beiden Hauptflächen des Bandes mit Basisgleitflächen für Versetzungen, wie z. B. $\{111\}$ im Diamant-Gitter, zusammenfallen. Somit existiert, allgemein ausgedrückt, eine Proportionalität zwischen thermoelastischer Spannung τ in einem Kristall und Wärmetransport sowie Geometrie [318]:

$$\tau(z) \sim \frac{\alpha \cdot E}{\lambda_s} A \cdot q(z) \tag{74}$$

mit α als thermischer Ausdehnungskoeffizient, E als Youngscher Elastizitätsmodul, λ_s als Wärmeleitfähigkeit, A als geometrischer Faktor und $q(z)$ als spezifischer Wärmeverlust an der Kristalloberfläche entlang der Ziehrichtung z.

Die konkreten Berechnungsmethoden der thermischen Spannungen in verschiedenen Kristallprofilen optisch nicht transparenter Substrate sind bereits gut ausgereift. Dazu sei auf die Literaturbeispiele [311, 312, 319] verwiesen. Wir konzentrieren uns auf die phänomenologischen Aussagen. Das pıinzipielle Vorgehen bei einer thermischen Spannungsberechnung beinhaltet die mathematische oder experimentelle Bestimmung des Temperaturfeldes im Kristall, die Ermittlung der Temperaturkrümmungen aus den zweiten Ableitungen der Temperaturgradienten und schließlich die Verknüpfung der Komponenten des Spannungstensors mit der Temperaturkrümmung in Form einer analytischen Beziehung. Dabei genügt es, sich auf *die* kristallographischen Orientierungen zu konzentrieren, die den geringsten Betrag des BURGERS-Vektors im BRAVAIS-Gitter aufweisen, da hier die elastischen Spannungen in Form einer plastischen Deformation zuerst abgebaut werden. Im Diamantgitter (Ge, Si) ist das Basisgleitsystem für Versetzungen $\{111\}$ $\langle 110\rangle$. Die Werte der Schubspannung, die verantwortlich für die Versetzungsbildung ist, werden aus den Mittelwerten der Schubspannungsquadrate gefunden. In einem zylindrischen Kristall mit Diamantgitter, der in $\langle 111\rangle$-Richtung gezogen wird, beträgt das Schubspannungsquadrat [311, 317]:

$$\tau^2_{\langle 111\rangle} = \frac{1}{54}(\sigma_r - \sigma_z)^2 + \frac{1}{54}(\sigma_\theta - \sigma_z)^2 + \frac{1}{18}(\sigma_r - \sigma_\theta)^2 + \frac{1}{81}(\sigma_r - \sigma_z)(\sigma_\theta - \sigma_z) \tag{75}$$

mit

$$\sigma_r = -\frac{\alpha E}{16(1+\mu)} R_K^2 \left(1 - \frac{r^2}{R_K^2}\right) \frac{d^2T}{dz^2}, \tag{76}$$

$$\sigma_Q = -\frac{\alpha E}{16(1+\mu)} R_K^2 \left(1 - 3\frac{r^2}{R_K^2}\right) \frac{d^2T}{dz^2}, \tag{77}$$

$$\sigma_z = -\frac{\alpha \cdot E}{8(1+\mu)} R_K^2 \left(1 - 2\frac{r^2}{R_K^2}\right) \frac{d^2T}{dz^2}, \tag{78}$$

wobei σ die Normalspannungskomponenten im polaren Koordinatensystem (r, θ, z), R_K der Kristallradius und μ der POISSIN-Koeffizient bedeuten.

Nach Einsetzen von (76)—(78) in (75) erhält man die Schubspannung

$$\tau = \frac{\alpha \cdot E}{24(1+\mu)} R_K^2 \sqrt{1 - 4\frac{r^2}{R_K^2} + 4{,}6\frac{r^4}{R_K^4}} \frac{d^2T}{dz^2}. \tag{79}$$

Wesentlich ist die Kenntnis des Maximalwertes von τ, da dieser mit der substanzspezifischen kritischen Schubspannung für Versetzungsgleitung τ_{max}

verglichen wird. τ_{max} wird bei $r = R_K$ erreicht:

$$\tau_{max} = K_1 \frac{\alpha \cdot E}{16(1 + \mu)} R_K^2 \frac{d^2T}{dz^2}, \tag{80}$$

wobei $K_1 = 0{,}8 \cdots 1{,}1$ die Orientierung berücksichtigt.

In Bänderkristallen mit einem großen b/d-Verhältnis kann τ_{max} allein aus der Komponente σ_z bestimmt werden, da die Komponente σ_y vernachlässigbar gering ist [317]:

$$\sigma_z = \frac{\alpha \cdot E}{24} b^2 \left(1 - 12 \frac{y^2}{b^2}\right) \frac{d^2T}{dz^2}. \tag{81}$$

Die Normalspannung σ_z erreicht nach (81) bei $y = \pm b/2$, also an den Bänderrändern, ihren Maximalwert, woraus sich ein maximaler Wert der Schubspannung von

$$\tau_{max} = K_2 \frac{\alpha \cdot E}{12} b^2 \frac{d^2T}{dz^2} \tag{82}$$

mit $K_2 = 0{,}2 \cdots 0{,}36$ ableiten läßt [317].

Die Gln. (76)—(78) und (81) gelten für das gesamte Volumen des Kristalls, außer in unmittelbarer Nähe der oberen und unteren Grenze [317].

Damit stehen praktikable Gleichungen zur Bestimmung der maximalen Schubspannungswerte in zylindrischen Kristallstäben (80) und Bänderkristallen (82), in die als geometrische Faktoren der Kristallradius bzw. die Bandbreite und als thermische Faktoren die zweite Ableitung des Temperaturgradienten in Ziehrichtung eingehen, zur Verfügung. Unter der Annahme, daß die Wärmeleitfähigkeit temperaturabhängig ist, kann Gl. (55) zur Bestimmung der zweiten Ableitung des axialen Temperaturverlaufes benutzt werden:

$$\frac{d^2T}{dz^2} + \frac{U}{F} \sigma \cdot \varepsilon (T^4 - T_0^4), \tag{83}$$

wobei in zylindrischen Kristallen für den Umfang $U = 2\pi R_K$ und den Querschnitt $F = \pi R_K^2$ und in Bänderkristallen $U = 2(b + d)$ und $F = b \cdot d$ gilt. Nach Einsetzen von (83) in (80) bzw. (82) beträgt die maximale thermische Schubspannung in Ziehrichtung z in einem zylindrischen Kristall

$$\tau_{max}(z) = K_1 \frac{\alpha \cdot E}{8(1 + \mu) \lambda_s} R_K (T^4 - T_0^4) \tag{84}$$

und in einem Bandkristall

$$\tau_{max}(z) = K_2 \frac{\alpha \cdot E}{6 \lambda_s} \frac{b^2}{d} (T^4 - T_0^4). \tag{85}$$

Sind die Wärmeaustauschbedingungen bei beiden Kristallprofilen identisch, so unterscheidet allein der geometrische Faktor die Maximalwerte der thermischen Spannungen in Zylinder- und Bänderkristallen. Es kann gezeigt werden [31], daß bei gleichem Querschnitt $\pi R_K^2 = b \cdot d$ und gleicher Temperaturkrümmung die thermischen Spannungswerte in Bändern um den Faktor $4K_2(1 + \mu)$ höher liegen. Das heißt, mit wachsender Bandbreite und fallender Banddicke nimmt die thermische Spannung in Ziehrichtung rapide zu. Untersuchungen der Ätzgrubendichte an Bändern unterschiedlicher Dicke und Breite bestätigen diesen proportionalen Zusammenhang [144, 317, 320]. In [311] wird gezeigt, daß in konzentrischen Germanium-Stäben mit einem Durchmesser von 8 mm und einer Temperaturkrümmung von $d^2T/dz^2 = 20$ K cm^{-2} die kritischen Schubspannungswerte für eine Versetzungsgeneration in keinem Gebiet des Kristalls erreicht werden. Dagegen werden in rechteckigen Kristallen mit einem Querschnitt von 24×3 mm^2 bei gleichem Krümmungsmaß des axialen Temperaturverlaufes, insbesondere unmittelbar hinter der Phasengrenze, die kritischen Schubspannungswerte für Versetzungsbildung bis zu 200% überschritten [312]. In Übereinstimmung mit diesen Berechnungen gelingt es in der Praxis, versetzungsfreie Germaniumstäbe mit konzentrischem Querschnitt nach dem STEPANOW-Verfahren zu züchten [321]. Dagegen weisen geätzte Flächen von Bänderkristallen stets eine hohe Ätzgrubendichte auf, deren inhomogene Verteilung den berechneten Spannungsfeldern entspricht. Die höchste Versetzungsdichte wird an den Bandrändern und ein weiteres Maximum im Zentralteil beobachtet [317, 322].

Die wirkungsvollste Maßnahme zur Verringerung der thermischen Spannungen und dadurch der Versetzungsdichte in Bänderkristallen ist die Senkung des spezifischen Wärmeverlustes an der Kristalloberfläche. Aus Gl. (83) folgt, daß die Temperaturkrümmung bei völliger Wärmeisolierung der Kristalloberfläche ($T_0 = T$) gegen Null gehen würde. Eine nahezu ideale Wärmeisolation der Bänderflächen wird erreicht, wenn in einem geringen Abstand zu ihnen ein flächenhafter Nachheizer angebracht wird, dessen Temperaturverteilung entlang der Ziehrichtung mit der des Kristalls übereinstimmt. Die Wirksamkeit von Nachheizern an Germanium-Bändern mit einem Querschnitt von 24×3 mm^2 wird von ANTONOW u. a. [318] untersucht. Auf Abb. 54 sind der gemessene axiale Temperaturverlauf im Kristall und in zwei parallelen Reflektorflächen („passiver" Nachheizer), die dazugehörige berechnete Temperatur-Krümmungs-Funktion in Ziehrichtung und die Isoverläufe der thermischen Spannungen in der Bänderfläche dargestellt. Wir sehen, daß das thermische Spannungsfeld von der Temperaturdifferenz zwischen Kristall und Nachheizer bestimmt wird. Die kritischen Schubspannungen für eine Versetzungsgeneration werden im Gebiet der niedrigsten Werte besonders stark überschritten. Diese liegen in der Nähe des Schmelzpunktes, also unmittelbar hinter der Phasengrenze (≈ 15 p mm^{-2}). Ge-Bänder eines solchen Züchtungsregimes weisen besonders hohe Versetzungsdichten auf ($> 10^4$ cm^{-2}). Bei Verwendung eines aktiven Nachheizers verschieben sich dagegen die maximalen Krümmungswerte des axialen Temperaturverlaufes und dementsprechend auch

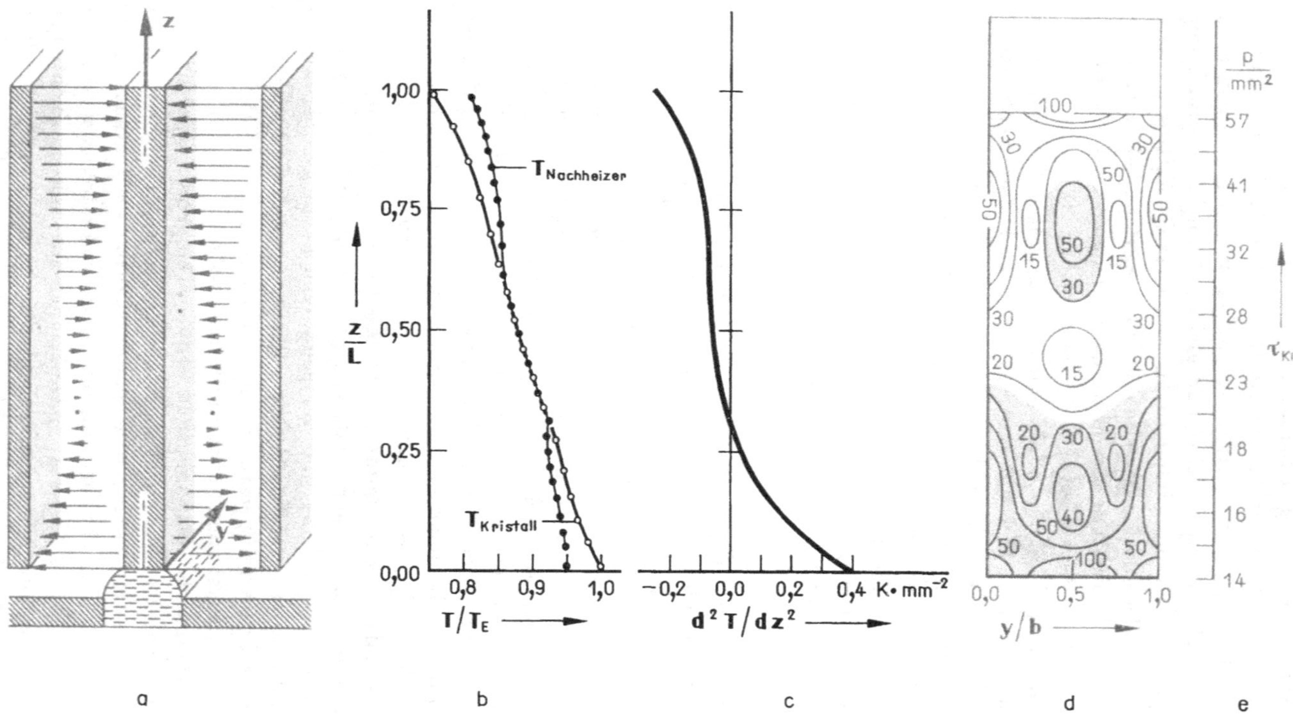

Abb. 54.

Temperaturverläufe und thermische Spannungsverteilungen in Germanium-Bändern, gezogen aus nichtbenetzenden Formgebern mit passivem Nachheizer [318].

a — Gang der Wärmestrahlung, b — Temperaturverlauf in Ziehrichtung, c — Krümmung des Temperaturverlaufes, d — Isoverläufe der thermischen Spannungen im Kristallband, e — kritische Schubspannung für Versetzungsgeneration als Temperaturfunktion die maximalen Schubspannungen in ein Gebiet, welches weiter von der Phasengrenze entfernt ist (Abb. 55). Hier sind die kritischen Schubspannungen für eine Versetzungsgeneration bereits höher. Ge-Bänderkristalle dieses Züchtungsregimes weisen Versetzungsdichten von $3 \cdot 10^3\ cm^{-2}$ auf. Die Variation des Querschnitts des Nachheizers über seine Länge ermöglicht eine noch bessere Anpassung der Temperaturgradienten in ihm und im Kristall. Germaniumbänder, gezüchtet mit keilförmigen aktiven Nachheizern, weisen eine Versetzungsdichte

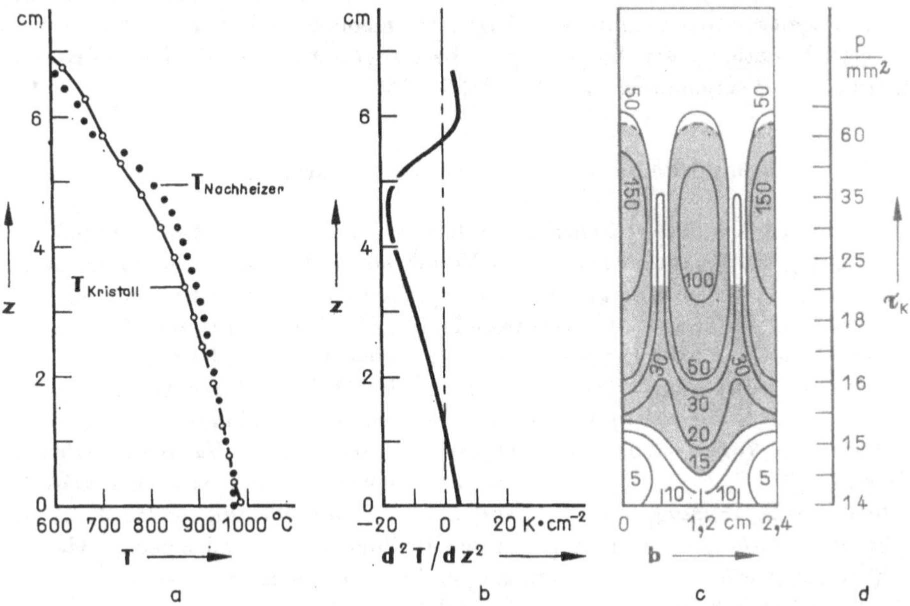

Abb. 55.
Temperaturverläufe und thermische Spannungsverteilungen in Germanium-Bändern (mit aktivem Nachheizer konstanten Querschnitts) [318].
a—d entsprechen b—e auf Abb. 54

von $10^3\ cm^{-2}$ auf [317]. Wir sehen, daß der zielgerichtete Einsatz bestimmter Nachheizmodifikationen wesentlich zu einer Strukturverbesserung von Bänderkristallen beiträgt. Das Problem der versetzungsfreien Bänderkristalle wird mit Sicherheit in Zukunft von der Optimierung des Wärmeaustausches zwischen ihren Oberflächen und umgebendem Medium gelöst. Allerdings steht eine Wärmeisolation der Bänderoberflächen im Widerspruch zu sehr hohen Ziehgeschwindigkeiten und damit zu ökonomischen Faktoren.

Analoge Aussagen für die weitere Entwicklung der Züchtungstechnologie ergeben sich aus den Abschätzungen der thermischen Spannungen in optisch transparenten Bänderkristallen, wie z. B. Leukosaphir, Lithiumniobat oder Granat

[323, 324]. Auf Grund des Lichtleiteffektes innerhalb des Kristallkörpers verlagern sich die maximalen Temperaturkrümmungen in Richtung Keimansatz. Des weiteren ist zu berücksichtigen, daß die elastischen und thermischen Konstanten in den meisten optischen Substanzen stark anisotrop sind. Deshalb sind die isotropen Näherungen zu korrigieren. So zeigen die thermischen Spannungsberechnungen in Saphirbändern mit einer Orientierung der Ziehrichtung $\langle 2\bar{1}\bar{1}0\rangle$ und mit $\{10\bar{1}0\}$-Seitenflächen bis zu 1,5 höhere Werte als bei einer $\langle 1\bar{1}02\rangle$ $\{1\bar{1}01\}$-Orientierung [326]. Grundsätzlich ist die Anisotropie der elastischen und thermischen Eigenschaften besonders in Kristallen niederer und mittlerer Symmetrie zu berücksichtigen, um die günstigste Kristallorientierung mit der niedrigsten thermischen Verspannung zu wählen [325, 326].

4.4.2. Folien, kristallisiert zwischen parallelen Platten

Der ständige Kontakt zwischen Kristall und Profilierungsflächen während der Abkühlung läßt zunächst bei diesem Verfahren mechnische Verspannungen an den Übergangsstellen Kristall—Begrenzungsplatte oder Substrat vermuten. Voraussetzungen dafür sind aber eine feste Haftung und stark unterschiedliche thermische Ausdehnungskoeffizienten zwischen beiden. Für die Erhaltung freitragender Proben mit geringen Spannungen kann eine Haftung durch das Aufbringen einer dünnen Kohleschicht auf die Profilierungsflächen verhindert werden.

Unter der Voraussetzung, daß der Temperaturverlauf in Wachstumsrichtung linear ist (G_l, G_s = const), werden die thermischen Spannungen in den Kristallfolien vom Krümmungsmaß der Temperaturverläufe über die Schichtdicke bestimmt. Bei isotroper Näherung und den Bedingungen der allgemeinen Theorie inhomogen erwärmter Schichtsysteme [327] lassen sich die Normalkomponenten des thermischen Spannungstensors wie folgt formulieren:

$$\sigma_z(x, t) = \sigma_y(x, t) = \frac{E(x)}{1-\mu}\left[\frac{\int\limits_{-h/2}^{h/2} E(x)\,\alpha(x)\,T(x, t)\,dx}{\int\limits_{-h/2}^{h/2} E(x)\,dx} + x\,\frac{\int\limits_{-h/2}^{h/2} xE(x)\,\alpha(x)\,T(x, t)\,dx}{\int\limits_{-h/2}^{h/2} x^2E(x)\,dx} - \alpha(x)\,T(x, t)\right], \tag{86}$$

worin $h = 2a + d_1 + d_2$ die Gesamtdicke der Dreischichtanordnung auf Abb. 51, $E(x)$ den Elastizitätsmodul, $\alpha(x)$ den linearen Ausdehnungskoeffizienten und μ den POISSIN-Koeffizienten bedeuten.

Bei fehlender Haftung zwischen den einzelnen Schichten und Vernachlässigung des Elastizitätswiderstandes der beiden Außenplatten sowie der Temperaturabhängigkeit von E und α beträgt der Spannungsverlauf in der Kristallisationsschicht:

$$\sigma_z(x_2, t) = \sigma_y(x_2, t)$$

$$= \frac{E_2\alpha_2}{1-\mu}\left[\frac{1}{2}\int_{-1}^{1} T_2(x_2, t)\,\mathrm{d}x_2 + \frac{3}{2}\,x_2\int_{-1}^{1} x_2 T_2(x_2, t)\,\mathrm{d}x_2 - T_2(x_2, t)\right] \tag{87}$$

mit $x_2 = x/a$, wobei $2a$ die Schichtdicke bedeutet (Abb. 51). Bei gleichen Abkühlungsgeschwindigkeiten beider Außenflächen der Schichtanordnung und Zeitwerten $t > 1$ s ist für die Funktion $T_2(x_2, t)$ in (87) Gl. (68) einsetzbar [308]:

$$\sigma_z(x_2, t) = \sigma_y(x_2, t) = \frac{E_2\alpha_2}{1-\mu}\left[\frac{2A\cdot a^2}{\varkappa^2}\left(\frac{3x_2^2 - 1}{12}\right)\right]. \tag{88}$$

Aus (88) folgt, daß die positiven Maximalwerte der thermischen Normalspannungskomponente σ_z bei $x_2 = 1$ $(x = a)$, also an den Nahtstellen zwischen Kristallschicht und Begrenzungsplatten erreicht werden. Die negativen Maximalwerte liegen bei $x_2 = 0$ $(x = 0)$, also im Schichtzentrum. Die Abkühlgeschwindigkeit A bestimmt den Absolutwert an diesen Stellen. Da bei geringen Kristallisationsgeschwindigkeiten sehr langsame Abkühlraten gewählt werden müssen, sind die thermischen Spannungen in diesem Fall vernachlässigbar gering. Sie nehmen erst bei der maximal möglichen Kristallisationsgeschwindigkeit nach (73) einen kritischen Wert an. In der Praxis werden solch hohe Kristallisationsgeschwindigkeiten nur zur Herstellung polykristalliner Folien gewählt.

5. Eigenschaften und Anwendungsergebnisse einiger Profilkristalle, gezüchtet aus der Schmelze

5.1. Germaniumbänder

Einkristalline Germaniumbänder guter Qualität werden mit dem kantendefinierten Ziehverfahren aus nichtbenetzenden Graphitformgebern erhalten. Germanium eignet sich besonders als Testsubstanz für dieses Züchtungsregime. Es stellt keine allzu hohen Ansprüche an die thermischen Parameter der Profilierungselemente und Züchtungskammer. Die chemische Resistenz gegenüber Graphit ermöglicht die Einstellung minimaler Meniskushöhen und dadurch eine sehr gute Reproduzierbarkeit des Kapillarprofils am Kristall. Gleichzeitig wird die Struktur der Bänder nicht durch Kohlenstoffeinschlüsse beeinträchtigt, so daß deren Qualität im direkten Zusammenhang mit den Züchtungsparametern analysierbar ist. So läßt sich zum Beispiel gut die Abhängigkeit der Versetzungsdichte von den thermischen Spannungen untersuchen, das theoretische Modell der thermischen Versetzungsgeneration überprüfen und eine Verallgemeinerung auf andere Substanzen durchführen. Unter diesen Aspekten ist die Germaniumbänderzüchtung zu sehen und heute noch aktuell, auch wenn ihre Anwendung in der Mikroelektronik nicht im Vordergrund steht.

Die Oberflächenqualität von Germaniumbändern wird durch technologische und kristallographische Faktoren bestimmt. Welligkeiten der Bänderdicke senkrecht zur Ziehrichtung mit Amplituden über 1 μm entstehen bei Vibrationen des Ziehmechanismus und Temperaturschwankungen an der Phasengrenze. Unebenheiten parallel zur Ziehrichtung werden auf Rauhigkeiten der Kapillarspaltkontur zurückgeführt [145]. Von diesen technologisch bedingten Profilabweichungen unterscheiden sich Stufungen auf der Bandoberfläche, die durch Facettenbildung hervorgerufen werden und kristall-morphologischer Ursache sind (s. Abschn. 2.4.1.). Stufungen werden immer dann beobachtet, wenn die singulären $\{111\}$-Flächen nicht parallel zur Bänderfläche liegen [144]. Nahezu optisch glatte Flächen werden erhalten, wenn eine $\{111\}$-Fläche mit den Bänderflächen übereinstimmt [150]. Sie sind auch gleichzeitig die stabilsten gegenüber Schwankungen der Temperatur und Ziehgeschwindigkeit. Die Einstellung einer solchen Orientierung erfordert jedoch eine sehr hohe Präzision der Keimführung und großwinkelkorngrenzenfreies Wachstum. Oftmals geht eine genaue Orientierung während des Wachstumsvorganges durch thermische und geometrische Asymmetrien in der Profilierungszone verloren. Folglich gehen die glatten Oberflächen nach einer bestimmten Strecke in gestufte über. Bei der Verwendung rechteckiger Heizzonen und Keimorientierungen mit einer Genauigkeit unter 8' gelingt es, glatte Germaniumbänder mit $\{111\}$-Flächen über die gesamte Breite von 40 mm und eine Länge von 250 mm zu ziehen [150]. Die für eine CZOCHRALSKI-Züchtung noch zulässige Standardabweichung des Keimes von $\pm 0{,}5°$ ist also für eine kristallmorphologisch definierte Bänderzüchtung noch zu hoch [148]. Diese Aussagen lassen sich auf die Silizium-Bänderzüchtung aus benetzenden Formgebern übertragen.

Die Ätzgrubendichte auf $\{111\}$-Flächen beträgt im Mittel $10^3 \cdots 10^5$ cm^{-2} [320, 328] und vergrößert sich mit wachsender Bänderbreite und Verringerung der Bänderdicke [144, 317, 320]. Diese Abhängigkeit korreliert mit der geometrischen Determination der thermoelastischen Spannungen, die unter 4.4.1. ausführlich diskutiert wurde. Die geringste Ätzgrubendichte wurde im Zentralteil von Germaniumbändern beobachtet und betrug bei der Verwendung von aktiven Flächennachheizern $5 \cdot 10^2$ cm^{-2} [329]. Die Randgebiete dieser Proben wiesen Ätzgrubendichten von $3 \cdot 10^3$ cm^{-2} auf.

Als zweidimensionale Defekte werden Groß- und Kleinwinkelkorngrenzen beobachtet [1]. Die Bildung von Zwillingsebenen ist dagegen in Germaniumbändern wenig ausgeprägt [144]. Im allgemeinen wird eine um 10···20% geringere Lebensdauer der Minioritätsladungsträger als in zylindrischen CZOCHRALSKI-Stäben gefunden [144, 328]. Als Gründe werden die erhöhten Versetzungsdichten, Korngrenzen und Verunreinigungen diskutiert. Die Verteilungsanalyse von Dotierungen zeigt Umverteilungen über die Bänderbreite und einen streifenförmigen Einbau über die Bänderlänge [291 bis 293, 328]. Beide Effekte lassen sich in erster Linie auf hydrodynamische Erscheinungen in der flüssigen Formierungsschicht zurückführen (s. Abschn. 4.2.).

Germaniumbänder mit sehr glatten {111}-Begrenzungsflächen und sehr geringer Versetzungsdichte (teilweise sogar Null), jedoch nur einige Millimeter breit, lassen sich über die Dendritenkristallisation züchten [64]. Diese weisen aber verfahrensbedingte Zwillingsebenen in ihrem Inneren auf (3.5.).

Vereinzelt wurde die Eignung von {111}-Germaniumbändern als Substratmaterial für Epitaxieprozesse untersucht [1, 330, 331]. Dabei zeigten Strukturuntersuchungen an epitaktisch aufgewachsenen GaP-Schichten keinen wesentlichen Unterschied zwischen zusätzlich chemisch polierten und unbearbeiteten Bändersubstraten [1]. Damit wurde bestätigt, daß Bänderoberflächen keine Deformationsschicht, wie zum Beispiel präparierte CZOCHRALSKI-Substrate, aufweisen.

Strukturen aus GaAs-Schichten auf Ge-Bänderkristallen dienten zur Herstellung von Mesa-Fotodioden mit steileren pn-Übergängen als bei der Verwendung präparierter CZOCHRALSKI-Plättchen [331]. Auch hier wurde die geringere Diffusionstiefe auf die in Bändern fehlenden Oberflächenpräparationsdefekte zurückgeführt. Die Parameter solcher Fotodioden waren vergleichbar mit konventionell hergestellten.

5.2. Siliziumbänder

Die größte Zahl der Arbeiten zur Siliziumbänderzüchtung konzentrierte sich bisher auf das kantendefinierte Ziehverfahren aus benetzenden Graphitformgebern. In den letzten Jahren sind die Untersuchungen auf die Perfektionsanalyse, insbesondere die physikochemische Wechselwirkung zwischen Formgeber und Kristallisationsprozeß, ausgerichtet, da die verminderte Strukturqualität der Siliziumbänder vorerst noch keinen Einsatz in der Mikroelektronik zuläßt, obwohl dies ein Fernziel darstellen dürfte. Auch die fotoelektrische Effektivität einer Solarzelle hängt ganz entscheidend von der Kristallperfektion ab. Hier kann dagegen ein gewisses Defektmaß toleriert werden. Deshalb wird die erste großtechnische Anwendung von Siliziumbändern auf dem Gebiet der Sonnenenergieumwandlung liegen.

Siliziumbänder, die aus benetzenden Graphitformgebern gezogen werden, beinhalten drei typische, wesentliche Defekterscheinungen, die übereinstimmend von zahlreichen Autoren [7, 23, 166, 169, 171 bis 173, 177, 332 bis 336] beobachtet werden und reproduzierbaren Charakter besitzen: Zwillingsebenen, Versetzungen und SiC-Mikroeinschlüsse. Klein- und Großwinkelkorngrenzen werden dagegen selten und oftmals gar nicht beobachtet [173, 335].

Zwillingsebenen entstehen während des Wachstumsprozesses der Siliziumbänder. Bei einer Keimorientierung ⟨211⟩ richten sich die Zwillingsebenen parallel zueinander und längs zur Ziehrichtung aus. In der Mehrzahl der Versuche liegen sie sehr dicht beieinander und normal zur Bänderoberfläche. Auf Ätzbildern oder elektronenmikroskopischen Abbildungen der Bänderflächen erscheinen sie als sehr geradlinige, dünne Streifungen, deren Abstand zueinander zwar streng prallel, jedoch sehr unterschiedlich über die Bandbreite sein kann. Bei einer solchen Anordnung der Zwillingsebenen beträgt die Orientierung der Bänderflächen (exakt, der zwillingsfreien Zwischenflächen) stets {110}. Diese stellt sich unabhängig von der Orientierung der Keimflächen relativ zum Kapillarspalt ein [7, 173] und ist somit durch den Mechanismus der Zwillingsbildung festgelegt. Eine Identität zwischen Bänderoberfläche und einer kristallographischen {111}-Fläche ist nur möglich, wenn die Zwillingsebenen, die selbst von {111}-Flächen gebildet werden, parallel zu ihr ausgerichtet sind. Dieser Fall wird zwar beobachtet [171], ist jedoch technisch kaum steuerbar. Es existiert noch keine einheitliche Meinung über die Ursachen der Zwillingsbildung in Siliziumbändern. Viele Autoren [7, 23, 166, 334] sehen als entscheidendsten Grund die Anwesenheit von SiC-Partikeln in der Schmelze, und zwar unmittelbar an der Kristallisationsfront. Ihre Existenz ist gesichert durch zahlreiche rasterelektronenmikroskopische Untersuchungen an erkalteten Formgeberoberflächen [166]. Es wird vermutet, daß der Einbau von SiC-Ketten im Siliziumgitter zur Bildung von Stapelfehlern führt, deren Folge die Entstehung von Zwillingsebenen ist [7]. Jedoch werden Zwillingsbildungen auch bei der Anwendung kohlenstofffreier Formgeber, wie zum Beispiel aus Quarzglas, beobachtet [337]. Dabei ist jedoch zu beachten, daß bei der Verwendung von Quarzglasformgebern in einem Graphittiegel ein hoher CO-Gehalt in der den Meniskus umgebenden Atmosphäre gebildet wird, der wiederum zur SiC-Bildung auf der Schmelzoberfläche führt [338]. Die Änderung des Formgebermaterials muß also kein eindeutiger Beweis für eine fehlende Korrelation zwischen SiC-Ketten und Zwillingsbildungen sein. In [339] wird die Zwillingsbildung auf thermische Spannungen zurückgeführt. Jedoch stimmt das Bild der Zwillingsanordnungen nicht mit den thermischen Spannungsbildern überein (4.4.1.). Schließlich wird ihre Generation mit den kinetischen Prozessen an der Phasengrenze in Zusammenhang gebracht [336]. Es wird davon ausgegangen, daß sich in der Schmelze Mikrokristallite des Siliziums ausbilden können und die Phasengrenze facettiert wächst. Eine zwillingsförmige Anlagerung der Mikrokristallite an eine facettierte Phasengrenze sei energetisch günstiger als ihr paralleler Einbau.

Die *Versetzungsdichte* erreicht gewöhnlich in solchen Siliziumbändern 10^5 cm^{-2}

[23]. Da sie jedoch stark mit der Zwillingsstruktur und den Mikroeinschlüssen korreliert, ist ihre Verteilung über den Bänderflächen inhomogen. Die Struktur der Ätzgrubenverteilung ist identisch mit der Anordnung der Zwillingsebenen, entlang welcher es zur erhöhten Dichte kommt [335].

SiC-Präzipitate können sich im Kristallvolumen und auf der Oberfläche befinden. Sie erzeugen Gebiete mit Gitterverzerrungen und erhöhter Fremdstoffkonzentration. Die Folge ist eine Versetzungsgeneration in ihrer Umgebung [173]. SiC-Partikel bilden sich in erster Linie in der Kapillare des Graphitformgebers aus. Ihre Haftung an den Formgeberkanten beeinträchtigt bei einer zu geringen Meniskushöhe die Bänderebenheit. Sie hinterlassen langgestreckte Mikrorillen in der Bänderoberfläche, die plötzlich abbrechen, wenn das SiC-Partikelchen in den Kristall mit eingebaut wird [169]. Eine effektive Maßnahme zur Verringerung der Konzentration von Mikroeinschlüssen und damit Erhöhung der Strukturqualität ist die Einstellung eines größtmöglichen Abstandes zwischen Phasengrenze und Formgeber. Es wird ein direkter Zusammenhang zwischen Perfektion und Meniskushöhe festgestellt [340].

Von mehreren Autoren wird der Einfluß der einzelnen Defekte in Siliziumbändern auf die elektrischen Eigenschaften und Solarzellenparameter untersucht [7, 166 bis 168, 173, 341]. Übereinstimmend wird festgestellt, daß nur Zwillingsebenen elektrisch inaktiv sind. Alle übrigen oben aufgezählten Defekte verringern den Wirkungsgrad eines fotoelektrischen Wandlers. Meistens erscheinen auch Zwillingsgrenzen in EBIC-Messungen als Rekombinationszentren. Eine detaillierte Analyse zeigt aber, daß die wirkliche Ursache Versetzungen sind, die durch eine erhöhte Ansammlung von Verunreinigungen an diesen Stellen entstehen [7, 165, 335]. Messungen der Lebensdauer der Minioritätsladungsträger ergaben Werte zwischen 1 μs und 17 μs [167]. Die maximale Lebensdauer erreichte 300 μs. Diese Werte lassen durchaus einen Vergleich mit CZOCHRALSKI-„chips" zu.

Solarzellen auf der Basis von Siliziumbänderkristallen werden gewöhnlich mit der standardmäßigen Diffusionstechnologie hergestellt. Da das Bandmaterial p-leitend ist, wird die n-Schicht durch Phosphordiffusion aus der Gasphase erzeugt. Die Eindringtiefe liegt bei 0,4 μm [173]. Der Vergleich mit Solarzellen auf der Basis von CZOCHRALSKI-Kristallen zeigt, daß auf Grund der geringeren Diffusionslänge der Minioritätsladungsträger die Empfindlichkeit im langwelligen Bereich ($\lambda > 0{,}6$ μm) etwas geringer ist. SCHWUTTKE u. a. [166] klassifizieren die Siliziumbänder nach der Anzahl und dem Einwirkungsgrad der Defekte und finden eine gute Übereinstimmung mit den Lebensdauerwerten der Minioritätsladungsträger und den Solarzelleneffektivitäten. In Tabelle 6 ist dieser Zusammenhang dargestellt.

Silizium-„web"-Kristalle, gezüchtet zwischen zwei koplanaren Dendriten [200, 201], weisen eine wesentlich geringere Defektdichte als Bänder, gezogen aus Graphitformgebern, auf. Die Versetzungsdichte liegt zwischen $2 \cdot 10^3$ und $5 \cdot 10^3$ cm^{-2}. SiC-Einschlüsse fehlen. Lediglich planare Zwillingsgrenzen ziehen

Tabelle 6. Klassifizierung der Qualität von Silizium-Bändern [166]

Klasse	Lebensdauer der Minioritätsladungsträger (μs)	Terrestrische Solarzelleneffektivität (%)	Typische Defekte
I	1 10	5 ·8	Kohärente Zwillinge, Stapelfehler, Versetzungsdichte unter 10^4 cm^{-2}
II	0,01 1	3 5	Inkohärente Zwillinge, zahlreiche Stapelfehler, Kleinwinkelkorngrenzen, Versetzungsdichte über 10^4 cm^{-2}
III	$<$ 0,01	1 3	Großwinkelkorngrenzen, Versetzungsdichten über 10^6 cm^{-2}
IV	nicht meßbar	–	SiC – Dendriten auf der Oberfläche
Standard-CZOCHRALSKI-Scheibe	10 500	8 12	keine

sich parallel zur „web"-Fläche durch den Kristall, die bei sauberen Züchtungsbedingungen elektrisch inaktiv sind. Das sind wesentliche Gründe dafür, daß dieses Verfahren eine vielversprechende Renaissance für die Solarzellenproduktion erfährt [194 bis 199]. Die Fotoeffektivität von „web"-Kristallplatten mit pn-Übergängen übersteigt 10% und ist mit CZOCHRALSKI-Solarzellen vergleichbar [194].

5.3. Saphirbänder

In Abschn. 3.6. behandelten wir ausführlich die Züchtungsbedingungen von Saphirbänderkristallen und zählten die wichtigsten Gründe für das stark zunehmende Interesse an ihnen auf. Saphirchips eignen sich als Isolatorsubstrate für die hochintegrierte Schaltungstechnik. Saphirbandkristalle beinhalten aber auf der heutigen Entwicklungsetappe noch eine Reihe typischer Defekte, die ihren Durchbruch in der Industrie noch verzögern. Das sind vor allem Bläschen, Großwinkelkorngrenzen und Oberflächenfacettierungen bzw. -welligkeiten.

Über die Entstehungsursachen der *Bläschen*, deren Durchmesser zwischen 1 μm und 1000 μm betragen können, besteht noch keine einheitliche Auffassung. In [342] werden sie auf Schwindhohlräume (Lunker) beim Verfestigungsprozeß zurückgeführt. Es überwiegt aber die Meinung, daß alle Bläschen Gaseinschlüsse sind. Bei einer Dissoziation der Schmelze kommt es durch den Kontakt mit dem Molybdäntiegel und -formgeber zur Bildung zahlreicher Gasprodukte, wie z. B. MoO, MoO_2, aber auch verschiedener gasförmiger Verbindungen des Al_2O_3, wie z. B. AlO, AlO_2, und schließlich auch von O_2 [94]. Da eine kettenförmige Bläschenanordnung längs zur Ziehrichtung beobachtet wird, kann auf ihre bevorzugte Ausbildung und ihren Einbau an Einsprüngen einer facettierten Phasengrenze geschlossen werden [181]. Bläscheneinschlüsse ändern die Wärmestrahlungsbedingungen und führen zu einer geringeren Wärmeableitung in ihrer unmittelbaren Umgebung. Sie verstärken deshalb zusätzlich die Ausbildung makroskopisch rauher Phasengrenzen und lokaler thermischer Spannungen. An Großwinkelkorngrenzen werden Bläschen nicht beobachtet, da sie hier offensichtlich begünstigte Transportbedingungen an die Bänderoberfläche vorfinden [181].

Bei der Anwendung einer inversen STEPANOW-Technik, z. B. der PDG-Methode (3.6.), wonach das Saphirbändchen aus einem hängenden Schmelztropfen nach unten gezogen wird, ist die Dichte der Bläschen stark verringert und über größere Gebiete kleiner als 1 cm^{-3} [278]. Da bei diesem Verfahren Zieh- und Gravitationsrichtung gleich sind, ist der hydrostatische Innendruck größer als der durch die Oberflächenspannung verursachte äußere Normaldruck auf den Tropfen. Dieser Überdruck könnte das Eindringen von Gasen aus der umgebenden Atmosphäre in die Schmelze verhindern [343].

Großwinkelkörner entstehen in erster Linie auf Grund des Vorhandenseins mehrerer Kristallisationszentren zugleich. Solche Zentren existieren möglicherweise an den Bänderkanten oder aber über die gesamte Bänderbreite, wenn es zu einer mechanischen Wechselwirkung des wachsenden Kristallbandes mit dem Formgeber kommt. Die sehr geringen Meniskushöhen schließen einen solchen Vorgang nicht aus. Die Körner sind einige Millimeter breit und zumeist in Ziehrichtung langgestreckt. Ihre Anzahl ist abhängig von der Ziehgeschwindigkeit (s. 5.4.). Sie wachsen bei einer konvexen Phasengrenze aus [181].

In Ziehrichtung werden oftmals *periodische Strukturdefekte* und Verunreinigungsverteilungen festgestellt [344]. Bei hohen Temperaturgradienten in Ziehrichtung und hohen Ziehgeschwindigkeiten kommt es in einem kurzen Bereich hinter der Phasengrenze zu einem Temperaturschock, der zur Ausbildung paralleler Gleitlinien führt. Die Optimierung des Temperaturregimes wird für eine weitere technologische Ausreifung des Verfahrens wesentlich sein.

Der grundlegende Unterschied in der Anwendung von Saphirchips gegenüber den herkömmlichen Siliziumsubstraten besteht in einer anderen Anordnung der aktiven Siliziumschichten. Es werden elektrisch voneinander isolierte Si-Inseln aufgebracht [12]. Bei Abständen unter 1 μm werden sehr hohe Packungsdichten ohne Parasitäreffekte und Schaltfrequenzen im Gigahertz-Bereich möglich. In Tabelle 7 sind einige elektrische Parameter solcher SOS-Strukturen zusammengefaßt und werden mit anderen Logikfamilien verglichen. Weitere Einzelheiten zur SOS-Technologie sind in [180] zusammengefaßt.

Tabelle 7. Vergleich zwischen SOS-Strukturen („Silicon-on-Saphir") und anderen Logikfamilien [345]

IC-Familie	SOS (RCA)	Low-Power-TTL	Standard-TTL	High Speed TTL	Schottky	ECL
Verzögerungszeit (ns)	9	33	10	6	3	1,1
Leistungsaufnahme (mW)	0,4 (stat.) 0,25 (50 MHz)	1	10	23	20	55
durchschnittliches PD-Produkt (pJ)	$3{,}6 \cdot 10^{-6}$ (stat.) $2{,}2 \cdot 10^{-6}$ (50 MHz)	30	100	138	60	60
Betriebsspannung (V)	3 ··15	5	5	5	5	5,2
Störspannung (V)	2,25 bei $U_{D0} = 5$ V	1,2	1,2	1,2	1,2	0,35

5.4. Leukosaphirrohre

Die aussichtsreichste Herstellungsvariante einkristalliner Al_2O_3-Rohre ist das kantendefinierte Ziehen aus einem konzentrischen Kapillarspalt, wobei in der Mehrzahl das benetzende Regime angewendet wird. Unter Abschn. 3.6. diskutierten wir bereits die technologischen Besonderheiten dieser Rohrziehtechnik. Die Realstrukturerscheinungen ähneln im allgemeinen sehr den Beobachtungen an Saphirbändern (5.3.). Da jedoch Rohre ein kantenloses rundes Querschnittsprofil besitzen, treten in ihnen keine kantenspezifischen Strukturdefekte auf.

Wichtige Anwendungsgebiete von Leukosaphirrohren sind die Leuchtkörperindustrie und der wissenschaftliche Gerätebau. So ist bereits heute der großtechnische Einsatz von Leukosaphirrohren als Brennerkolben in Natrium-Hochdruckdampflampen und als Hülle von Laserstäben und Pumplichtquellen gesichert. In [121, 346] werden die Herstellungsbesonderheiten und Anwendungen zusammengefaßt.

Natrium-Hochdruckdampflampen sind effektive Lichtquellen für einen Massenbedarf. Ihr Ausnutzungskoeffizient an Elektroenergie liegt etwa zweimal höher als bei Quecksilber-Lichtbogenlampen. Das Herzstück bildet ein hermetisch abgeschlossenes Rohr, in dem eine elektrische Natriumdampfentladung stattfindet (Brennerkolben). Als günstiges Kolbenmaterial erweist sich Al_2O_3. Es besitzt eine sehr hohe Temperaturbeständigkeit, Härte und chemische Resistenz gegenüber Natriumdämpfen. Der konventionelle Herstellungsprozeß solcher Al_2O_3-Brennerkolben besteht in einem aufwendigen Sintervorgang und erfordert den Einsatz zahlreicher spezieller Präzisionswerkzeuge. Die auf diese Weise erhaltenen Rohre sind polykristallin und besitzen eine um 7···11% geringere Lichttransmission als einkristalline Rohre. Außerdem begünstigt die hohe Korngrenzenzahl eine Natriumdiffusion und frühzeitige Ausfälle. Hierin liegen die Hauptgründe für eine Profilzüchtung einkristalliner Al_2O_3-Rohre.

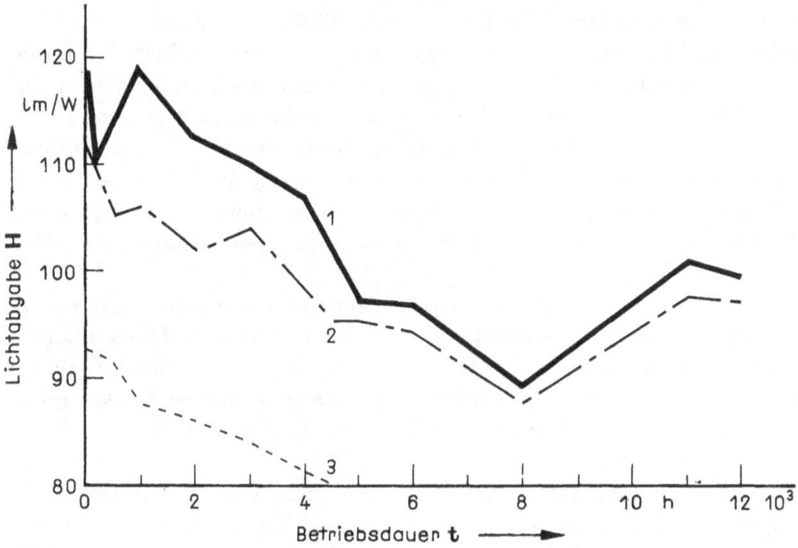

Abb. 56.
Lichtabgabe einiger Natrium-Hochdruckdampflampen als Funktion der Betriebszeit [121]
1,2 – mit EFG-gezogenem Leukosaphirbrennerkolben, 3 – mit polykristallinem Korundbrennerkolben

Nach einem Profilzüchtungsvorgang – zumeist mehrerer Rohre gleichzeitig aus einem Tiegel – werden die langen Rohre in äquidistante Rohrabschnitte zerlegt und diese ohne weitere mechanische und chemische Bearbeitung für die Kolbenherstellung genutzt. Die Elektroden und Verschlußkappen sind aus Niob, einem Material mit ähnlichem thermischen Verhalten wie Al_2O_3. Diese Anordnung umschließt ein evakuierter Glaskolben mit Stromdurchführungen an die Elektroden des Brennerkolbens. Solche Lichtquellen übertreffen gesinterte Korundlampen gleicher Leistungsaufnahme. Sie besitzen eine höhere Profilkonstanz des Brenners. Die sehr geringe Kornzahl und niedrigere Porösität gegenüber gesinterten Brennern garantiert eine höhere Lebensdauer und eine Lichtdurchlässigkeit über 90%. Auf Abb. 56 ist die Lichtabgabe einiger 400 Watt-Lampen mit Leukosaphirbrennern als Funktion der Betriebszeit dargestellt. Sie werden mit einer polykristallinen Lampe gleicher Leistungsaufnahme verglichen. Nicht nur die Lichtausbeute, sondern auch die Lebensdauer einkristalliner Lampen ist höher [121].

Die Transmissionseigenschaften und Lebensdauer von Einkristallrohren werden in erster Linie von der Orientierung, der Korngrenzenstruktur, der Porösität, den inneren thermischen Spannungen und dem Borgehalt bestimmt. Wenn die kristallographische Orientierung der Rohrachse leicht von der [0001]-Richtung abweicht (5···10°), so ist ein Auftreten von $\{11\bar{2}0\}$- und $\{10\bar{1}0\}$-Facetten auf dem Rohrmantel verhinderbar. Die Zahl der Großwinkelkörner wird durch die Ziehgeschwindigkeit merklich beeinflußt. Eine zu geringe Geschwindigkeit (< 30 mm h^{-1}) führt durch Versetzungspolygonisation zur Korngrenzenbildung. Geschwindigkeiten über 80 mm h^{-1} führen zur Bildung von Strukturkomplexen im unterkühlten Gebiet vor der Phasengrenze und zu ihrem desorientierten Einbau. Wenn die Zahl der Großwinkelkörner nicht 3···5 übersteigt, die Korngrenzen sich parallel zur Ziehachse ausrichten und die Desorientierung nicht 15° überschreitet, so ist der Einfluß der Defekte auf die Lebensdauer der Brennerkolben unbedeutend.

Poren entstehen bevorzugt an facettierten Phasengrenzen und sind, wie in Saphirbändern (5.3.), durch Gaseinschlüsse entstanden. Für gute Transmissionseigenschaften und eine mechanische Beständigkeit soll ihre Dichte möglichst gering sein ($< 10^3$ mm^{-2}). Thermoelastische Spannungen sind in Leukosaphirrohren nicht allzu hoch und betragen nach einem Temperprozeß von 8 h bei 1960 °C weniger als 0,1 kg mm^{-2}.

Bor ist als Verunreinigungsmaterial besonders gefährlich, da es eine hohe Dekorierfähigkeit entlang von Versetzungslinien und Korngrenzen besitzt und zur Verringerung der mechanischen und dielektrischen Stabilität an diesen Stellen führt. Da es bereits gelingt, die aufgezählten Defekte unter ihre kritische Einflußgrenze zu senken, wird das kantendefinierte Ziehen von Leukosaphirrohren mit Sicherheit alle anderen Herstellungsverfahren verdrängen. Vom Allunionsinstitut für Elektrowärme der UdSSR werden bereits komerzielle Ziehanlagen angeboten.

Leukosaphir-Brennerkolben mit Kalium- oder Rubidiumdampffüllungen eignen sich ebenfalls sehr gut als Pumplichtquelle für YAG-Nd-Laser. Auf Grund ihrer verbesserten Transmissionseigenschaft ist die Luminiszensleistung des Lasers um etwa 25% höher als bei der Verwendung gesinterter Pumplichtbrenner oder Quarzglaskolben mit Kryptonfüllung [346].

5.5. $Bi_{1-x}Sb_x$-Einkristalle aus Gießformen

Die Untersuchung von Halbleitern mit schmaler verbotener Zone gewinnt immer mehr an Bedeutung. Ein wichtiger Grund ist die Anwendungsmöglichkeit solcher Kristalle als Strahlungsemitter und -empfänger im infraroten Spektralbereich. Das lückenlos mischbare Wismut-Antimon-Legierungssystem stellt eine Modellsubstanz unter diesem Aspekt dar, weil im Legierungsbereich von etwa 6 bis 22 at% Antimon eine sehr schmale verbotene Zone ($\Delta E_g \lesssim 15$ meV) auftritt [223]. Des weiteren eignet sich das Mischkristallsystem $Bi_{1-x}Sb_x$ zur Grundlagenuntersuchung der elektronischen Struktur von Festkörpern, da in ihm neben der halbleitenden Phase auch halbmetallische ($0 < x < 0{,}06$ und $0{,}22 < x < 1{,}0$) existieren. Als Untersuchungsmethode wird die Mikrowellenspektroskopie eingesetzt, mit der es möglich ist, Zyklotronmassen, FERMI-Impulse und die Form der FERMI-Flächen leitender Phasen die effektiven Massen und die Form der Isoenergieflächen halbleitender Phasen sowie die Eigenschaften des Festkörperplasmas zu bestimmen [214]. Voraussetzungen für eindeutige Untersuchungsergebnisse sind hohe strukturelle Perfektion, Homogenität der Zusammensetzung und eine bestimmte, dem Resonatorraum der Meßanordnung angepaßte Probengeometrie. Darüber hinaus sind für den Nachweis des Radiofrequenzgrößeneffektes — eine Methode der Mikrowellenspektroskopie — planparallele Oberflächen und genaue Dicken, die den Durchmessern der Zyklotronbahnen entsprechen, notwendig. Da im $Bi_{1-x}Sb_x$ die gemessenen Bandparameter stark anisotrop sind, muß die Orientierungsgenauigkeit kleiner als $\pm 1°$ sein.

Mit einer konventionellen Kristallzüchtungsmethode und anschließender Präparation der Meßproben können diese Anforderungen kaum erfüllt werden, da die niedrige Plastizitätsgrenze von $Bi_{1-x}Sb_x$ keiner mechanischen Bearbeitung standhält und die Strukturqualität bei diesem Arbeitsgang stark beeinträchtigt wird. Deshalb bestand unser Ziel in der Züchtung bearbeitungsfreier $Bi_{1-x}Sb_x$-Profilkristalle.

Als Züchtungsverfahren wählten wir die gerichtete Erstarrung einer Schmelzsäule mit bestimmtem rechteckigem Querschnitt in einer Gießform aus Quarzglas-Endmaßplatten (Abb. 34). Der Züchtungsvorgang wurde bereits unter 3.6. ausführlich beschrieben. Die kristallisierten Proben, die meistens die Form eines dünnen, langgestreckten Bändchens besaßen (Abb. 57), wurden ohne weitere Oberflächenbearbeitung direkt in den Meßuntersuchungen eingesetzt. Während Profilierungsmechanismus, Keimbildungsvorgänge, Keimauslese, Reinheit, Oberflächenperfektion, Strukturqualität und Maßhaltigkeit an reinem Wismut ($x = 0$) untersucht wurden, diente das Mischkristallsystem ($x > 0$) zur Analyse der Segregationseffekte.

Die Kristalle ließen sich nach dem Züchtungsvorgang leicht der Gießform entnehmen und zeigten bei einer Belegung der Quarzglasform mit einer dünnen Kohleschicht keinerlei Haftung mit dieser. So konnten sie nach Abspaltung des Keim- und Einfülleinsatzes ohne weitere Präparation für Meßanalysen verwendet werden. Oftmals wurden auf (0001)-Oberflächen parallele äquidistante Stufen geringer Höhe gefunden. Diese erschienen bei einer geringfügigen Desorientierung des Keimes relativ zu den Endmaßflächen der Züchtungsform. Die höchste Orientierungsgenauigkeit wurde mit gespaltenen Keimplättchen erhalten. Ähnlich einem Distanzstück wurde es mit den (0001)-Flächen parallel zu den Begrenzungsflächen der Züchtungsform eingelegt. Da die übrigen zwei Hauptachsen des Wismut-Kristallgitters (Raumgruppe R $\bar{3}$ m) parallel zu dieser Fläche liegen, konnten die bevorzugten Wachstumsrichtungen [10$\bar{1}$0] und [11$\bar{2}$0] normal zur Schmelzpunktisotherme gelegt werden. Die Genauigkeit der Orien-

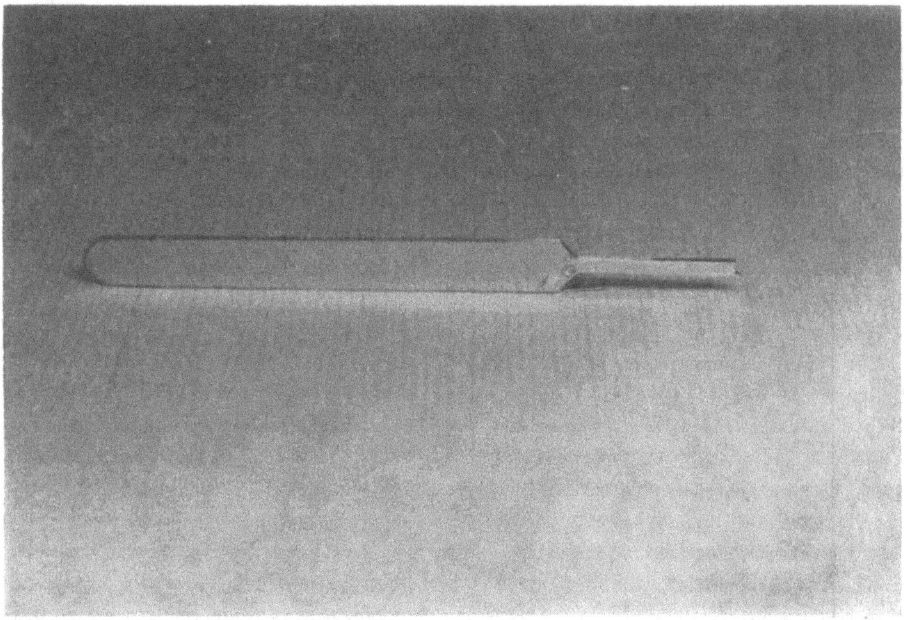

Abb. 57.
$Bi_{1-x}Sb_x$-Profilkristall

tierung wurde also durch die Ebenheit der Spaltflächen (0001) festgelegt, die in perfekten $Bi_{1-x}Sb_x$-Kristallen sehr hoch ist. Ein geknickter Kanal über dem Keim begünstigte das Auswachsen von Versetzungen. Abb. 58 zeigt röntgenographische Aufnahmen von Bi-Einkristallen, gezüchtet ohne und mit geknicktem Keimauslesekanal. Wir erkennen im zweiten Fall keine Korngrenzen mehr. Die hohe strukturelle Perfektion der Wismut-Profilkristalle konnte durch eine geringe Ätzgrubendichte von 10^2 cm^{-2} bestätigt werden. Ein solcher Wert entspricht den bisherigen Spitzenergebnissen der internationalen Literatur oder übertrifft diese sogar bei weitem [347 bis 350].

Die Morphologie der fortschreitenden Phasengrenze konnte während des

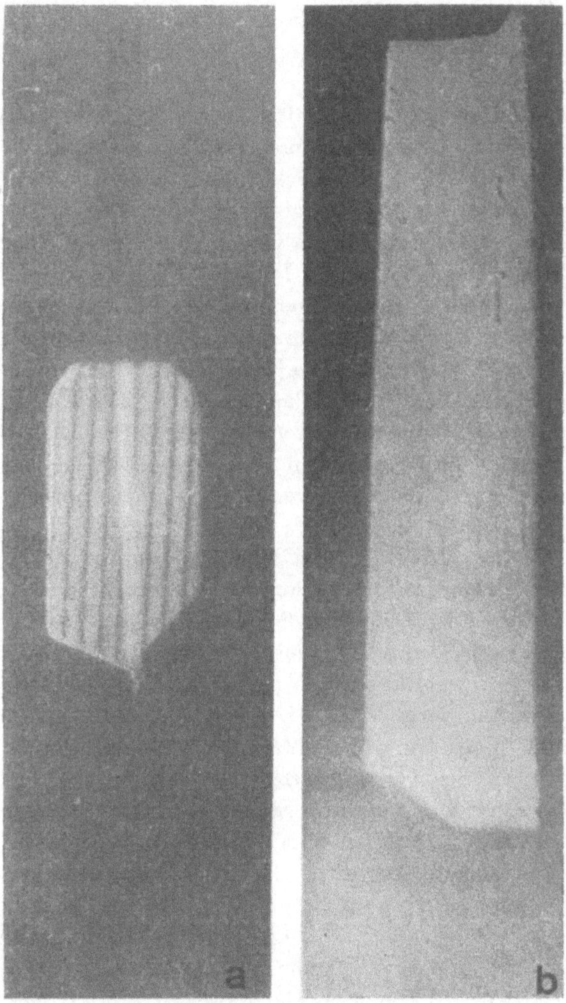

Abb. 58.
Röntgenographische Topogramme profilgezüchteter Wismut-Kristalle.

a gezüchtet ohne geknickten Keimkanal: Subkorngrenzen des Keimes wachsen in den Kristall (ein überlagerter Drahtgitterschatten verdeutlicht die hohe Strukturgüte der übrigen Gebiete)
b gezüchtet mit geknicktem Keimkanal: Der Kristall ist völlig korngrenzenfrei

Wachstumsvorganges durch die optisch transparente Züchtungsform bei fehlender Kohlezwischenschicht visuell beobachtet werden. Sie war über den längsten Teil der Proben glatt. Leicht konkave und konvexe Krümmungen im unteren bzw. oberen Teil des Züchtungsraumes konnten bei Anlegung eines axialen Gleichstromes und unter Ausnutzung des PELTIER-Effektes an der Phasengrenze „fest-flüssig“ völlig eingeebnet werden [212].

Es zeigte sich ein Zusammenhang zwischen Überhitzung der Schmelze und den Kristalleigenschaften. Mit steigender Überhitzung und Haltezeit verbesserten sich einige Qualitätsparameter (erhöhtes elektrisches Widerstandsverhältnis zwischen tiefen und Zimmertemperaturen, verringerte Ätzgrubendichte). Als wesentlichste Ursache wurden Restgasverdampfungen und die Zerstörung rudimentärer Gitterbezirke in der Schmelze angenommen. Letztere sind bei geringen Überhitzungen < 30 K hinreichend resistent, um als unerwünschte Keimbildungszentren zu fungieren oder an der Formierung von Kleinwinkelkorngrenzen durch ihren verkippten Einbau in die feste Phase beizutragen [212]. Deshalb wurde das eingesetzte Wismut (6 N) im geschmolzenen Zustand längere Zeit (2 h) bei einer Überhitzung von > 30 K gehalten. Das geschah extern im Ausgangscontainer (Abb. 34) ohne Zwischenbelüftung vor dem Eingießen in die Form. Hierin lag ein wesentlicher technologischer Vorteil der verwendeten Profilzüchtungsvariante.

Weitere Aussagen über die Strukturperfektion und Reinheit konnten durch elektrische Widerstandsmessungen und die Bestimmung der Zyklotrnresonanzgüte gewonnen werden. Das Verhältnis der Widerstände in der Nähe des absoluten Nullpunktes und bei Zimmertemperatur wächst mit zunehmender Kristallperfektion und Reinheit. In Tabelle 8 werden diese Werte an profilgezüchteten Bi-Proben mit einigen Literaturwerten verglichen. Wir sehen, daß trotz Multizonenreinigung nicht solche hohen Werte wie in Profilkristallen erreicht werden. Der Grund liegt im störenden Einfluß der Kristallbearbeitung.

Aus Tabelle 8 ist noch ein weiterer interessanter Effekt ersichtlich — eine direkte Abhängigkeit des Widerstandsverhältnisses vom Querschnitt der Proben. Dieser wurde auch von anderen Autoren beobachtet [351 bis 353], aber unterschiedlich interpretiert. So wurde er bisher oft als Präparationseffekt (Störtiefe-Volumen-Relation) behandelt. Die Profilzüchtung trug dazu bei, diesen funktionalen Zusammenhang über die Theorie des Diffusionsgrößeneffektes in Halbmetallen, die auf dem Vergleich zwischen freien Weglängen der Ladungsträger und Probenabmessungen basiert, zu erklären [352, 353].

Die Zyklotronresonanzgüte wird aus dem Verhältnis der Magnetfeldstärke B zur Halbwertsbreite eines Resonanzpiks ΔB ermittelt [354]. Sie betrug in Wismutproben mit einem Querschnitt von 5×5 mm^2 $63 \cdots 100$ ($f = 35$ GHz). Diese Werte zeigen, daß die Profilzüchtung in Gießformen zu Kristallen mit solchen Parametern führt, die teilweise konventionell gezüchtete Massivkristalle übertreffen können.

Bei der Züchtung von Bi_{1-x}-Sb_x-Mischkristallen mußten die Kristallisations-

Tabelle 8. Restwiderstandsverhältnisse in Wismut-Profilkristallen, verglichen mit präparierten Proben aus Massivkristallen anderer Züchtungsverfahren

Züchtungsverfahren	$\frac{R_{4,2K}}{R_{300K}}$	$\frac{R_{2,0K}}{R_{300K}}$	Strom-richtung	Querschnitt	Literatur
zone – leveling	676	1180			[348]
zone – floating	738		[0001]	Durchmesser	
	380		[0001]	7 mm	[349]
	200		[11$\bar{2}$0]		[350]
BRIDGMAN-Verf.	580		[0001]	Durchmesser 7 mm	[347]
Profilzüchtung					
chips	440		[10$\bar{1}$0]	Dicke 1 mm	[223]
	370		[11$\bar{2}$0]	Dicke 1 mm	[223]
	750		[0001]	Dicke 1 mm	[223]
Rechteckbälkchen	870	1612	[0001]	5×5 mm²	[212]
	1094	2540	[0001]	5×5 mm²	[212]
verschied. Querschnitte	307		[11$\bar{2}$0]	1×5 mm²	[212]
	591		[11$\bar{2}$0]	2×5 mm²	[212]
	780	1650	[11$\bar{2}$0]	5×5 mm²	[212]

geschwindigkeiten den Konzentrationen des Antimons angepaßt werden, um eine konstitutionelle Unterkühlung zu vermeiden. Bei einem axialen konstanten Temperaturgradienten von 10 K cm^{-1} mußten die Züchtungsgeschwindigkeiten für eine 2,65 at%ige und eine 7 at%ige Einwaage entsprechend mit 0,75 mm h^{-1} und 0,02 mm h^{-1} gewählt werden.

Die makroskopische Verteilung der Sb-Konzentration über die Länge wurde an 50 mm langen rechteckigen Bändchen unterschiedlicher Querschnitte untersucht. Als Analyseverfahren dienten die Elektronenstrahlmikroanalyse und Röntgenbeugungslinientopogramme [355]. Bei Querschnitten von 5×5 mm² wurden Verteilungsverläufe gemessen, die der PFANNschen Normalerstarrungsfunktion mit vollständiger Durchmischung sehr nahekommen (Abb. 59). Dagegen wurden bei Einwaagen unter 3 at% und Querschnitten von 1×5 mm² Verteilungsfunktionen bestimmt, die mit dem SMITHschen Modell für eine fehlende Durchmischung vergleichbar sind (s. Abschn. 4.2., Gln. (45) und (46)). Geringfügige Abweichungen ergaben sich im Mittelteil der Verteilungsfunktion. Während das SMITHsche Verteilungsmodell kein Homogenitätsplateau zuläßt, wurde es in der Verteilungsmeßkurve beobachtet. Erst die Berücksichtigung der Thermodiffusion (47) ergab eine gute qualitative und quantitative Übereinstimmung mit den gemessenen Konzentrationsverläufen (Abb. 60). Die Thermodiffusion erhöht die Homogenität der Zusammensetzung im Mittelgebiet lang-

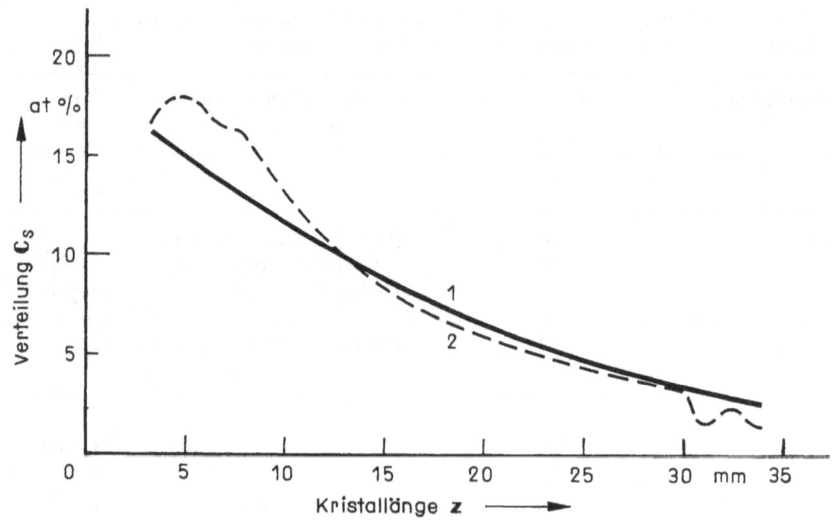

Abb. 59.

Antimonverteilung über die Länge einer $Bi_{1-x}Sb_x$-Probe mit einem Querschnitt von 5×5 mm² und einer 7 at%igen Antimoneinwaage.

1 – theoretische Verteilung nach Pfann

2 – gemessene Verteilung (ESMA)

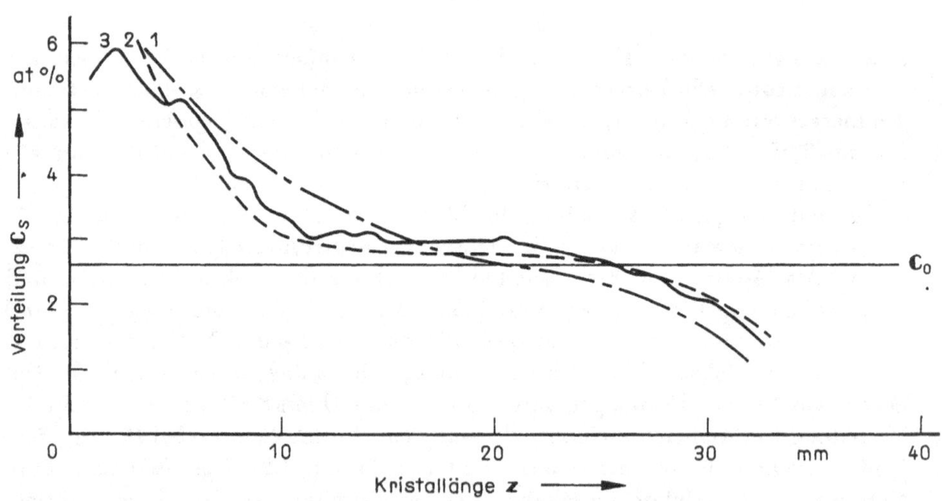

Abb. 60.

Antimonverteilung über die Länge einer Bi_{1-x}-Sb_x-Probe mit einem Querschnitt von 1×5 mm² und einer 2,56 at%igen Antimoneinwaage

1 – theoretische Verteilung nach SMITH u. a.

2 – theoretische Verteilung unter Berücksichtigung der Thermodiffusion, 3 – gemessene Verteilung (ESMA)

gestreckter Proben. Wie kommt der Unterschied in der Verteilung bei verschiedenen Antimonkonzentrationen und Querschnitten zustande? Es ist wahrscheinlich, daß bei einem großen Querschnitt und hoher Einwaage der Durchmischungsfall eintritt, da die homogenisierende Wirkung der Diffusion bei einer um 1,5 Größenordnungen geringeren notwendigen Züchtungsgeschwindigkeit stärker zur Geltung kommt. Außerdem können in Schmelzsäulen mit solchen Querschnitten bereits thermische Konvektionen einsetzen. Dazu genügen bereits geringe Temperaturdifferenzen über die Breite der Züchtungsform.

Ganz gleich, welche Verteilungsfunktion entsteht, sie ruft in jedem Fall eine inhomogene makroskopische Verteilung über die Probenlänge hervor. Das ist der entscheidenste Nachteil der Profilzüchtung von Mischkristallen oder dotierten Substanzen mit begrenzter Längenausdehnung, da die entsprechende Erstarrungsfunktion stets auf die Kristallabmessung, in Kristallisationsrichtung zusammengedrängt wird. Mikroinhomogenitäten in Form von Konzentrationsstreifungen, wie sie bei der Zonenzüchtung massiver $Bi_{1-x}Sb_x$-Kristalle beobachtet werden [356], fehlen dagegen in Profilkristallen.

5.6. CdSb- und Cd_3As_2-Folien, hergestellt durch gerichtete Erstarrung einer Schmelzschicht zwischen zwei Substraten

Die Halbleiterverbindungen vom Typ $A^{II}B^{V}$ stellen eine relativ neue und interessante Materialklasse mit ausgeprägten Anisotropieeffekten dar [255]. Die bekanntesten Verbindungen sind CdSb mit einer Schmelztemperatur von 456 °C und Cd_3As_2 (721 °C).

Einkristalle aus CdSb finden Verwendung in thermo- und fotoelektrischen Wandlern und besonders in einer Bauelementevariante, deren Arbeitsprinzip auf der Ausnutzung der Anisotropie in verschiedenen kristallographischen Richtungen basiert. Homogene Kristallkörper dieser Verbindung können zur Umwandlung von Wärme in elektrische Energie eingesetzt werden. In ihnen entsteht ein gerichtetes thermoelektrisches Feld senkrecht zu einem angelegten Temperaturgradienten [357]. Diese thermoelektrische Kraft hängt von der Differenz der Komponenten ihres Tensors ab. Für die orthorhombischen CdSb-Kristalle (D_{2h}^{15}) existieren drei Tensorkomponenten, wobei die maximale Anisotropie der thermoelektrischen Kraft zwischen den [010]- und [001]-Richtungen gefunden wird [255]. Weitere Anwendungsmöglichkeiten sind Detektoren für IR-Strahlung und Leistungsmesser ultrahoher Frequenzen.

Cd_3As_2 ist eine Halbleiterverbindung mit schmaler verbotener Zone ($\Delta E_g \approx 0{,}13$ eV) und hoher Elektronenbeweglichkeit. Die HALL-Beweglichkeit erreicht bei einer Ladungsträgerkonzentration von $n = 2 \cdot 10^{18}$ cm^{-3} und 300 K etwa $2 \cdot 10^4$ cm^2 V^{-1} s^{-1}. Auf der Grundlage solcher Kristalle lassen sich HALL-Generatoren, Magnetoresistoren und IR-Bauelemente herstellen [255, 358].

In allen bisher aufgezählten Bauelementen werden die Kristalle als dünne

Plättchen oder Folien benötigt. Ihre Präparation aus einem massiven Kristallkörper besitzt die mehrfach angeführten Nachteile (1.2., 1.3.). Auch gelang es bisher nicht, durch Aufdampfen im Vakuum oder epitaktische Verfahren aus Schmelzlösungen einkristalline Dünnschichten dieser Materialien mit befriedigenden Eigenschaften herzustellen [255, 359]. Auf Grund ihrer polykristallinen Struktur verlieren sie ihre ausgeprägte Anisotropie. Deshalb wurde von uns [245 bis 257] die in Abschn. 3.8. beschriebene miniaturisierte Profilzüchtungs-

Abb. 61.
CdSb-Folie auf einer Keramikunterlage

methode vorgeschlagen und eingesetzt, wonach ein Schmelztropfen in eine Maske zwischen zwei planparallelen Substraten gepreßt und anschließend gerichtet erstarrt wird. Die Dicke einer solchen Schicht wurde zwischen 10 μm und 500 μm variiert. Die Fläche betrug etwa 1 cm². Abb. 61 zeigt eine CdSb-Schicht auf einem Keramiksubstrat, hergestellt nach diesem Verfahren.

Struktur und Zusammensetzung der erhaltenen Folien wurden durch lichtoptische und röntgenographische Analyseverfahren untersucht. Außerdem wurden umfangreiche physikalische und optische Messungen der Probenparameter durchgeführt. So wurde zum Beispiel an CdSb-Folien festgestellt, daß auch ihr Wachstumsprozeß stark anisotrop verläuft. Ohne Einführung eines äußeren Initialkeimes in die Schmelzschicht fiel die Kristallisationsrichtung stets mit der [100]-Achse zusammen. Sie setzte sich nach dem Auswahlprinzip, daß sich *die* kristallographische Richtung mit der höchsten Temperaturleitfähigkeit parallel zum Temperaturgradienten ausrichtet, nach kurzer Einfahrstrecke durch. Die Überhitzung der Schmelze spielte eine wichtige Rolle bei der Homogenität der Proben. Wenn diese 20 K überschritt, bildeten sich Einschlüsse der metastabilen Cd_3Sb_4-Phase.

Eine definierte Dotierung des CdSb-Schichten wurde erreicht, wenn das Dotierungsmaterial vorher auf die Innenfläche eines der Substrate aufgedampft wurde [248, 254]. Über die Dicke der aufgedampften festen Dotierungsschicht ließ sich bei konstanter CdSb-Schichtdicke die Konzentration der Ladungsträger steuern. Auf diese Weise wurden Folien verschiedenen Ladungsträgertyps und unterschiedlicher Ladungsträgerkonzentration erhalten. Diese lag in undotierten Folien

Tabelle 9. Eigenschaften von CdSb-Folien und ihr Vergleich mit konventionell gezüchteten Massivkristallen

	elektrische Leitfähigkeit (Ω^{-1} cm^{-1})	Ladungsträgerkonzentration (cm^{-3})	Beweglichkeit (cm^2 V^{-1} s^{-2})	Thermo-E.M.K. (μV K^{-1})
CZOCHRALSKI-Kristall (undotiert)	0,5	$3 \cdot 10^{15}$	1000	900
profilgezüchtete Folie (undot.)	0,7	$5 \cdot 10^{15}$	1000	800
Te-dot.	0,01	$7 \cdot 10^{13}$	1000	

bei $p = 5 \cdot 10^{15}$ cm^{-3} und stimmte mit dem Wert im verwendeten Ausgangsmaterial überein. Die geringste Konzentration freier Ladungsträger wurde bei einer Tellurdotierung erhalten und betrug $n = 10^{12}$ cm^{-3}. Die Verteilungsfunktionen wiesen allerdings auch hier wieder den für eine Normalerstarrung typischen Verlauf über die Folienlänge auf [248] und waren von der Kristallisationsgeschwindigkeit abhängig. Bei einem Verteilungskoeffizienten von $k_0 \approx 10^{-1}$ (Te) wurde ein relativ langes Homogenitätsgebiet dann beobachtet, wenn die Kristallisationsgeschwindigkeit nicht geringer als 30 mm min^{-1} war.

Die auf diese Weise hergestellten CdSb-Folien besaßen Oberflächen, deren Qualität von der Beschaffenheit der Substratplättchen abhing. Sie war optisch spiegelnd, wenn Quarzglas oder flammpolierte Keramik eingesetzt wurde. Nach Abtrennung des dünnen Keimauslesekanals besaßen die Folien eine rechteckige, oftmals langgestreckte Geometrie und unterschieden sich in ihren elektrischen und optischen Eigenschaften nicht von Massivkristallen. In Tabelle 9 sind die Eigenschaften von CdSb-Folien zusammengefaßt und werden mit Kristallen, gezüchtet nach dem CZOCHRALSKI-Verfahren, verglichen.

Die Untersuchungen der elektrischen und optischen Eigenschaften an 50 μm dicken Cd_3As_2-Folien ergaben gleichfalls gute Resultate. Sie unterschieden sich nur wenig von konventionell gezüchteten Einkristallen. Es wurden HALL-Beweglichkeiten von $4 \cdot 10\ cm^2/Vs$ gemessen, die über einen breiten Temperaturbereich (4,2···100 K) konstant waren. Die Ladungsträgerkonzentration betrug in undotierten Folien $n = 0{,}9 \cdots 3 \cdot 10^{18}\ cm^{-3}$ und war im Temperaturbereich 4,2···300 K konstant. Solche Parameter wurden an Aufdampfschichten bisher nicht erreicht [245], was offensichtlich seinen Grund in starken Stöchiometrieabweichungen bei Vakuumverdampfungen hat. Die von uns gezüchteten Folien eignen sich wegen der hohen HALL-Beweglichkeiten zur Herstellung von HALL-Generatoren mit einer höheren Empfindlichkeit als beispielsweise InAs und InSb [360].

Es wurden verschiedene Bauelemente vorgeschlagen und in die Praxis überführt [255]. CdSb-Folien, dotiert mit dem Akzeptor Silber über 1 at% können als positive Schenkel in Thermogeneratoren mit einer Effektivität von $z = 10^{-3}\ K^{-1}$ eingesetzt werden. Eine Tellurdotierung führt zu hohen Fotoempfindlichkeiten bei 77 K. Die Fotoeffektivität erreicht bei einer Modulationsfrequenz von 500 Hz Werte von $1 \cdots 2 \cdot 10^9\ cm\ Hz^{1/2}\ W^{-1}$. Der Temperaturkoeffizient des Widerstandes beträgt in diesen Folien $\alpha_T = 17\%\ K^{-1}$, wodurch ihr Einsatz als Thermoresistoren und Bolometer möglich ist. Bei einer Ge-Dotierung finden sie Anwendung als Leistungsmesser von Ultrahochfrequenzen mit einer unteren Nachweisgrenze von 5 μW.

In [247] zeigen wir, daß es durch gerichtete Kristallisation einer Tellur-Schmelzschicht ebenfalls gelingt, Proben mit Eigenschaften massiver Einkristalle herzustellen.

5.7. Eutektische Folien

Theoretische, herstellungsspezifische und applikative Aspekte eutektischer Heterokristalle in Folienform diskutierten wir bereits in Abschn. 3.10. Als Züchtungsverfahren wählten wir gleichfalls die gerichtete Erstarrung einer dünnen eutektischen Schmelzschicht zwischen zwei planparallelen Substraten. Die Zielsetzung bestand in der Herstellung streng periodischer Überstrukturen. Das erste Untersuchungsstadium bildete eine lichtmikroskopische Analyse des Keimbildungsvorganges und der Grenzflächenmorphologie. Das wurde an eutektischen Modellsubstanzen mit niedrigen Erstarrungspunkten zwischen zwei Glasplättchen unter einem Heiztischmikroskop mit definiertem Temperaturgradienten durchgeführt [275]. Die Analyseanordnung wurde dabei weitestgehend den später verwendeten Züchtungsvarianten angepaßt. Als Modellsubstanz diente das System $NaNO_3-KNO_3$ mit einem eutektischen Punkt bei 250 °C. Beide Eckkomponenten kristallisieren in der hexagonalen Struktur und bilden das Eutektikum bei einem Mischungsverhältnis von 1:1. Bei gerichteter Kristallisation wird sich deshalb eine Lamellarstruktur einstellen.

Nach dem Aufschmelzen der Einwaage und langsamem Abkühlen im Temperaturgradienten kam es an der kältesten Stelle zur Ausbildung mehrerer Keimzentren, die rasch zu Sphärolithen auswuchsen. Ein solches Wachstum ohne weitere Keimauslese würde zur Ausbildung völlig ungeordneter Überstrukturen führen. Deshalb wurde mit einer natürlichen Keimauslese in einem kurzen verengten Kanal der Maske gezüchtet, so daß nur ein Sphärolithensegment als Wachstumsfläche für den Hauptteil der Folie fungierte. In der Mehrzahl der Versuche wurde eine gute Parallelität der Lamellen zum Temperaturgradienten beobachtet.

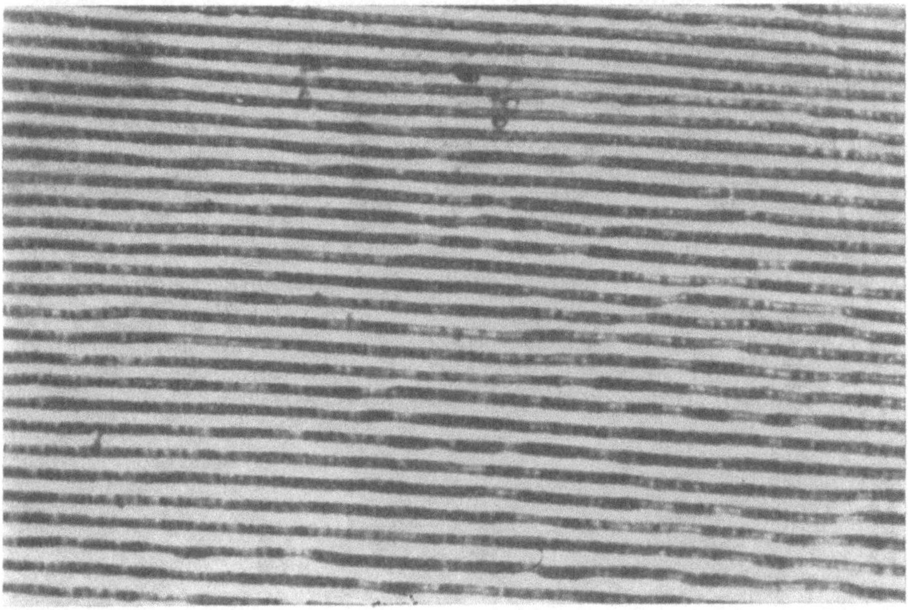

Abb. 62.
Ausschnitt einer eutektischen Pb—Sn-Folie (Oberfläche), gerichtet erstarrt zwischen zwei parallelen Isolatorplatten

In den Originalversuchen wurden die folgenden Substanzkombinationen eingesetzt und in einigen Züchtungsparametern variiert:

Als Vertreter für lamellare eutektische Überstrukturen wurden das Metall-Metall-Eutektikum Pb—Sn und das Halbleiter-Halbleiter-Eutektikum SnSe—$SnSe_2$ untersucht. Im System Pb—Sn liegt der eutektische Punkt bei 183 °C und einer Bleieinwaage von 38,1 at%. Lamellarstrukturen hoher Perfektion wurden beobachtet, wenn die Kristallisationsgeschwindigkeit bei einem konstanten Temperaturgradienten von 40 K cm^{-1} nicht 0,5 mm min^{-1} überschritt. Auf Abb. 62 ist ein Ausschnitt einer solchen Heterostruktur zu sehen. Bei einer Lamellenbreite von 1,5···2 μm betrug die Anzahl der Heteroübergänge über eine

Probenbreite von 5 mm 3···2,5 · 10^3. Über die Foliendicke waren die Lamellen ebenfalls streng parallel ausgerichtet. Proben solch hoher Perfektion wurden bei der Anwendung der Bridgman-Erstarrung in konzentrischen Ampullen von uns nicht erreicht [361]. Eine mögliche Anwendung könnten solche Pb—Sn-Strukturen in der Erforschung supraleitender Zustände finden [276].

Der Schmelzpunkt eines SnSe—$SnSe_2$-Eutektikums liegt bei 640 °C und einer 49 at%igen Sn-Einwaage. Besonders schmale Lamellen wurden bei einem Temperaturgradienten von 250 K cm^{-1} und einer Kristallisationsgeschwindigkeit von 10 mm min^{-1} beobachtet. Solche Folien mit 10^6 Heteroübergängen pro cm könnten vielleicht für die Mikroelektronik von besonderem Interesse sein, da beide halbleitende Phasen wegen richtungsverschiedener Stöchiometrieabweichungen unterschiedlichen Ladungsträgertyps sind [362] und deshalb pn-Übergänge bilden.

Als ein Beispiel für Bacularstrukturen wurde das Halbleiter-Metall-Eutektikum InSb—Sb mit einem Schmelzpunkt bei 500 °C und einer 30,5 at%-igen In-Einwaage untersucht. Bei einem Temperaturgradienten von 250 K cm^{-1} und Kristallisationsgeschwindigkeiten von 4 µm min^{-1} kam es zu einer Einlagerung paralleler trigonaler InSb-Stäbchen in der Sb-Matrix. Solche Folien können als thermoelektrische Wandler oder Magnetoresistoren mit erhöhtem Innenwiderstand Anwendung finden [262, 263]. Die Ergebnisse verdeutlichen den perspektivischen Charakter der gerichteten Folienkristallisation eutektischer Substanzen als eine vielversprechende Variante der Profilzüchtung von Einkristallen.

Literaturverzeichnis

[1] Маслов, В. Н : Выращивание профильных полупроводниковых монокристаллов. Изд. Металлургия, Москва 1977.

[2] Строителев, С. А.: Кристаллохимический аспект технологии полупроводников. Изд Наука, Сибирское отделение, Новосибирск 1976

[3] Görlich, P., W. Lüdke, A. Christoph, H. J. Gülzow, J. Meinhardt und R. Reimann: Feingerätetechnik **10** (1966) 1.

[4] Гиваргизов, Е. И.: Рост нитевидных и пластинчатых кристаллов из пара. Изд. Наука, Москва 1977.

[5] Степанов, А. В , в: Проблемы современной кристаллографии. Изд. Наука, Москва 1975, стр. 66.

[6] Изв. АН СССР, с физическая **33** (1969), **35** (1971), **36** (1972), **37** (1973), **40** (1976), **43** (1979), **44** (1980).

[7] Ravi, K. V.: J. Crystal Growth **39** (1976) 1, 16.

[8] Brissot, J. J., in: 1976 Crystal Growth and materials. Ed. E. Kaldis and H. J. Scheel, North-Holland Publ. Comp. 1977, p. 795.

[9] Goodman, C. H. L. in: 1976 Crystal Growth and materials. Ed. E. Kaldis and H. J. Scheel, North-Holland Publ. Comp. 1977, p. 823.

[10] Curran, L.: Electronics **20** (1978) 97.

[11] Heteroepitaxial Semiconductors for Electronic Devices. Ed. G. W. Cullen and C. C. Wang. Springer, New York 1978.

[12] Vonderschmitt, B. V.: Elektronik (1979) 18, 43.

[13] Вестник АН СССР: Получение профилированных кристаллов и изделий. (1977) 49.

[14] Лозовский, В. Н.: Зонная плавка с градиентом температуры. Изд. Металлургия, Москва 1972.

[15] Цивинский, С. В.: Инж. физ. ж. **5** (1962) 59.

[16] Gaule, G. K., und I. R. Pastore, in: Metallurgy of Elemental and Compound Semiconductors—Boston 1960. Interscience, New York — London 1961, p. 201.

[17] Heywang, W.: Z. Naturforsch. **11a** (1956) 238.

[18] Степанов, А. В.: ж. техн. физ. **29** (1959) 381.

[19] Степанов, А. В.: Авторское свидетельство СССР, 134402 (1960).

[20] Сумм, Б Д. и. Ю В. Горюнов: Физико-химические основы смачивания и растекания. Изд. Химия, Москва 1976, стр. 53.

[21] Bardsley, W., F. C. Frank, G. W. Green und D. T. J. Hurle: J. Crystal Growth **23** (1974) 341.

[22] Bardsley, W., D. T. J. Hurle und G. C. Joyce: J. Crystal Growth **40** (1977) 13.

[23] Swartz, J. C., T. Surek und B. Chalmers: J. Electronic Mater. **4** (1975) 2, 255.

[24] Surek, T., B. Chalmers und A. I. Mlavsky: J. Crystal Growth **42** (1977) 453.

[25] La Belle, H. E., und A. I. Mlavsky: Patent, Schweden 325552 (1970).
[26] Surek, T., und B. Chalmers: J. Crystal Growth **29** (1975) 1.
[27] Surek, T.: J. appl. Phys. **47** (1976) 4384.
[28] Tatarchenko, V. A.: J. Crystal Growth **37** (1977) 272.
[29] Surek, T., und S. R. Coriell: J. Crystal Growth **37** (1977) 253.
[30] Антонов, П. И., и А. В. Степанов: Изв. АН СССР, с. физическая **33** (1969) 12, 1980.
[31] Егоров, Л. П., Л. М. Затуловский, Д. Я. Кравецкий, И. М. Чайкин и Е. А. Сидякин: Изв. АН СССР, с. физическая **40** (1976) 7, 1361
[32] Chalmers, B., H. E. La Belle, und A. I. Mlavsky: J. Crystal Growth **13/14** (1972) 84.
[33] Бренер, Е. А., и В. А. Татарченко: Изв. АН СССР, с. физическая **43** (1979) 9, 1927.
[34] Татарченко, В. А., Б. Н. Корчунов, Н. А. Гупько и А. В. Степанов. АН СССР, с. физическая **36** (1972) 3, 476.
[35] Татарченко, В. А., А. И. Сает и А. В. Степанов Изв. АН СССР, с. физическая **33** (1969) 12, 1954.
[36] Татарченко, В. А., и А. В. Степанов: Изв. АН СССР, с. физическая **33** (1969) 12, 1960
[37] Татарченко, В. А., Д. И. Левинзон и А. В. Степанов: Изв. АН СССР, с. физическая **36** (1972) 3, 471
[38] Татарченко, В. А., и Е. А. Бренер: Изв. АН СССР, с. физическая **40** (1976) 7, 1456.
[39] Воронков, В. В.: Изв. АН СССР, с. физическая **44** (1980) 2, 226
[40] Coriell, S. R., und M. R. Cordes: J. Crystal Growth **42** (1977) 466.
[41] Hurle, D. T. J.: J. Crystal Growth **42** (1977) 473.
[42] Walter, H. U., in: Haus der Technik. Vortragsveröffentlichungen 391, Vulkan-Verlag Dr. W. Classen, Essen 1977, S. 41.
[43] Ciszek, T. F., und G. H. Schwuttke: J. Crystal Growth **42** (1977) 483.
[44] Bracken, R. C.: Electro-Technology **83** (1969) 5, 43.
[45] Артышевский, П. П., М. Я. Смелянский, Л. М. Затуловский, П. М. Чайкин, М. Я. Смелянский, Л. Е. Цикольский и А. В. Степанов: Изв. АН СССР, с. физическая **35** (1971) 3, 469.
[46] Ратников, Д. Г., В. И. Добровольская и Л. Р. Лев: Изв. АН СССР, с. физическая **35** (1971) 3, 473
[47] Артышевский, П. П., С. Я. Кравецкий, Л. М. Затуловский и П. М. Чайкин: Изв. АН СССР, с. физическая **36** (1972) 3, 514 и 519.
[48] Артышевский, П. П., Д. Я. Кравецкий, Л. М. Затуловский и др.: Изв. АН СССР, с. физическая **37** (1973) 11, 2271 и 2275.
[49] Billig, E.: Proc. R. Soc. **A 229** (1955) 346.
[50] Mullins, W. W., und R. F. Sekerka: J. appl. Phys. **35** (1964) 444.
[51] Curie, P.: C Euvres, Paris 1908, 127.
[52] Антонов, П. И., Н. С. Григорьев и А. В. Степанов: Изв. АН СССР, с. физическая **35** (1971) 3, 447.
[53] Любалин, М. Б., и В. А. Мокиевский. Кристаллография **13** (1968) 735.
[54] Антонов, П. И., и А. В. Степанов: Изв. АН СССР, с. физическая **33** (1969) 12, 1989
[55] Егоров, Л. П., Л. М. Затуловский, П. М. Чайкин и Д. И. Левинзон Изв. АН СССР, с. физическая **37** (1973) 11, 2280.
[56] Jackson, K. A., D. R. Uhlmann, und J. D. Hundt: J. Crystal Growth **1** (1967) 1.
[57] Темкин, Д. Е., в: Механизм и кинетика кристаллизации. Изд. Наука и техника, Минск 1967, стр. 86.

[58] Van der Eerden, J. P., P. Bennema, und T. A. Čerepanova: Prog. Cryst. Growth and Charakt. **1** (1978) 219.
[59] Алфинцев, Г А , Д Е Овсиенко, in: Crystal Growth. Ed H. S. Peiser, Suppl. J. Phys. Chem. Solids, Oxford 1967, p. 757.
[60] Процессы реального кристаллобразования Изд. Наука Москва 1977, гл II отд 2, стр. 52
[61] Найдич, Ю В , Н Ф. Григоренко и В М Перевертайло: Изв АН СССР, с. физическая **44** (1980) 2, 236
[62] Bolling, G. F., und W. A. Tiller, in: Metallurgy of Elemental and Compound Semiconductors — Boston 1960. Interscience, New York/London 1961, p. 97, ff.
[63] Billig, E., und P. J. Holmes: Acta Cryst. **8** (1955) 353.
[64] Benett, A. I., und R. I. Longini: Phys. Rev. **116** (1959) 1, 53.
[65] Wagner, R. S.: Acta Metallurg. **8** (1960) 57.
[66] Keller, W.: Feinwerktechnik-Micronic **77** (1973) 3, 107.
[67] Kleber, W.: Einführung in die Kristallographie. VEB Verlag Technik. Berlin 1956.
[68] Falk, H., und R. Anders: IHT-Mitteilungen **2** (1963) 2, 24.
[69] Halbleiterwerkstoffe (2. Auflage). Hrsg. H. F. Hadamovsky. VEB Dt. Vlg. Grundstoffindustrie, Leipzig 1972.
[70] Dersin, H. J., und E. Sirtl: Z. Metallkunde **55** (1964) 535.
[71] Mooser, E., M. Schlüter, und R. M. A. Lieth: J. Crystal Growth **16** (1972) 54.
[72] Lieth, R. M. A.: phys. stat. sol. (a) **12** (1972) 399.
[73] Wilke, K. Th.: Kristallzüchtung. VEB Dt. Vlg. d. Wiss., Berlin 1973.
[74] New Scient **21** (1964) 282.
[75] Демянов, З А., Б. Р. Невянцева и С А Строителев: Химия фосфидов с полупроводниковыми свойствами Наука. Новосибирск 1970
[76] Строителев, С А , в: Кристаллизация и фазовые переходы Изд. АН БССР, Минск 1962, стр 183
[77] Faust, J. W., und H. F John: J. Electrochem. Soc. **108** (1961) 860.
[78] Wagner, R. S., und W. C. Ellis: Appl. Phys. Letters **4** (1964) 89.
[79] Wagner, R. S., W. C. Ellis, K. A. Jackson, und S. M. Arnhold: J. appl. phys. **35** (1964) 2993.
[80] Blumberg, H., und K. Th. Wilke: Kristall u. Technik **9** (1974) 5, 447.
[81] Patzner, E. J., R. G. Dessauer, und M. R. Poponiak: SCP and Solid State Technology. Oct. 1967, 25.
[82] Gross, U., und R. Kersten: J. Crystal Growth **15** (1972) 85.
[83] Gärtner, K. J., K. F. Rittinghaus, und A. Seeger: J. Crystal Growth **13/14** (1972) 619.
[84] O'Kane, D. F., T. W. Kwap, L. Gulitz, und A. L. Bednowitz: J. Crystal Growth **13/14** (1972) 634.
[85] Pruett, H. D., und S. Y. Dien: J. Electrochem. Soc. **121** (1974) 822.
[86] Van Dijk, H. J. A., C. M. G. Jochern, G. J. Scholl, und P. van der Wert: J. Crystall Growth **21** (1974) 310.
[87] Perner und Stranski: 2. Internat. Symp. zu Problemen der Automatisierung von Kristallzüchtungsprozessen, Prag 1978.
[88] Bardsley, W., G. W. Green, C. H. Holliday und D. T. J. Hurle: J. Crystall Growth **16** (1972) 277.
[89] Bardsley, W., D. T. J. Hurle, G. C. Joyce und G. C. Wilson: J. Crystal Growth **40** (1977) 21.
[90] Mateika, D., P. Filipowski, H. Köhler und R. Kilian: J. Crystal Growth **41** (1977) 262.
[91] Vojdani, S., A. F. Dabiri und H. Ashoorn: J. Crystal Growth **24/25** (1974) 374.

[92] Barta, Č., und E. Koschtial: 2. Internat. Symp. zu Problemen der Automatisierung von Kristallzüchtungsprozessen, Prag. 1978.
[93] Егоров, Л П., Е. С. Окунь, Л М Затуловский, П М Чайкин, В. В Гуляев, В. Ю Цивинский, С. И. Левинзон, Ю М. Смирнов и Г. В Сачков: Изв АН СССР, с физическая **37** (1973) 12
[94] Егоров, Л П , Л М. Затуловский, Д. Я. Кравецкий, Б Б Пельц, Е А. Фрейман, П М Чайкин и И. Е Береизна: Изв АН СССР, с. физическая **43** (1979) 9, 1947
[94a] Лубэ, Э. Л. в: Рост кристаллов XIII. АН СССР 1980.
[95] Antonov, P. I.: J. Crystall Growth **23** (1974) 318.
[96] Cole, M., R. M. Ware, und M. A. Whitaker: ECCGI. Zürich 1976.
[97] Smaker, P., A. Kramer und W. Stahlin: ECCGI. Zürich 1976.
[98] Dühring: 7. Tagung Physik u. Elektronik, Berlin 1980.
[99] Laudise, R. A.: The Growth of Single Crystals. Prentice-Hall, Inc. Englewood Cliffs, New Jersey, 1970.
[100] Finch, C. B., G. W. Clark, und O. C. Kopp: J. Crystal Growth **29** (1975) 269.
[101] Schikora, D., P. Schäfer und N. Erben: Kristall u. Technik **13** (1978) 7, 781. (S. auch: Patent d. DDR 131725 (1978).)
[102] O'Connor, J. R., und W. A. McLaughlin: J. appl. Phys. **29** (1958) 2, 222.
[103] Соколов, В. А , Е А Сумин и А Н Синев: Тезисы докладов V Всесоюзного совещания по росту кристаллов Том II. Тбилиси 1977, стр. 177.
[104] Дудник, Е П , Д И. Левинзон, А Г. Петрик и В. В. Селин: Изв АН СССР, с физическая **37** (1973) 11, 2287
[105] Дудник, Е. П , А С Кузнецов и, Д И Левинзон: Изв. АН СССР, с физическая **40** (1976) 7, 1332
[106] Дудник, Е П. и др.: Изв АН СССР, с физическая **44** (1980) 2, 242.
[107] Сачков, Г. В., П И Антонов, Л М Замуловский, Д. И Левинзон, Ю. М. Смирнов и А. В Степанов: Изв АН СССР, с. физическая **33** (1969) 12, 1996.
[108] Сачков, Г. В , П. И. Антонов и А В Степанов: Изв АН СССР, с. физическая **35** (1971) 3, 461.
[109] Сачков, Г. В., В. А. Татарченко и Д. И Левинзон: Изв АН СССР, с. физическая **37** (1973) 11, 2288.
[110] La Belle, H. E.: Mat. Res. Bull. **6** (1971) 581.
[111] Шашков, Ю. М , В Б. Силкин и Н И Блезкан: Изв. АН СССР, с. физическая **37** (1973) 11, 2458
[112] Authier, B.: Festkörperprobleme XVIII (1978) 1.
[113] Authier, B.: Dt. Offenlegungsschrift 2508803.
[114] Ciszek, T. F., G. H. Schwuttke und K. H. Yang: J. Crystal Growth **46** (1979) 527.
[115] Illner, N.: Mitteilungen der VfK in der GGW d. DDR **15** (1980) 1, 16.
[116] Walker, A. C.: J. Franklin Inst. **250** (1950) 481.
[117] USA-Patent 3475660 (1969).
[118] Богомолов, В. Н , и С Г Шулманн Изв. АН СССР, с физическая **32** (1972) 3, 501.
[119] Гончаров, Л. А , Д. И Левинзон, Д. И Сачков и др · Изв. АН СССР, с. физическая 36 (1972) 3, 452.
[120] Ravi, K. V.: USA-Patent 4095329 (1978).
[121] Азоян, С. Е , Л. П. Егоров, Л М. Затуловский, Ч. В Копецкий, К. А Костанян, Д. Я Кравецкий, Б Б Пельц, Б. С. Редькин, В. А. Татарченко, Б. А. Тумасян, П М Чайкин и Т. Н. Яловец: Изв. АН СССР, с. физическая **23** (1979) 9, 1953
[122] Litvinov, A. L.: 13. Jahrestagung der VfK. Frankfurt/Oder 1978.

[123] Балатов, И Ф, Б Г Березин, В А Бученков, В Г Евдокимова, Л П Егоров, Л. М. Затуловский, Д Я Кравецкий, М И Поляков, А. В Степанов и С. И. Ханков: Изв АН СССР, с физическая **44** (1980) 2, 389 и 392
[124] Добровинская, Е Р., Л А Литвинов и В В Пищук: Изв. АН СССР, с физическая **43** (1979) 9, 1944
[125] Кравецкий, Д. Я, Л П Егоров, Л М Замуловский, Б Б Пельц, П М Чайкин, В А Копылова, А Ф Карпухин, Н С Костенко, А Н Каган, Я. Е Цейплин, Г В Хателишвили, С. И. Фитергендлер, Ю А Вахрушев, Л Л Зусман, Б. И Гиль и В А Фединец Изв АН СССР, с физическая **44** (1980) 2, 378
[126] La Belle, H. E.: USA-Patente 3687633 (1972) und 3870477 (1975).
[127] Little: BRD-Patent 2161438 (1972).
[128] Ciszek, T. F.: phys. stat. sol. (a) **32** (1975) 251.
[129] Костыгов, А. С, Б. И Корчунов и Г Г Хохлов Изв АН СССР, с физическая **44** (1980) 2, 345
[130] Татарченко, В А, Г В. Владимирова и А В Степанов: Изв АН СССР, с. физическая **35** (1971) 3, 499;
Есин, В. О, и др Изв. АН СССР, с физ **35** (1971) 3, 504
[131] Lester, R. H., und M. C. Cannon: USA-Patent 2471437 (1945).
[132] USA-Patent 2890976 (1959).
[133] Dietze, W., L. P. Hunt und D. H. Sawyer: J. Electrochem. Soc., Solid State Science and Technology **121** (1974) 8, 1112.
[134] Коптев, и А В Степанов физ тверд тела **9** (1967) 3007
[135] Добровинская, Е Р, И Ф Звагинцева, Л М Каплук, Л А Литвинов и В. В Пищик: Изв. АН СССР, с физическая 43 (1979) 9, 170
[136] Тиман, Б Л, О С Колотий, Е Р Добровинская, В В. Пищик и Л А. Литвинов: Изв АН СССР, с. физическая 43 (1979) 9, 1963
[137] Dobrovinskaja, E. R., L. A. Litvinov, V. V. Pishchik: Kristall u. Technik 13 (1978) 3, 289.
[138] Добровинская, Е Р, Л. А Литвинов и В. В Пищик: Изв АН СССР, с. физическая 43 (1979) 9, 1979
[139] Сапрыкин, Л. Г, В Б Браиловский, Е. Н Гайдуков, Л. Л Егоров, Л. М Затуловский, Д. Я Кравецкий, Г. С Леонов и А Е Рышков. Изв АН СССР, с физикая **44** (1980) 2, 386
[140] La Belle, H. E., u. a.: Mater. Res. Bull. **6** (1971) 571 ff.
[141] Amlong: Der Elektropraktiker **31** (1971) 4.
[142] Степанов, А В: ж техн физ **29** (1959) 381
[143] Шах-Будагов, А Л, и А В Степанов: ж мехн физ **29** (1959) 394
[144] Brissot, J. J., und H. Raynond: Electrochem. Technol. **1** (1963) 304.
[145] Цивинский, С В, и А В Степанов: физ. тверд тела **7** (1965) 1, 194
[146] Цивинский, С В.: Рост кристаллов VI Наука Москва 1965, стр 355
[147] Цивинский, С В, Ю И Коптев и А В Степанов: физ тверд тела 8 (1966) 569.
[148] Don Swets, E.: Electrochem. Technol. **5** (1967) 385.
[149] Егоров, Л. П, Л М. Затуловский и П М. Чайкин Изв АН СССР **37** (1973) 11, 2277
[150] Серов, А. П, Л. М. Затуловский, П М. Чайкин и др.: Изв. АН СССР, с. физическая **35** (1971) 3, 464
[151] Затуловский, Л М, П. М. Чайкин, Л Е Никольский и др: Изв АН СССР, с фисическая **33** (1969) 12, 1998
[152] Егоров, Л П, Л М Затуловский, П. М Чайкин и др: Изв АН СССР, с физическая **35** (1971) 3, 466

[153] Егоров, Л П , Л. М Затуловский, П М Чайкин и др · Изв АН СССР, с. физическая **35** (1971) 3, 466.
[154] USA-Patent 3453352 (1969).
[155] Boatman, J. C., und P. C. Goundry: Electrochem. Technol. **5** (1967) 98.
[156] Kim, K. M., u. a.: DOE/JPL-954465, Final Report, Juni 1977 and Quart. Progress. Rep. **1** (1976) ERDA.
[157] Носов, Ю. Г , П И Антонов и А В. Степанов. Изв АН СССР, с физическая **33** (1969) 12, 2008.
[158] Носов, Ю Г , П. И Антонов и А В Степанов Изв АН СССР, с физическая **35** (1971) 3, 495
[159] Носов, Ю Т , и П И Антонов. Изв АН СССР, с физическая, **37** (1973) 11, 2334
[160] Гаундри, Р К., в: Арсенид галлия Сов радио, Москва 1972, стр. 47
[161] Егоров, Л П , М Г Мильвидский, Л М Затуловский, В В. Каратов, В. В Гуляев, С А Белоконь и Л. С Окунь Изв АН СССР, с физическая **40** (1976) 7, 1359
[162] Смирнов, Ю. М , А А Машинский и др.: Изв АН СССР, с физическая **33**, (1969) 12, 1826
[163] Pollock, J. T. A.; J. Mat. Sci. **7** (1972) 787.
[164] Bates, H. E., F. Cocks and A. I. Mlavsky: Conf. Rec. 9-th IEEE Photovolt. Specialists Conf., Silver Spring, Md. 1972, N. Y. 1972, S. 386.
[165] Ciszek, T. F., and G. H. Schwuttke: phys. stat. solidi (a) **27** (1975) 231.
[166] Schwuttke, G. H., T. F. Ciszek, K. H. Yang and A. Kran: IBM J. Res. Develop **22** (1978) 4, 335.
[167] Ciszek, T. F., G. H. Schwuttke: J. Crystal Growth **42** (1977) 483.
[168] Ravi, K. V., H. B. Serreze, H. E. Bates, A. D. Morrison, D. N. Jewett and J. C. T. Ho: Conf. Record of the 11th IEEE Photovoltaic Spec. Conf., N. Y. 1975, 1975, S. 280.
[169] Кравецкий, Д Я , Л М. Затуловский, Л. М. Егоров и В А Копылов Изв. АН СССР, с физическая **43** (1979) 9, 1985
[170] Kuroda, E., M. Matsuda und M. Maki: phys. stat. sol. (a) **18** (1978) 105.
[171] Бузынин, Ю Н., Н И Блецкан, В. В. Саичко, А Н Бузынин, Ю С Дементьев и Е. Б. Соколов: Изв. АН СССР, с. физическая **43** (1979) 9, 1995
[172] Фомин, Г А и др : Изв. АН СССР, с. физическая **43** (1979) 9, 1982
[173] Абросимов, Н В , С К Брантов, С А Ерофеева, А К Зайцева, Ч В Копецкий и др : Изв АН СССР, с. физическая 43 (1979) 9, 1989
[174] Kuroda, E., M. Matsuda, H. Kozuga und M. Maki: J. Crystal Growth **43** (1978) 388.
[175] Barrett, D. I., E. H. Myers, D. R. Hamilton und A. I. Bennett: J. Electrochem. Soc. **118** (1971) 952.
[176] Surek, T.: Тезисы докл V Всесоюзн сов по росту кристаллов. Том III, Тбилиси 1977, стр. 48
[177] Пульнев, Э О , В Г Постолов, Д И Левинзон и А Л Тройнин: Изв АН СССР с физическая **44** (1980) 2, 310
[178] Бузынин, Ю Н , А Н Бузынин, Н И Блецкан и Е Б Соколов: Изв АН СССР, с. физическая **43** (1979) 9, 1997
[179] La Belle, H. E.: USA-Patent 3591348 (1971).
[180] Cullen, G. W., in: Heteroepitaxial Semiconductors for Electronic Devises, Ed. G. W. Cullen and C. C. Wang, Springer, New York 1978, S. 6.
[181] Перов, В Ф , В. С. Панков и И А Иванов: Изв. АН СССР, с. физическая **43** (1979) 9, 1977

[182] Мусатов, М. И , И Н. Николаев, И. Н Петунина и Б Г Иванов Изв. АН СССР, с физическая 44 (1980) 2, 400.
[183] Matsumara, S., und T. Fukuda: J. Crystal Growth **34** (1976) 350.
[184] Grabmaier, Otto: Progr. and Abstr. ECC-G 2, Lancaster 1979.
[185] Gurtler, R. W., u. a.: J. Electrochem. Mat. **7** (1978) 3, 441.
[186] Dörrfeld, H. G., und H. J. Schilling: Patentschrift d. DDR 138279 (1979).
[187] Shokley, W.: USA-Patent 3031275 (1962).
[188] Bleil, C. E.: USA-Patent 3681033 (1972).
[189] Bleil, C. E.: J. Crystal Growth **5** (1969) 99.
[190] Kudo, Bosshi, Nagareyama, Chiba: Offenlegungsschrift der BRD 2633961 (1977).
[191] Metallurgy of Elemental and Compound Semiconductors — Boston, v. 12, New York – London 1960, Interscience 1961, S. 103.
[192] Степанов, А В , и С В Уивинский: физ. тверд тела **5** (1963) 81.
[193] Маслов, В. Н , А А Давыдов, и Н М. Деменков Научные труды ГИРЕДМЕТ, т 13, Металлургия, Москва 1964, стр 199
[194] Seidensticker, R. G.: J. Crystal Growth **39** (1977) 17.
[195] Seidensticker, R. G., und D. R. Hamilton: J. phys. chem. Solids **24** (1963) 1585.
[196] Lindberg, O., und J. W. Faust: Compound Semiconductors. Praparation of III–V Compounds. Ed. R. K. Willardson, H. L. Goering, Reinhold Publ. Corp. N. Y., Chapman and Hall, Ltd. London 1962, vol. 1., S. 294.
[197] Дашевский, М Я., и А. В Сахарова: Изв АН СССР, с. неорг мат. **4** (1968) 9, 1471
[198] Дашевский, М Я , и В. В Хасиков, в Исследование материалов для новой техники Мецниеребра Тбилиси 1971, стр 170.
[199] Seidensticker, R. G., A. M. Stewart und R. H. Hopkins: J. Crystal Growth **46** (1979) 51.
[200] Dermatis, S. N., und J. W. Faust: IEEE Trans. Communications Electronics **65** (1963) 194.
[201] O'Hara, S.: J. appl. Phys. **35** (1964) 2, 409.
[202] Seidensticker, R. G., L. Scudder und H. W. Brandhorst, in: Proc. 11th Photovoltaic Specialists Conf., New York 1975, S. 299.
[203] O'Hara, S., und A. J. Bennett: J. appl. Phys. **35** (1964) 3, 686.
[204] Bösenberg, W.: Z. f. angew. Phys. **9** (1957) 7, 347.
[205] Bösebnerg, W., und H. Ebner: Patent d. BRD 1046341 (1959).
[206] Authier, B.: Patentschrift der DDR 122478 (1975).
[207] Некрасов, М М., и С. В. Ряпченко: Вопросы микроэлектроники Под ред. М М Некрасова Изд. Наукова думка Киев 1971, стр. 143
[208] Cornelison, B.: USA-Patent 2907715 (1959).
[209] Schmidt, H., G. Haase und F. Zörgiebel: Kristall u. Technik **11** (1976) 9, 937.
[210] Rudolph, P., P. Gille und P. Schmidt: Patentschrift der DDR, 0154496 (1980).
[211] Rudolph, P.: Physik.-chem. u. technol. Aspekte der Profilzüchtung von Einkristallen. Diss. B. HUB. Berlin 1979.
[212] Schmidt, P.: Zusammenhg. zw. Kristallwachstum, Realstr. u. Verfahrensoptimierung bei. d. Formzüchtg. von Bi u. BiSb-Mischkr. Diss A. HUB. Bln. 80.
[213] Gille, P.: Physiko-chem. u. technol. Besonderheiten der Profilzüchtung von PbTe in harten Containern. Diplomarbeit, HUB, Berlin 1980.
[214] Herrmann, R., und H. Krüger: Privatmitteilung. (Zur Meßtechnik s. R. Herrmann u. a. in: Neuere Entwicklungen der Physik. Hrsg. P. Görlich, A. Eckardt, P. Kunze. VEB Vlg. d. Wiss. Berlin 1974, S. 97).
[215] Neuhaus, A.: Chem. Ing. Techn. **28** (1956) 155 u. 350.

[216] Kapica, P. L.: Proc. Roy. Soc. **A115** (1928) 358.
[217] Kapica, P. L.: Proc. Roy. Soc **A123** (1929) 292.
[218] Харвин, Ю В , и В. Ф Гантмахер: Приб и техн эксперим (1963) 6, 165
[219] Хайкин, М. С , С. М. Черемисин и В. С Эдельман: Приб и техн. эксперим. (1970) 4, 225.
[220] Chajkin, M. S., S. M. Čeremisin und V. S. Edelman: Cryogenics **11** (1971) 2, 150.
[221] Vogel, J., Diss. A, HUB, Berlin 1973.
[222] Herrmann, R., J. Vogel und H. Haefner: phys. stat. sol. (a) **24** (1974) 131.
[223] Kuhl, R., Diss. A, HUB, Berlin 1976.
[224] Bate, G., und K. N. R. Taylor: J. appl. Phys. **31** (1960) 991.
[225] Bate, G., und K. N. R. Taylor: Compound Semicond. Prap. of III–V Compounds. Ed. R. K. Willardson, H. L. Goering, Reinhold Publ. Corp. N. Y., Chapman and Hall, Ltd. London 1962, vol. 1., S. 337.
[226] Bohne, W.: Electronics News **9** (1964) 5, 449.
[227] Сандулова, А. В., И. А. Петрушко и Л Д Хуторянский: Электронная техника. с. криогенная электроника 1 (1970) 91.
[228] Давыдов, А. А., А М Деменков, Л И Лишина и В. Н. Маслов: Рост кристаллов. Т IV (1965) 350.
[229] Деменков, А. М., и В Н. Маслов: Кристаллография **12** (1967). 737.
[230] Faust, J. W., und H. F. John: J. phys. chem. sol. **25** (1964) 1407.
[231] Строителев, С. А., в: Механизм и кинетика кристаллизации. Изд. Наука и техника, Минск 1969, стр 33.
[232] Песков, О Г., и Н. Д Роенков, в: Химия фосфидов с полупров свойств. Изд Наука, Новосибирск 1970, стр. 33
[233] Diersen, G. H., und T. Gabor: J. Crystall Growth **15** (1972) 99.
[234] Chikawa, J., und T. Nakayma: J. appl. Phys. **35** (1964) 2493.
[235] Ibubi, S.: J. phys. Soc. Japan **14** (1959) 1181.
[236] Park, Y. S., und D. S. Reynolds: J. appl. Phys. **38** (1967) 756.
[237] Румянцев, Ю М., Ф. А. Кузнецова и С. А Строителев: кристаллография 10 (1965) 2, 263
[238] Шефталь, Н. Н.: Рост кристаллов X. Исд. Наука, Москва 1974, стр. 195
[239] Gilbert, G. B., T. O. Poehler und C. F. Miller: J. appl. Phys. **32** (1961) 1597.
[240] Alexandrov, L. N., E. A. Klimenko und A. G. Klimenko: Kristall u. Technik **4** (1969) 4, 25.
[241] Клименко, Е. А , и А Г Клименко: Авт свид. СССР 184808 (1964).
[242] Alexandrov, L. N., E. A. Klimenko und A. G. Klimenko, in: Epitaxie-Endotaxie. Hrsg. H. Schneider. Leipzig 1970. S. 110.
[243] Александров, Л. Н : Кинематика образования и структуры твердых слоев Изд Наука. Новосибирск 1972, стр. 157.
[244] Клименко, Е. А. и А Г. Клименко, в: Проблемы эпитаксии полупроводниковых пленок. Под ред. Л. Н. Александрова, Изд. Наука. Новосибирск 1972. стр. 199.
[245] Шевченко, В. Я., А. Д. Гончаров, В. Б Лазарев, В. Б. Маркович и П. Рудольф: Получение тонких слоев полупроводниковых веществ направленной красталлизацией расплава. АН СССР, ИОИНХ, Москва 1973
[246] Бокий, Г. Б., В. Я. Шевченко, Г. И. Гончаренко, П. Рудольф, И. В Ольховский, А. В Сандулова, и Л. Д. Хуторянский: Докл. АН СССР **200** (1971) 72.
[247] Sandulova, A. V., A. D. Gončarov, P. Rudolph, W. Thieme, L. D. Chutorjanskij und V. Ja. Shevčenko: Kristall u. Technik **7** (1972) 7, 787.
[248] Сандулова, А В., П. Рудольф и А Д. Гончаров: Изв. АН СССР с. Неорг. мат. **7** (1972) 2, 224.

[249] Шевченко, В. Я., Д. И. Гончаренко, А. Д. Гончарев, Г. Г. Дворякин, В. И. Ковалев, С. Ф. Маренкин, В. Б. Лазарев, П. Рудольф и Л. Д. Хуторянский: Электронная техника 7 (1972) 69.
[250] Сандулова, А. В., П. Рудольф, А. Д. Гомчаров, В. Тимб, В. Я. Шевченко и Р. Климпель: Процессы роста и синтеза полупроводниковых кристаллов и пленок. Изд. Наука. Новосибирск 1975, стр. 302.
[251] Пономарев, В. Ф., А. Г. Падалко и В. П. Саныгин: Изв. АН СССР, с. Неорг. мат. **14** (1978) 2, 207.
[252] Падалко, А. Г., А. С. Филипченко, Е. И. Чайкина и В. Я. Шевченко: Изв. АН СССР с. Неорг. мат. **14** (1978) 11, 1976.
[253] Падалко, А. Г., В. П. Саныгин и В. Я. Шевченко: Изв. АН СССР с. Неорг. мат **14** (1978) 11, 1978.
[254] Сандулова, А. В., П. Рудольф и А. С. Гончарев: Авторское свидетельство СССР 1454485 (1970).
[255] Лазарев, В. Б., В. Я. Шевченко, Я. Х. Гринберг и В. В. Соболев: Полупроводниковые соединения группы $A^{II}B^{V}$. Изд. Наука, Москва 1978.
[256] Thieme, W., A. D. Gončarov und V. Ja. Shevčenko: Kristall u. Technik **11** (1976) 8, 847.
[257] Шевченко, В. Я., А. Д. Гончаров, А. Д. Падалко, В. Б. Лазарев и В. Тиме: Электронная промышленность **4** (1973) 89.
[258] Wagner, R. S., und W. C. Ellis: Trans. Met. Soc. AIME **233** (1965) 1053.
[259] Sirtl, E., L. P. Hunt und D. H. Sawyer: J. Electrochem. Soc **121** (1974) 919.
[260] Ickert, L., und P. Rudolph: Vortrag auf dem Kolloquium zur Halbleiterbauelementeelektronik. TH Karl-Marx-Stadt 1974.
[261] Thomson, E. R., und F. D. George: SEA Paper 690689 — Met. Soc. Automotive Engn.
[262] Liebmann, W. K., und E. A. Miller: J. appl. Phys. **34** (1963) 9, 2653.
[263] Weiss, A., und M. Wilhelm: Z. Phys. **176** (1963) 399.
[264] Van Suchtelen, J.: Philips Res. Rep. **27** (1972) 28.
[265] Arthur, J. R., und R. S. Wagner: Bull. Amer. Phys. Soc. **13** (1968) 964.
[266] Paul, B.: Solid State Electr. **7** (1964) 835.
[267] Esaki, L.: Internat. Conf. on the Phys. and Chem. of Semicond. Heterojunctions and Layer Structures. Vol. 1, Budapest 1971, S. 1.
[268] Proix, F., R. Racek und M. Balkanski: J. Vac. Sc. Technol. **10** (1973) 5, 663.
[269] Bloembergen, N., und A. J. Sievers: Appl. Phys. Letters (1970).
[270] Chadwick, G. A.: Progr. Mat. Sci. **12** (1963) 97.
[271] Albers, W., und L. Van Hoof: J. Crystal Growth **18** (1973) 147.
[272] Pollock, J. T. A., und R. Stormont: J. of Mat. Sci. **9** (1974) 508.
[273] Рогальский, Г. И., С. П. Никаноров, В. В. Пеллер и А. Г. Амброк: Изв. АН СССР, с. физическая **44** (1980) 2, 340.
[274] Иккерт, Л., и П. Рудольф: Тез. докл. IV симпоз. по процессам роста и синтеза полупров. крист. и плёнок. Новосибирск 1975, стр. 121.
[275] Ickert, L., Rudolph, P. und F. Damaschun: Vortrag auf der 8. Jahrestagung der VfK d. DDR. Dresden 1973.
[276] Mattias, B. T.: Sci. **156** (1967) 645.
[277] Proc. 1. and 2. Conf. in-situ-Compos. Eindhofen 1970 (1). Lakeville 1972 (2).
[278] Ricard, J.: 6. Int. Conf. on Crystal Growth. Extended abstracts, Vol. III, Method and Materials. Moscow 1980, S. 150.
[279] Landau, L. D., und E. M. Lifschitz: Lehrbuch der theoretischen Physik. Bd. VI, Hydrodynamik. Akademie-Verlag, Berlin 1981.
[280] Chandrasekhar, S.: Hydrodynamic and Hydromagnetic Stability. Oxford University Press 1981.

[281] Schlichting, H.: Boundary Layer Theory. New York 1955.
[282] Kahrig, E., und H. Besserdich: Dissipative Strukturen, Leipzig 1977.
[283] Carruthers, J. R.: J. Crystal Growth **32** (1976) 13.
[284] Carruthers, J. R.: J. Crystal Growth **2** (1968) 1.
[285] Carruthers, J. R., in: Treatise an Solid State Chemistry. Vol. 5. Ed. N. B. Hannay. Plenum Press, N. Y. – London 1975, S. 325.
[286] Wilcox, W. R., und L. D. Fullner: J. appl. Phys. **36** (1964) 2201.
[287] Chang, C. E.: J. Crystal Growth **44** (1978) 168.
[288] Kalejs, J. P.: J. Crystal Growth **44** (1978) 329.
[289] Milsom, J. A., und B. R. Pamplin: 6. Int. Conf. on Crystal Growth. Extended Abstracts. Vol. II. Moscow 1980, S. 268.
[290] Schwabe, D., A. Schamann, F. Preisser und R. Oeter: J. Crystal Growth **48** (1978) 305.
[291] Бессонова, Н. В., Д. И. Левинзон, И. Ю. Литвинова и В. А. Шершель: Изв. АН СССР, с. физическая **35** (1971) 3, 478.
[292] Кукий, А. С., Д. И. Левинзон, Г. В. Сачков и В. А. Шершель: Изв. АН СССР, с. физическая **33** (1969) 12, 2010.
[293] Шейхет, Э. Г., и В. Я. Шком: Изв. АН СССР, с. физическая **33** (1969) 12, 2016
[294] Kalejs, J. P., G. M. Freedman und F. V. Wald: J. Crystal Growth **48** (1980) 74.
[295] Batchlor, G. K.: Quart. Appl. Math. **12** (1954) 209.
[296] Tiller, W. A., K. A. Jackson, J. W. Rutter und B. Chalmers: Acta Met. **1** (1953) 428.
[297] Smith, V. G., W. A. Tiller und J. W. Rutter: Canad. J. Phys. **33** (1956) 723.
[298] Tiller, W. A., und R. F. Sekerka: J. appl. Phys. **35** (1964) 2726.
[299] Verhoeven, J. D., und K. A. Heimes: J. Crystal Growth **10** (1971) 179.
[300] Абдурагимов, Г. А., Е. М. Вишняков и К. Р. Курбанов: Изв. АН СССР, с. Неорг. мат. 14 (1978) 10, 1765.
[301] Губанов, А. Н., и А. А. Нраньян: Изв. АН СССР с. физическая **33** (1969) 12, 1963.
[302] Ciszek, T. F.: J. appl. Phys. **47** (1976) 2, 440.
[303] Антонов, П. И., Э. Н. Колесникова, В. М. Крымов, С. И. Никаноров, М. П. Проскура и В. С. Юферев: Изв. АН СССР, с. физическая **40** (1976) 7, 1407
[304] Шашков, Ю. М., В. Б. Силкин и Н. И. Блецкан: Изв. АН СССР, с. физическая **37** (1973) 11, 2458
[305] Шашков, Ю. М., В. М. Гуревич и В. Б. Силкин: Изв. АН СССР, с. физическая **33** (1969) 12, 1974.
[306] Антонов, П. И., С. И. Бахолдин, М. Г. Васильев, Э. А. Тропп и В. С. Юферев: Изв. АН СССР, с. физическая **44** (1980) 2, 269.
[307] Лохару, Э. Х., В. С. Юферев и П. И. Антонов: Изв. АН СССР, с. физическая **44** (1980) 2, 276.
[308] Гончаров, А. Д., М. Л. Козлов, О. Н. Лапшинов и П. Рудольф: Изв. высш. учебн. зав., с. машиностр. (1972) 12, 92
[309] Инденбом, В. Л.: Кристаллография **9** (1964) 74.
[310] Indenbom, V. L.: Kristall u. Technik **14** (1979) 5, 493.
[311] Антонов, П. И., Е. В. Галактионов, В. М. Крымов и Э. А. Тропп: Изв. АН СССР, с. физическая **40** (1976) 7, 1414
[312] Антонов, П. И., Е. В. Галактионов, В. М. Крымов и В. С. Юферев: Изв. АН СССР, с. физическая **40** (1976) 7, 1419.

[313] Губанов, А. И., и А. А. Нраньян: Исв. АН СССР, с. физическая **33** (1969) 12, 1970.
[314] Цивинский, С. В.: Изв. АН СССР, с. физическая **37** (1973) 11, 2451.
[315] Горлецкий, В. И., и Л. Г. Эйдельман: Изв. АН СССР, с. физическая **40** (1976) 7, 1522.
[316] Цивинский, С. В.: Изв. АН СССР, с. физическая **40** (1976) 7, 1532.
[317] Антонов, П. И., и В. М. Крымов: Изв. АН СССР, с. физическая **44** (1980) 2, 244.
[318] Антонов, П. И., Е. В. Галактионов, В. М. Крымов и В. С. Юферев: Изв. АН СССР, с. физическая **44** (1980) 2, 250.
[319] Галактионов, Е. В., и Э. А. Тропп: Изв. АН СССР, с. физическая **40** (1976) 7, 1399.
[320] Цивинский, С. В., и А. В. Степанов: Физика тверд. тел. **10** (1968) 2519.
[321] Гусева, Н. В., И. Л. Шулпина, С. И. Бахолдин, В. М. Крымов и П. И. Антонов: Изв. АН СССР, с. физическая.
[322] **Antonov, P. I., V. M. Krymov und S. P. Nikanorov: 6. Int. Conf. on Crystal Growth. Extended abstracts. Vol. II, Moscow 1980, S. 188.**
[323] Андреев, Е. М., и П. И. Антонов: Изв. АН СССР, с. физическая **40** (1976) 7, 1426.
[324] Антонов, П. И., С. И. Бахолдин, М. Г. Васильев, Э. А. Тропп и В. С. Юферев: Изв. АН СССР, с. физическая **44** (1980) 2, 269.
[325] Антонов, П. И., С. И. Бахолдин, Е. В. Галактионов и Э. А. Тропп: Изв. АН СССР, с. физическая **44** (1980) 2, 255.
[326] **Antonov, P. I., S. I. Bakholdin, E. V. Galaktionov, E. A. Tropp und S. P. Nikanorov. 6. Int. Conf. on Crystal Growth. Extended abstracts. Vol II. Moscow 1980, S. 186.**
[327] Биргер, И. А.: Круглые пластинки и оболочки вращения. Оборонгиз. Москва 1961.
[328] Кукуй, А. С., Д. И. Левинзон, Г. В. Сачков и В. А. Шершель: Изв. АН СССР, с. физическая **33** (1969) 12, 2010.
[329] Галактионов, Е. В., В. М. Крымов, Е. Н. Колесникова, С. И. Бахолдин, Н. В. Гусева, И. Л. Шулпина и П. И. Антонов: V. Всесоюзн. совещ. по росту крист. Тезисы докладов. У. II. Тбилиси 1977. стр. 240.
[330] Вербыка, А. В., А. С. Кузнецов, Д. И. Левинзон и др.: Изв. АН СССР, физическая **35** (1971) 3, 458.
[331] Меньшикова, В. А., и др.: Изв. АН СССР, с. физическая **36** (1972) 3, 525.
[332] **Garone, L. C., C. V. Hari Rao, A. D. Morrison, T. Surek und K. V. Ravi: Appl. Phys. Letters 29 (1976) 511.**
[333] **Schwuttke, G. H.: Phys. stat. sol. (a) 43 (1977) 1, 43.**
[334] **Surek, T., C. B. Hari Rao, J. C. Swartz und L. G. Garone: J. Electr. Soc. 124 (1977) 1, 112.**
[335] Ши Дж., Г. Гейтос, Н. В. Абросимов, С. К. Брантов, С. А. Викторова и В. А. Татарченко: Изв. АН СССР, с. физическая **43** (1979) 9, 1997.
[336] Бузынин, Ю. Н., А. Н. Бузынин, Н. И. Блецкан и Е. Б. Соколов: Изв. АН СССР, с. физическая **43** (1979) 9, 1997.
[337] Блецкан, Н. И., А. Н. Бузынин, В. В. Саичко и В. В. Селин: Изв. АН СССР, с. Неорг. мат. **14** (1978) 4, 603.
[338] **Abrosimov, N. V., S. K. Brantov und B. M. Epelbaum: 6. Int. Conf. on Crystal Growth. Extended abstracts, Vol. III. Moscow 1980, S. 4.**
[339] Татарченко, В. А., и др.: Тезисы докл. Всесоюзн. симп. по росту полупров. крист. Новосибирск 1978.

[340] Kalejs, J. P.: 6. Int. Conf. on Crystal Growth. Extended abstracts. Vol III. Moskow 1980, S. 23.
[341] Serreze, H. B., J. C. Swartz, G. Entine und K. V. Ravi: Mat. Res. Bull. **9** (1976) 1421.
[342] Wada, K., und K. Koshikawa: Japan. J. appl. Phys. **17** (1978) 2.
[343] Ricard, J.: Privatmitteilung 1980.
[344] Белая, А Н , Е Р Добровинская, И Ф Звягинцева, Л А Литвинов и В. В. Пищик Изв АН СССР, с физическая **43** (1979) 9, 1967
[345] IEEE-SSC; April 1972, S. 135.
[346] Запрыкин, Л Г , В Б Браиловский, Е Н Гайдуков, Л П Егоров, Л М. Замуловский, Д Я Кравецкий, Г С Леонов и А Е Рыжков: Изв. АН СССР, с физическая **44** (1980) 2, 386
[347] Hartmann, R.: Phys. Rev. **181** (1969) 1070.
[348] Cucka, P., und C. S. Barrett: Acta Cryst. **15** (1962) 865.
[349] Otake, S., und N. Matsuno: Japan J. appl. Phys. **10** (1971) 1135.
[350] Mangez, J. H., J. P. Issi und J. Heremans: Phys. Rev. B, Solid State **14** (1976) 10, 4381.
[351] Ражба, Е И , Ц С Грибников и В Я Кравченко: Успехи физ наук **119** (1976) 1, 1
[352] Копылов, В Н , и Л П Межов-Деглин: ж эксп и теорет физ **70** (1976) 3, 971
[353] Kraak, W., R. Kuhl, F. Thom, P. Schmidt und R. Herrmann: 5th Int. Symp. High Purity Mat. in Science and Techn. Poster-Abstracts. Dresden 1980. S. 304.
[354] Schneider, G.: Diss. A. HUB. Berlin 1977.
[355] Berger, H.: Privatmitteilung 1979.
[356] Berger, H., B. Kuhrig, G. Oelgart, U. Pietsch und D. Schikora: phys. stat. sol. (a) **52** (1979) 427.
[357] Анатычук, Л И , и В Т Дмитращук: Изв АН СССР, с физическая **34** (1970) 8, 7
[358] Kobus, A., und J. Tuszynskij: Hallotrony i Gaussotrony. Naukowe-techniczne. Warszawa 1966.
[359] Matsunami, H., und T. Tanaka: Japan J. appl. Phys. **10** (1971) 600.
[360] Zdanowicz, L.: Solid State. Elektronics **11** (1968) 429.
[361] Wurl, B.: Diplomarbeit, HUB, Berlin 1977.
[362] Albers, W., und J. Verbeckt: J. Mat. Sci. **5** (1970) 24.
[363] De Groot, S. R.: L'effect Soret. Thesis. Amsterdam 1945; Physica **9** (1942) 699.

Substanzverzeichnis

$A^{III}B^{V}$ 8, 59, 71, 91
ADP [$(NH)_4H_2PO_4$] 8, 11, 54, 78
Ag 65
AgCl 88, 109
$AgNO_3-KNO_3$ 127, 180
Al 89, 139
Al_2O_3 8, 14, 23, 81f., 89, 91f., 168f.
– (Korund) 80, 169
– (Leukosaphir) 70, 80f., 146, 159, 168f.
– (Rubin) 70
– (Saphir) 10, 23, 47, 80f., 91, 160, 166f.
Alexandrit 70
Au 65

B 137, 170
BaF_2 8, 74
Bi 111, 115, 116, 171f.
Bi – Au 126
$Bi_{12}GeO_{20}$ 8, 65, 88, 97
B_2O_3-Schutzschicht 71, 91
$Bi_{1-x}Sb_x$ 72, 109, 116, 140, 170f.

CaF_2 8, 74
Cd_3As_2 122, 177f.
CdS 117, 119
CdSb 122, 177f.
Cd_3Sb_4 179
CdTe 8
Cd – Zn 126, 127
CrSb – FeSb 124
CrSb – InSb 124
CsCl 58, 59
Cu 47, 58, 59, 65
$CuCl-PbCl_2$ 126

DKDP (KD_2PO_4) 78

FeSb – InSb 124

GGG ($Gd_3Ga_5O_{12}$) 67
GaAs 8, 14, 67, 71, 88, 91, 105, 117, 118, 163
GaP 59, 65, 67, 71, 119, 163
GaSb 122
Ge 8, 30, 31, 44f., 67f., 80f., 88f., 108, 117, 120, 143, 154, 155, 159f.
Ge – Si 117, 120

Hg_2Cl_2 67

In 115
In – Ag 126
InAs 180
$InGeAs_2$ 105
InP 67, 72
InSb 8, 80, 88, 91, 105, 117, 122, 180
InSb – NiSb 124, 126
InSb – Sb 127, 182

KCl 65
KDP (KH_2PO_4) 8, 11, 54, 78
$(KNbO_3)_{10}(LiNbO_2)-(BaNb_2O_6)_{55}$ 65

LiF_2 8
$LiF-CaF_2$ 126
LiF – NaCl 126, 127
$LiNbO_3$ 8, 88, 97, 159

$MgAl_2O_4$ 47
MnSb – Sb 126
Mn_2SiO_4 72

NaCl 47, 58, 59, 91
NaF – NaCl 127
$NaNO_3-KNO_3$ 127, 180

Pb 115

Pb—Sn 127, 181, 182
PbTe 111

Seignettesalz 54, 114, 115
Si 3f., 30, 31, 47, 51, 53, 65f., 82f., 101, 105f., 117f., 135, 143f., 163f.
SiC 8, 94
SiO_2 (Quarz) 8, 54
SiS_2 55
SnS_2 55
SnSe—$SnSe_2$ 181, 182
Sn—Zn 126
SrO 70

Te 122, 179, 180

YAG ($Y_3Al_5O_{15}$) 8, 70

Zn 115
$ZrSe_2$ 55

Sachverzeichnis

Abbildtechnik 65, 66, 68
Abfallsrate 64, 75
Abscheidung 19, 63, 81, 87
Abstrahlung 39
Adhäsion 72, 78, 94
Adsorptionsschicht 56, 57, 59
akustoelektronisches Bauelement 63
analoges Kontrollsystem 65
anisotrope Wachstumsformen 55
Anwendungsprofile 8
Assoziationsgrad 56f.
Ätzgrubendichte 77, 162, 172
Aufgießen 87
Ausgangsphase 53f.
automatische Durchmesserkontrolle 64f.
– Gewichtskontrolle 66, 67
Automatisierung 18, 25, 64
axialer Gleichstrom 67, 90, 174

baculare Struktur 125f.
Bänder 8, 12f., 33, 47, 86f., 145f.
Bänderbreite 12, 37, 96, 135, 137
Bänderdicke 86, 149, 162
Bänderlänge 96
Bänderzuchtung 23, 30, 32, 37, 47, 87f., 144, 147
Bandziehverfahren 86f.
Bauelement 12, 54, 62f., 72f., 86, 115, 177
Bearbeitungsgrad 42, 54
BENARD-Problem 130f.
Benetzungshysteresis 29
Benetzungswinkel 27f., 48, 91
Bildwandler 8
Bläscheneinschlusse 82, 97, 146, 166
Bodenkörper 55
Bolometer 180
Brennerkolben 8, 81, 168
BRIDGMANN-Verfahren 8, 12, 44, 175, 182
BRIDGMANN-STOCKBARGER-Verfahren 64, 78

CAST (Capillar-action-shaping-technique) 94
CHALMERS-Verfahren 8
Chargennachschub 68
chemische Komplexe 55
chips 10, 75, 80, 86, 166
Container 72, 78, 81, 106f.
Containerkristallisation 24
Containerverfahren 7, 72
Corbino-Ring 80
CVD-Prozeß 87
CZOCHRALSKI-Barren 96
CZOCHRALSKI-Einkristall 10, 12, 39, 49, 148, 165
–, rechteckiger 10, 145
CZOCHRALSKI-Methode 7, 10, 12, 16, 24f., 30f.
CZOCHRALSKI-Technik 67, 73, 75
CZOCHRALSKI-Verfahren 44, 64, 87, 180
CZOCHRALSKI-Züchtung 66, 72
CZOCHRALSKI-Zonenzüchtung, kombinierte 68

Defekte 161f.
Definierungskante 29, 33
Deformationstempern 19
Dendrit 19, 50, 88, 102f., 165
Dendritenbänder 21, 51f., 88f., 102f.
Dendritenbreite 53
Dendritendicke 53
Dendritenoberfläche 53
Dendritenkristallisation 163
Dendritenwachstum 50
Diamantgitter 50, 154
Diffusion 20, 128f.

Diffusionsgleichung 139
Diffusionsgrenzschicht 136
Diskontinuität 13
Dissoziation 72, 84
Dotierung 74, 91, 137f., 179
Dreiphasengleichgewicht 30, 44, 48
Dreiphasengrenze 25f.
Druckmeßgeber 8
Dünnhalstechnik 75, 84
Dünnschicht 15
Durchmesser 39, 63f., 84
Durchmesserinstationarität 40
Durchmesserkonstanz 25, 30, 40, 64f., 85
Durchmesserkontrolle 64f.
Durchmesserschwankung 26, 41, 64f., 92
Durchsatz 11, 17, 70, 72, 86

EFG (Edge-defined Film-fed Growth) 30, 81, 88, 93f., 126, 130f., 169
EFG-Bänder 93f., 147f.
Einzelprobenfertigung 115f.
Elektronenstrahlmikroanalyse 175
elektromagnetischer Druck 37, 76, 100
elektromagnetische Zwangsführung 38, 88f., 99
Elektrooptik 86
Endmaßform 109, 139, 150, 171
erzwungene Kristallisation 42
Eutektika 16, 88, 181f.
eutektische Folien 180f.
– Materialien 122
– Strukturen 125f., 181f.

Facetten 42f, 48f., 74, 85, 90, 170
Faden (Kristalle) 14, 33
Feingeräteindustrie 70
Festkörpergrundlagenforschung 4, 7, 12, 24
Flächenkeim 51
Flächenkeimbildung 47
„floating-zone“, Methode 7, 24f.
–, Prozeß 38
–, „technique“ 68, 75
–, Verfahren 44, 64, 77
Folie 15f., 24, 117, 121f., 139, 152, 160f., 177f., 182
Folienkristallisation 121, 127, 139, 153, 182
Formgeber 19, 27f., 46f., 72f., 88f.
–, anisotroper 90
–, benetzender 28f., 34f., 68, 77, 84, 88f., 161f.
–, heteroepitaktischer 118
–, nichtbenetzender 28f., 33f., 68, 71, 76, 82, 88f., 161f.
Formgebermaterialien 91
Formgebungskräfte 36
Formgießen 19, 21, 24, 106f.
Formring, schwimmender 72
Formstabilität 29, 34, 41
Fotoeffektivität 163, 180
fotoelektrischer Wandler 177
freie Kristallisation 42
–s Ziehen 23f., 41, 48, 72, 75

Gaseinschlüsse 170
gerichtete Erstarrung 16, 21, 24, 106f.
– Kristallisation 15, 24, 43, 180
Germanium, Bänder 88f., 154f., 161f.
–, Platten 108
–, Rohre 82
–, Scheiben 74
–, Stäbe 76, 157
–, Tabletten 117
Gewichtskonstrolle 66, 67
Gewichtskraft 66
Gibbs-Thomson-Effekt 53
Gießform 108, 171, 174
Gießverfahren 78, 106f., 115, 150
Gleichgewichtsform 41, 43
Gleichgewichtspolyeder 42, 56
„gradient-freezing“ 111, 116
Graphoepitaxie 120
Grenzflächenenergie 24, 30
Grenzflächenkinetik 129
großtechnische Anwendung 39, 86, 163
–r Einsatz 16, 59, 72, 81, 168
Gruppen(zieh)methode 70, 72, 84, 86, 87
γ-Strahlanalyse 80

Habitus 11, 19, 50, 54f.
Habituskristallisation 115, 118
Habituszüchtung 53f., 56, 59, 62, 78
Halbleiter 47, 48, 81, 88, 120
Halbleiterindustrie 64, 80, 86
Halbleiterschicht 120f.
halbsphärischer Kristallkörper 39
Hall-Beweglichkeit 177, 180
Hall-Generator 177, 180
Heiztischmikroskop 180
Heterokeimbildung 24
Heterokristall 15, 16
–, eutektischer 124f.
–, periodischer 124f.
Heteroübergang 122
Hochleistungsdiode 80
Hohlzylinder 19, 39
Homogenität 12, 20, 71, 74

horizontales Abziehen 19, 21, 88, 101f.
Hydrodynamik 12, 130, 139
hydrodynamische Grenzschicht 136, 139
hydrostatischer Druck 24, 33, 108

industriemäßige Herstellung 78, 81
Inhomogenität 17
Integrationsdichte 87
Interkalation 16
insitu-Regelung 67
inverse STEPANOW-Methode 84, 91f., 167
Instabilität 26, 40
—, thermische 40, 47
IR-Detektor 177
IR-Optik 73, 75
IR-Spektroskopie 8
Isothermenverlauf 145

JACKSON-Kriterium 47
JOULsche Wärme 90

kalibrierter Kristallzylinder 69
— Geräteglascontainer 72
Kalotte 39
Kaltkathode 124
Kaltverformung 19
Kammerverfahren 114
kantendefiniertes Ziehverfahren 29f., 38, 81, 94, 161, 168f.
kapillarattraktiv 19, 27
kapillardepressiv 19, 27
Kapillardruck 19, 33
Kapillare 29, 32, 34, 93
Kapillarkonstante 26, 34, 69
Kapillarinstabilität 31, 47, 64
Kapillarstabilität 25, 31, 35, 40, 67, 90, 94
Kapillarkonvektion 128
Kapillarspalt 81, 84, 89, 94
Kavitation 37
Keilform 116
Keimanlupfung 84, 90
Keimbildung 24, 48, 50
—, heterogene 90
Keimorientierung 43f., 54
Keimprofil 32, 42, 75
Koaxialdetektor 8
Kohlenstoffeinschlüsse 162
Kolumnarstruktur 78
Komponentenüberschuß 59
Kompositenstoffe 8
Kondensationskoeffizient 63
Kondensatorplattenheizung 99
Kontinuität 13, 15, 25, 86
Konvektion 71, 128f.
Kontamination 94
Konzentrationsschwankung 12
Konzentrationsstreifen 129, 135, 163, 177
Konzentrationsunterkühlung 40, 125
Konzentrationsverlauf 137f.
Konzentrator (HF) 38, 77
konzentrischer Querschnitt 14, 33, 43, 68, 143, 157
Koordinationsgrad 57, 59
koplanare Dendriten 106, 165
Korngrenze 85, 169
—, Großwinkel- 18, 82, 85, 163f.
—, Kleinwinkel- 11, 81, 163f.
Korngrenzenstruktur 170
Korngrenzenzahl 169, 172
Korundrohre 80
Kristalldurchmesser 25, 41
Kristallklasse 44, 46
Kristallisationsfront 25, 31, 35, 40, 49, 64, 75, 82f., 90, 94
Kristallisationsgeschwindigkeit 11, 74, 150f., 174, 181f.
Kristallisationsmittel 42f.
Kristallisationsschicht 151f.
kristallographische Fläche 41f., 54f.
Kristallradius 25f.
Kristallscheiben 73f.
Kristallstäbe 75f., 82, 154, 156
Krümmungsradius (des Meniskus) 24f., 36f., 69, 76, 90, 94
Kugelkappe 63
KYROPOULOS-Verfahren 8, 19, 39, 74

Ladungsträgerkonzentration 177f.
Lamellarstruktur 125f., 180, 182
LAPLACE-Druck 35f.
LAPLACE-Gleichung 24f., 69
Laser 8, 10, 64, 99
Laserstab 10, 81, 168
latente Kristallisationswärme 40, 47f., 64, 103, 142, 147, 152
Lebensdauer der Minioritätsladungsträger 163f.
Leistungsmesser 177, 180
Leukosaphirrohre 81f., 168f.
Lichtabgabe 81
Lichtindustrie 80
Lichtleiteffekt 146, 160
Lichtleiter 127, 146
Lichtpolarisator 124

Linsenfertigung 72
Logikfamilien 168
Lösungskristallisation 18, 22
Lösungsverfahren 78
Lösungsmittel 62, 80
Lösungströpfchen 63
LORENTZ-Kraft 37

Magnetoresistor 124, 127, 177, 182
MARANGONI-Konvektion 130f., 139
MARANGONI-Zahl 130, 132
Maske 19, 121
Massenbilanz 39
Massenkristallisation 62, 119
Massentransport 12, 128f.
massive Kristallblöcke 62
Materialverlust 10, 80, 86
Meniskus 24f., 64f., 75, 89f.
—, Form 24f., 66, 81
—, Höhe 25f., 31f., 64, 69, 85, 90, 134, 162f.
—, Krümmung 25, 27, 65, 76
—, Längsschnitt 24, 28
—, Oberfläche 24, 36, 38
—, Peripherie 31f., 68f.
—, Querschnitt 24f., 68, 90
—, Verankerung 68
—, Verformung 35, 64, 76
—, Zwangsführung 32, 72
Mesa-Fotodiode 163
Metalle 31, 41, 48, 68, 72, 81
Mikroelektronik 3f., 23, 87, 101, 120f., 162, 182
Mikroprozessor 87
Mikrotröpfchen 62
Mikrowellenspektroskopie 9, 21, 120, 127
Milieu 54, 78
MOHS-Härte 81
molekular-kinetischer Prozeß 41, 42
Morphologie (der Kristalle) 43f.
Multizonenverfahren 108

Nachheizer 90, 93, 144, 157f.
—, aktiver 146, 162
—, passiver 157f.
Nachfolgetechnologie 86
Nadel-Kristalle 8, 19, 122f.
nadelförmige Kristalle 62
Natrium-Hochdruckdampflampe 81, 168f.
negativer Temperaturgradient 40, 50
Niedervoltwandler 80
Normalerstarrung 72, 73, 114, 131, 140

Oberflächenenergie 30, 41, 49, 56
Oberflächenmorphologie 47
Oberflächenkonvektion 128f.
Oberflächenqualität 8, 24, 54, 86, 162
Oberflächenrauhigkeit 146
Oberflächenspannung 24f., 66, 76
Oberflächenwellenleiter 8
Oberflächenwelligkeit 48, 166
ökonomisch 12, 17, 23, 42, 75, 87
Oktaederfläche 49f.
Optik 4, 7f., 16, 72f.
optische Einkristalle 64f.
— Industrie 54, 72
— Substanz 62, 78
Optoelektronik 7
Orientierungsabweichung 47
Oxide 31, 47, 48

Packungsdichte 42, 55f.
PDG (Pendant-Drop-Growth) 91, 167
PECLET-Zahl 137
Pedestaltechnik 38, 76
PELTIER-Effekt 67, 90, 174
Perfektion 13f., 42, 72, 81, 165
Periodizität 15, 16
Phasengrenze 12, 20f., 31f., 41f., 50f., 62f., 154
piezoelektrisches Bauelement 63, 115
Plättchen 8, 24, 55, 59, 117f.
—, freitragende 115f.
plättchenförmige Kristalle 59, 63
Platte 106f., 114
p-n-Übergang 80, 127, 163, 166
Podestziehverfahren 10, 32, 68, 91
Polarisationsprisma 8, 80
Polierrückstand 10
Polyeder 41, 42, 53f., 59
Polyederbildung 42f.
Polyederfläche 42
Polyederform 41f.
Polygonisation 85, 170
Porösität 169, 170
Präparation 9, 10, 25, 62, 81, 86
PRANDTL-Zahl 141
prismatisch 54
Produktivität 14
Profilierung, kristallmorphologische 41f.
—, mechanische 18, 19
—, wachstumskinetische 41
Profilierungsmechanismus 19, 23f.
—, elektromagnetischer 19, 38, 76
—, hydrostatischer 18f., 23, 62

Profilierungsmechanismus, thermischer 19, 39f.
–, wachstumskinetischer 19, 41f.
Prozeßautomatisierung 14
Punktgruppe 43
Pumplichtquelle 81, 168, 170

quadratisches Kristallprofil 10, 46, 75f., 144
–r Meniskusquerschnitt 44
Quarzglasform 109, 171
Quasigleichgewichtskristallisation 23, 53

Radialzerlegung 64, 75
Randsegment 10, 75
Randwinkel 26, 91
Rasterprofile 122
RAYLEIGH-Zahl 130f., 141
Realstruktur 11f., 41, 87, 96
rechteckiges Profil 24f., 76, 86, 142, 151
Rechteckwafer 8, 86
Regelkreis 64f.
regeltechnischer Aufwand 26
Reinheit 20, 55
Relaxationszeit 40, 41
–, thermische 67
Rekristallisation 19, 120
Reproduzierbarkeit 23, 44, 76
Rohr 8, 14, 80f., 168f.
Rohrdurchmesser 80f.
Rohrwanddicke 82
Rohrziehen, kantendefiniertes 81f.
Röntgenanalyse 65, 172, 175
rotationssymmetrische Profile 17, 24f., 36, 64
RTR (Ribbon-to-Ribbon-Technique) 99

Saphirbänder 47, 91, 154, 166f.
Saphirchips 166
Saphirsubstrat 10, 87, 88
säuliger Habitus 59
Schablone 27f., 68f., 91
Scheibe 8, 64, 73f., 116
–, freitragende 115f.
Schicht 15, 120, 153, 163
Schmelzentropie 47f.
Schmelzfilm 21, 24, 120, 150
Schmelzpunktisotherme 26, 37f., 75, 90, 96
Schmelzschicht 150f.
Schmelztropfen 36
–, gepreßter 115f., 151, 178
Schmucksteinindustrie 70
Schubspannung 155f.
–, thermische 78
Schwimmtiegel 71
Schwingquarz 8, 54
Selbstregulierung 67
SiC-Einschlüsse 164f.
SiC-Partikel 94, 165
Silizium, Bänder 87f., 101, 148, 154, 163f.
–, Block 78
–, Platten 108
–, Rohre 82f.
–, Tabletten 117
singuläre Fläche 43f., 55f.
Solarzelle 7f., 78, 80, 87, 105f., 137, 163f.
Spannung, thermische 141f., 154f., 162f.
Spannungsfeld, thermisches 157
Spiegelebene 43, 44
Sphaleritstruktur 58f.
Stabilität 20, 34, 38, 50, 56, 81, 91, 154
–, morphologische 75
–, thermische 40
Stabilitätsanalyse 40
Stapelfehler 164, 166
stationär 34, 40
Stationarität 25, 26
–, thermische 31
STEPANOW-Methode 84
–, inverse 84, 91f., 167
STEPANOW-Verfahren 23, 89, 157
Stöchiometrie 55, 59
Störungsanalyse 31
Störungsfrequenz 41
Strahlung 85, 146
„striations" 12
Strukturdefekte 80, 167
Stufenwachstum 48
Stützfeldverfahren 38
Substrat 9, 10, 20, 62, 63, 87
–, amorphes 15, 120
–, Isolator- 15, 120f.
–, Keramik- 178
Summeneigenschaft 15, 124
Superdurchmesser 73f.
Suszeptor 19, 93, 96
Symmetrieelement 43
Symmetriegruppe 43f.
Symmetriekombination 47
Symmetrieprinzip nach CURIE 43, 75, 90

Tabletten, einkristalline 117, 118
tafelförmige Kristalle 12, 19, 54, 59
Tauchkörper 71, 75

Temperaturfeld 12, 143f.
Temperaturkrümmung 154f.
Temperprozeß 74, 86
Tetragonalprisma 8, 78, 80
Thermodiffusion 128, 140, 175
thermodynamisches Gleichgewicht 23, 30, 36, 42, 48f.
thermoelektrischer Wandler 127
Thermogenerator 180
Thermoresistor 180
Tiegeldurchmesser 68
Tiegelgewichtskraft 67
Tracht, 54, 56
Transmission 81, 168
Trommelkassette 86, 96
TSM (Travelling-Solvent-Method) 16

Übergitter 16, 125f.
Überhitzung der Schmelze 85, 174, 179
Übersättigung 53f.
Überstruktur 16, 125f., 180
–, baculare 16
–, lamellare 16
Uhrenindustrie 70
Ultraschallreflexion 68
Unterlage, amorphe 120
–, keramische 120

van der WAALSsche Bindung 55
Verbundmaterialien 15
Verfahrensentwicklung 17
VERNEUIL-Methode 7
VERNEUIL-Prozeß 81
VERNEUIL-Verfahren 88
Versetzung 154, 164
–, thermoplastische 80
Versetzungsdichte 55, 74, 80, 101, 159f.
versetzungsfreie Bänderkristalle 101, 159
Versetzungsgeneration 72, 78, 85, 141f.
Verspannung, thermische 154f.
–, thermomechanische 20
Verteilung 121, 135f., 175f.
–, inhomogene 17, 74, 77, 115, 137, 140
Verunreinigung 20, 41, 47, 91
Viskosität 34, 68
VLS (Vapour-Liquid-Solid) Übergang 19
VLS-Mechanismus 62f., 119, 122

Wachstumsgeschwindigkeit 13f., 49f., 82, 152
Wafer 8, 14, 72, 86, 88
Wägekraft 65
Wärmebilanz 25, 31, 39
Wärmefeld 42, 72
Wärmeleitungsgleichung 143, 151, 152
Wärmetransport 42, 53, 128, 141f.
„web"-Kristalle 105, 106, 165
„web"-Züchtung 88, 105f.
WEISSsche Feldplatte 124
Whisker 19, 62, 63, 120, 122f.
Whiskersysteme, orientierte 122, 123
–, reguläre 122, 123
Whiskerzüchtung 63
–, kontrollierte 122
Wirkungsgrad der Solarzelle 78, 165
wissenschaftlicher Gerätebau 54, 64
Widerstandsverhältnis 174f.
WULFFsches Minimierungsprinzip 41, 56
Wurtzitstruktur 58f.

YONGsche Beziehung 27, 29

Ziehgeschwindigkeit 12, 25, 39f., 65f., 85f., 137f., 147f., 170
Ziehkristall 25
Ziehverfahren 12, 36, 59, 72
Zinkblendestruktur 50
„zone-floating" 175
„zone-levelling" 175
Zonenschmelzen 72
Zonenzüchtungsverfahren 32, 68
Züchtungscontainer 106f.
Zwangsführung 3, 27, 29, 35, 38, 41, 68
Zwilling 50, 166
Zwillingsbildung 51, 164
Zwillingsebene 50f., 120, 163
Zwillingsgrenze 50f., 96, 120, 165
Zwillingslamelle 55, 106, 119
Zyklotronresonanzanalyse 111, 174
Zylinder 8, 19, 43, 44, 64f., 69f., 135, 148, 149
zylinderförmiger Kristall 11, 13, 24, 30f., 44f., 64f., 148

Der Autor

- faßt die wesentlichsten internationalen Ergebnisse zur Züchtung von Einkristallen „nach Maß“ zusammen

- vermittelt Grundkenntnisse über die Profilierungsmechanismen der einzelnen Phasenübergänge und diskutiert die Wechselwirkung zwischen „äußerem“ geometrischem Zwang und „inneren“ kristallmorphologischen Gesetzmäßigkeiten

- stellt die wichtigsten Technologien zur Züchtung durchmesserkonstanter zylindrischer, polyedrischer, scheiben-, rohr-, band-, platten-, plättchen- und nadelförmiger Einkristalle sowie eutektischer Folien mit geordneter Überstruktur zusammen

- gibt einen Überblick über die Besonderheiten des Massen- und Wärmetransports in Schmelzvolumina bestimmter Geometrien sowie zur thermoplastischen Versetzungsgeneration in band- und folienförmigen Kristallkörpern

- zeigt die Anwendungskriterien einkristalliner Silizium- und Saphirbänder, Saphirrohre und anderer Profile in der Mikroelektronik, Energieumwandlung, Lichtindustrie und Festkörpergrundlagenforschung

- wendet sich an Kristallographen, Physiker, Chemiker, Bauelementeelektroniker, Werkstoffwissenschaftler und Fachleute der Kristallzüchtung und optischen Industrie.

FSC
www.fsc.org
MIX
Papier | Fördert
gute Waldnutzung
FSC® C083411

Zeitfracht Medien GmbH
Ferdinand-Jühlke-Straße 7
99095 Erfurt, Deutschland
produktsicherheit@kolibri360.de